Die Sprache der Waja
(nyan wịyáụ̀)

Europäische Hochschulschriften
Publications Universitaires Européennes
European University Studies

Reihe XXI
Linguistik

Série XXI Series XXI
Linguistique
Linguistics

Bd./Vol. 108

PETER LANG
Frankfurt am Main · Bern · New York · Paris

Ulrich Kleinewillinghöfer

Die Sprache der Waja (nyan wi̩yáù̩)

Phonologie und Morphologie

PETER LANG
Frankfurt am Main · Bern · New York · Paris

Die Deutsche Bibliothek – CIP-Einheitsaufnahme

Kleinewillinghöfer, Ulrich:

Die Sprache der Waja (nyan wịyáụ̀) : Phonologie und Morphologie / Ulrich Kleinewillinghöfer. - Frankfurt am Main ; Bern ; New York ; Paris : Lang, 1991
(Europäische Hochschulschriften : Reihe 21, Linguistik ; Bd. 108)
Zugl.: Frankfurt (Main), Univ., Diss., 1990
ISBN 3-631-44574-1

NE: Europäische Hochschulschriften / 21

D 30
ISSN 0721-3352
ISBN 3-631-44574-1

Printed in Germany 1 3 4 5 6 7

VORWORT

Dank der finanziellen Unterstützung des Deutschen Akademischen Austauschsdienstes (DAAD) war es mir möglich, in den Jahren 1985 und 1988 linguistische Feldforschung im Bauchi State in Nordostnigeria duchzuführen. Vorrangiges Ziel dieser Forschungen war es, Material aus der bislang relativ unbekannten Wajasprache zu sammeln.

Die Anregung, mich mit dem Waja zu beschäftigen, verdanke ich meinem Doktorvater, Prof. Dr. Herrmann Jungraithmayr, der mir bereits für meine Magisterarbeit von Missionaren verfaßte Manuskripte der Wajasprache zur Verfügung stellte. Vor allem die Tatsache, daß das Waja zu einer Sprachengruppe gehört, die weitgehend unbekannt ist, veranlaßte mich, das Studium dieser Sprache in Angriff zu nehmen.

Die Forschung und die daraus resultierende vorliegende Studie wäre nicht möglich gewesen, wenn nicht zahlreiche Personen und Institutionen mich tatkräftig unterstützt hätten. Dank schulde ich vor allem dem inzwischen verstorbenen Prof. Dr. Robert G. Armstrong, der mir den Weg nach Nigeria geebnet hat, der University of Nigeria, Nsukka und dem damaligen Head of Department of Linguistics and Nigerian Languages, Prof. Dr. Lawrence Boadi. Des weiteren seien meine Gastgeber und Freunde in Nigeria genannt, Eva Kammler und Christoph und Gianna Ludzuweit, Alhaji Yakubu Adamu, Heinz Jockers sowie Ruth und Willi Ehret. Besonders verpflichtet fühle ich mich Sanda Soro Dong und seiner Familie in Talasse, Waja, die mich in ihrer Mitte aufnahmen und stets um mein Wohlergehen besorgt waren, dem Emir von Waja, der meine Studien mit Interesse verfolgte und unterstützte, meinen Gewährsleuten und den zahlreichen Freunden in Bauchi State, vor allem Malam Garba Adamu, Mohammed Sanda Soro und Malam Ibrahim Usman Hammad, ohne deren geduldige Mitarbeit das vorliegende Material nicht hätte erhoben werden können.

Danken möchte ich auch meinen wissenschaftlichen Wegbegleitern, die mich durch Diskussionen und Anregungen bei der Ausarbeitung dieser Studie unterstützt haben. Hier sind vor allem meine Lehrer Prof. Dr. Herrmann Jungraithmayr und Frau Privatdozentin Dr. Gudrun Miehe sowie meine Kollegen Eleonore Adwiraah, Kerstin Winkelmann, Rudolf Leger und Michael Broß zu nennen.

Zu besonderem Dank bin ich aber meinen Eltern und meiner Familie verpflichtet, denen ich diese Studie widmen möchte.

Frankfurt am Main, im April 1989

Der Verfasser

INHALTSVERZEICHNIS

IV MORPHOLOGIE DES NOMENS

V MORPHOLOGIE DES VERBS

ANHANG

ABKÜRZUNGEN und SYMBOLE

abs.	absolut/absolutes
Abschn.	Abschnitt
Altr.	Altrilokal-/Ventiverweiterung
bzw.	beziehungsweise
ca.	zirka
d.h.	das heißt
def.	definit(e) (Verbform)
Dem.Pron.	Demonstrativpronomen
Dest.	Destinativerweiterung
et al.	et alia/und andere
etc.	et cetera/und so weiter
i.e.	id est/das heißt
gen.	generell
H	Hochton
Ha.	Hausa
Ideo.	Ideophon
Imp.	Imperativ
indef.	indefinit(e) (Verbform)
Intr.	Intransitiv/Passiverweiterung
K	Konsonant
Kan.	Kanakuru
Kl.	Klasse(n), Nominalklasse(n)
m.E.	meines Erachtens
N	Nasal
NH	Nicht-Hochton
Perf.	Perfekt
Pl.	Plural
S.	Seite
s./S.	siehe
s.a.	siehe auch
s.o.	siehe oben
Sg.	Singular
Subj.Pron.	Subjektspronomen
sth.	stimmhaft
stl.	stimmlos
T	Tiefton
Tan.	Tangale
u.a.	unter anderem
usw.	und so weiter
V	Vokal
v.a.	vor allem
Vgl./vgl.	vergleiche
Vkl.	Verbalklasse(n)
VN	Verbalnomen
vol.	volume
z.B.	zum Beispiel
z.T.	zum Teil
z.Zt.	zur Zeit

-->	wird zu
<	entstanden aus
>	wird zu
/	austauschbar mit, oder auch
/	Singular- / Pluralform
/ /	phonemischer Wert
[ ]	phonetische Realisierung
( )	optionale/fakultative Verwendung
-	Morphemgrenze, Markierung von Affixen
~	Variante zu/von
=	ist gleich
+	folgt/gefolgt von
*	rekonstruiert
!	'Downstep'
°	folgender Hochton
ø	repräsentiert durch Zero

I EINLEITUNG

1. ZIELE, METHODEN und QUELLEN

Ziel dieser Untersuchung ist es, möglichst viel Material zur Struktur der bislang kaum dokumentierten Wajasprache vorzulegen. Dem Forschungsstand entsprechend stehen in dieser Beschreibung Phonologie und Morphologie im Vordergrund. Innerhalb der Darstellung der Morphologie wird dem Nominalklassensystem ein größerer Raum gewidmet, weil dieses sprachliche Subsystem einige interessante Aspekte enthält, die eine zukünftige Klassifizierung der Sprache erleichtern werden, da gerade hier deutlich sichtbar altes Erbe bewahrt wurde. Demzufolge werden bei der Beschreibung des Nominalklassensystems aber auch bei der Analyse der Vokalharmonie Parallelen in anderen Niger-Congosprachen aufgezeigt, durch deren Berücksichtigung die spezifischen Ausformungen im Waja in einem anderen Licht gesehen werden können.

Das Waja wird in der Kontaktzone zweier großer Sprachfamilien gesprochen. Aufgrund dieser besonderen geographischen Lage werden zum Vergleich nicht nur Lexeme aus den umliegenden und verwandten Sprachen der Wajagruppe, sondern vor allem auch aus den ebenfalls benachbarten tschadischen Sprachen herangezogen. Berücksichtigt werden weiterhin Lexeme des Ful(fulde) und des Hausa. Das Ful hatte in der vorkolonialen Periode die Funktion der Gebersprache für kulturelles Wortgut. Diese Funktion wurde seitdem in wesentlich stärkerem Umfang vom Hausa übernommen. Im einzelnen wird hier aus folgenden Quellen zitiert:

Ful: Klingenheben, A. 1963. Die Sprache der Ful.
Kanakuru (Kan.): Newman, P. 1974. The Kanakuru Language.
Tangale (Tan.): Jungraithmayr, H. 1991. A Dictionary of the Tangale Language.
Tera: Newman, P. 1964. A word list of Tera. JWAL, I,2: 33-50.

Die Schreibweise der Fulwörter bei Klingenheben (1963) wird der hier gewählten angepaßt, d.h. pränasalierte Konsonanten werden mit Nasal+Plosiv und lange Vokale mit zwei Vokalen wiedergegeben. Letzteres gilt entsprechend für die Schreibweise der Hausabegriffe, die sich ansonsten an R. C. Abraham (^{2}1962): *Dictionary of the Hausa Language* orientiert. Angaben aus anderen Sprachen, z.B. Tula, Cham, Awak, Tso (Lotsu-Piri) entstammen eigenen Aufzeichnungen.

Ein weiterer wesentlicher Gesichtspunkt dieser Arbeit ist die Entwicklung einer adäquaten, ökonomischen Schreibweise des Waja. Obwohl bei den Bemühungen der Missionare um die Alphabetisierung der Waja - in den Jahren nach 1924 - zunächst die Wajasprache als Medium diente, ist der Gebrauch und die Kenntnis einer geschriebenen Form der Sprache beinahe wieder verschwunden. Die Abnahme dieser Kenntnisse steht in direktem Zusammenhang mit der zunehmenden Hausaisierung auch der christlichen Religionsgemeinschaft und der Einführung bzw. des überwiegenden Gebrauchs der Hausabibel. Ein weiterer Faktor ist m.E. darin zu sehen, daß das Waja bislang nur ungenügend verschriftlicht war - es wurden beispielsweise weder Töne noch Vokallängen markiert - so daß die Bedeutung einzelner Passagen der

Bibelübersetzungen aus dem Schriftbild allein nur geraten, bzw. nur mit Hilfe einer Bibelausgabe in einer anderen Sprache verstanden werden kann.

Aufgrund des großen Interesses vieler Waja an der Verschriftlichung ihrer Sprache, sollen die entsprechenden Ergebnisse dieser Studie auch als Diskussionsgrundlage zur Einführung einer 'standardisierten' Schrift beitragen. Auf Sonderzeichen wurde deshalb hier so weit als möglich verzichtet.

Bei der Notation und der Darstellungsweise der Beispiele wurden folgende Konventionen beachtet:

- Der palatale Nasal [ɲ] wird durch [*ny*] wiedergegeben.

- Die beiden Vokalklassen ('eng' und 'weit') werden entsprechend den in Nigeria üblichen Orthographien zur Schreibung einheimischer Sprachen unterschieden. Die 'engen' (-ATR) Vokale werden durch Punkte unter den Vokalen markiert. Der tiefe Vokal /*a*/ ist phonematisch nur in der Gruppe der 'engen' Vokale vertreten und braucht deshalb nicht gekennzeichnet zu werden. Die Vokale der Affixmorpheme sind im Waja in der Regel unterliegend 'eng' ('punktiert'), in Verbindung mit Lexemen mit weiten Stammvokalen werden sie jedoch - den Regeln der Vokalharmonie entsprechend - 'weit' realisiert. Werden Affixe im Text isoliert zitiert, wird aber nur die unterliegende (i.e. 'enge') Vokalität angegeben.

- Die Markierung der Töne birgt im Waja eine besondere Problematik. Lexemen und Morphemen sind auf lexikalischer Ebene Töne zugeordnet. Die Realisierung dieser (unterliegenden) Töne ist jedoch sehr stark kontextabhängig und häufig auch grammatikalisch distinktiv. Die Tonmarkierung erfolgt deshalb tonetisch, entsprechend der Realisierung in den jeweils zitierten Formen. Es werden hierbei drei Tonniveaus unterschieden: Hoch (H), Nicht-Hoch (NH) und Tief (T). Weitere Tonabstufungen, die besonders bei mehrgliederigen Konstruktionen vorkommen, werden nur in den Kapiteln angzeigt, in denen die tonalen Realisierungen diskutiert sind. Die Darstellungsweise der Töne ist wie folgt (als Beispiel dient der Vokal /a/):

Hochton (H):	*á*	
Tiefton (T):	*à*	
Nicht-Hochton (NH):	*a*	(unmarkiert)
Hoch-Tief fallender Ton:	*â*	(nur im Auslaut)
Nicht-Hoch-Tief fallender Ton:	*a*\`	(nur im Auslaut)

- Bei Vokalfolgen werden die Töne auf jedem tontragenden Segment angegeben. Beispiele:

H H:	*áá*	NH H:	*aá*
H T:	*áà*	NH T:	*aà*
H NH:	*áa*	T T:	*àà*.

- Der 'Downstep', d.h. das Abstufen des nachfolgenden Tonniveaus, ist dort, wo es für die Argumentation notwendig erscheint, durch "!" markiert. Beispiel:

cọọgè a dúm ! baị 'die Schlange hat den Hund gebissen'.

- Einige Morpheme des Waja sind mit einem (freien) H verbunden, der in der Regel auf dem nachfolgenden tontragenden Segment realisiert wird. In Pausastellung, in der dieser H tonetisch nicht bzw. nur als auslautender NH realisiert wird, ist sein Vorhandensein durch "°" markiert. Beispiel:

dumi ° 'sie beißt' (indef.)
cọọgẹ dum báị 'die Schlange beißt den Hund'.

- Verben werden, wenn nicht anders angegeben, in folgenden Formen zitiert:
- in der definiten Form (def.), die morphologisch und tonetisch in der Regel dem Imperativ in Isolation bzw. der 2. Pers. Sg. Perfekt (ohne Subjektspronomen) entspricht. Die Bedeutungsangabe erfolgt im Deutschen mit dem Infinitiv.
- als Verbalnomen (VN), das in der Regel durch ein Suffix *-gụ̀* gebildet wird. Der nominale Charakter dieser Verbform wird in der deutschen Bedeutungsangabe durch Großschreibung kenntlich gemacht.
- in der indefiniten Form. Die Wiedergabe im Deutschen erfolgt durch den Infinitiv mit dem Zusatz (indef.) oder durch das Präsens.

- Erweiterte Verben werden im Deutschen häufig nur durch den Infinitiv mit der Angabe der jeweiligen Erweiterung in Klammern wiedergegeben. Beispiele:

kọ-kọŋ-à 'sehen' (Pl.) *kọ-ọ* 'sehen' (Altr.).

- Suffixe werden, wenn es für die Argumentation sinnvoll erscheint, durch einen Bindestrich "-" vom Wortstamm abgetrennt (s.o.).

- Die Pronomen der 3. Pers. Sg. des Waja werden jeweils nur durch **eine** der im Deutschen möglichen Übersetzungen wiedergegeben. Das Waja unterscheidet nicht zwischen maskulin, feminin und neutrum. Beispiele:

a kọ ° 'er hat gesehen' = 'er/sie/es hat gesehen'
kọ-bụ̀ 'sie hat nicht gesehen' = 'er/sie/es hat nicht gesehen'
laa-yọ́ụ́ 'sein Gehöft' = 'sein/ihr Gehöft'.

- Substantive werden häufig im Singular und Plural zitiert. Der Plural steht nach dem Singular und ist durch " / " abgetrennt. Die Wiedergabe erfolgt, wenn beide Formen gleichrangig nebeneinander zitiert sind, mit dem Singular. Beispiel:

yid-è / yid-ì 'Vogel'.

- Die Bedeutung der zitierten Lexeme des Waja wird im Deutschen in der Regel nur durch einen Begriff wiedergegeben, auch wenn das semantische Feld, z.B. bei (erweiterten) Verben, vielfältiger ist. Spezifische Tier- und Pflanzenbezeichnungen, sowie Gebrauchsgegenstände sind in der Regel nur mit dem Gattungsbegriff zitiert und sind dann mit dem Zusatz "-art" oder "-sorte" versehen. Beispiele:

yọrẹ	'Yamssorte'
kwaì̩	'Kaktusart (für Ordal)'.

- Bei Verweisen auf andere Abschnitte innerhalb eines Kapitels werden stets nur die arabischen Ziffern des Abschnitts angegeben; bei Abschnitten anderer Kapitel erfolgt jeweils die Kapitelangabe durch die lateinischen Ziffern.

Das Material, das dieser Arbeit zugrunde gelegen hat, wurde 1985 und 1988 im Wajagebiet aufgenommen. Meine Hauptinformanten waren Malam Garba Adamu (geb. ca. 1958) und Mohammed Sanda Soro (geb. ca. 1962). Sie stammen beide aus Dong (*Dọŋ*). Maßgeblich beteiligt war auch der Vater von Mohammed, der zu jener Zeit ca. 70jährige Sanda Soro Dong, der insbesondere zur Klärung von Fragen beitrug, des weiteren seine Frau, Aishatu aus Junge (*Jụŋẹ*), einem Weiler von Dong, die bei Aufnahmen zur Tonstruktur beteiligt war. Wertvolle Hinweise und Ergänzungen verdanke ich ferner Joab Kalla aus Kulani, einem der Direktoren im Ministry of Education, Bauchi State, der mich insbesondere auf Unterschiede und Besonderheiten des Bergdialektes aufmerksam gemacht hat. Darüber hinaus ergänzte und verifizierte der ständige Kontakt mit den Leuten aus Talasse und den umliegenden Ortschaften das erhobene Material. Die so ebenfalls indirekt beteiligten Personen sind zu zahlreich, um sie alle hier aufzuführen.

Alle in dieser Arbeit zitierten Äußerungen sind abschließend mit Malam Garba Adamu noch einmal durchgegangen worden, so daß sein Idiolekt letztlich dieser Beschreibung zugrunde liegt.

2. DEMOGRAPHISCHE ANGABEN

2.1 Der Siedlungsraum

Die Waja, die sich in ihrer Sprache *wị̣yáà* nennen, besiedeln den größten Teil des Wajadistrikts, der, mit einer Fläche von ca. 582 Quadratkilometern[1], um den 10. nördlichen Breitengrad zwischen dem 11. und 12. östlichen Längengrad liegt. Der Distrikt ist Teil der 'Balanga Local Government Area'[2] im Südosten des Bauchi State in Nordostnigeria. Die 'Balanga L. G. A.' grenzt im Süden an den Gongola State und im Osten an den Bornu State. Das nächstgrößere städtische Zentrum, Gombe, liegt ca. 70 km nordwestlich von Talasse, dem Hauptort der Waja, entfernt.

Der Wajadistrikt umfaßt im Süden einen Teil des Longuda-Plateaus, das nördlich des Benue, westlich des unteren Gongola, aufragt. Ausläufer der Berge der 'Tula Uplands' prägen auch das Landschaftsbild einiger Gebiete des nördlichen Teils des Distrikts. Dieser ist jedoch insgesamt nicht so bergig wie der Süden und schließt im Norden noch einen Teil der weiten Ebene mit ein, die sich vom Gongola nordwestlich bis nach Gombe erstreckt. Der geographischen Zweiteilung des Gebietes in einen flacheren und einen bergigen Teil entspricht eine auf mehreren Ebenen festzustellenden Untergliederung der Waja in zwei Hauptgruppen, die auch, wie aus Jungraithmayr (1968/69: 178) hervorgeht, verwaltungstechnisch berücksichtigt wurde.

> "In 1961/2 there were 19719 (or 19769?) Waja speakers registered at the Tula N.A. office. The Waja speaking community was then divided into the following groups and subgroups (villages):

1. Wajan Kasa ("Plain Waja"):			
	a) Gelengu	*[Gẹlẹngụ]*[3]	3771
	b) Reme	*[Rẹmẹ]*	1894
	c) Dala Waja	*[Dala Waja, Wị́ị]*	1551
	d) Dong	*[Dọŋ]*	1339
	e) Talassei	*[Talassẹ, Gụrsaị̀]*	1211
	f) Bangu	*[Bangụ]*	859
	g) Swa	*[Swa]*	953
	h) Wala Waja	*[Wala (Waja)]*	608
	i) Balanga	*[Bálángá(ụ́)]*	361
	j) Refele (Repele)	*[Rẹpẹlẹ]*	284
	k) Sabon Layi	[?]	186
			13017
2. Wajan Dutse ("Hill Waja"):			
	a) Kulani	*[Kụlanị]*	3139
	b) Dikiri	*[Degrí ~ Derí]*	2100
	c) Sikkam	*[Sə̣kám]*	1513
			6752".

---

1 Isa Manassah Daniel J. 1979: 6.

2 Bis 1989 war der Wajadistrikt Teil des 'Tangale-Waja Local Government Area'.

3 Die Angabe der Aussprache der Ortsnamen in eckigen Klammern ist nicht Bestandteil des Zitats.

Der Wajadistrikt umfaßt zusätzlich das Gebiet von drei Longudadörfern: Nyuwar (Gwaanda) und Jessu im äußersten Süden und das im (Süd)Osten gelegene Wala Lunguda. Jungraithmayr (1968/69: 178) gibt aus gleicher Quelle die Anzahl der registrierten Longuda innerhalb des Wajadistrikts mit 4635 an. Nach Newman and Newman (1978) gehören die drei Orte zu jeweils verschiedenen Dialektgebieten des Longuda. Das Hauptsiedlungsgebiet der Longuda liegt jenseits der Grenze im Gongola State.

Die Waja haben ihre Dörfer im Norden des Distrikts überwiegend am Fuße der Ausläufer der Berge oder unterhalb frei aus der Ebene aufragender Hügel angelegt. Die meisten Orte sind an ihren heutigen Standorten erst in den letzten Jahrzehnten entstanden. Vor der Ankunft der Engländer siedelten die Waja aus Sicherheitsgründen weiter oben auf den Bergen bzw. Hügeln.

In der Trockenzeit von November bis April trocknen viele der kleinen Flußläufe, besonders im nördlichen Teil des Distrikts, aus. Nach den Angaben der Einheimischen sind heute auch solche Wasserläufe davon betroffen, die noch vor einigen Jahren das ganze Jahr über Wasser geführt haben. Als Ursache werden vielfach unzureichende Niederschlagsmengen während der Regenzeit von April/Mai bis Oktober/November angegeben. Ältere Leute können sich daran erinnern, daß in ihrer Jugendzeit ein dichter Baumbestand die Savannenlandschaft prägte, und der 'Busch' reich an Wild war. Rodungen für Felder und neue Siedlungen sowie fortgesetzter Brennholzeinschlag (und vielleicht auch die niedrigeren Niederschlagsmengen) haben dazu geführt, daß nur noch in einigen unbesiedelten Gebieten ein zusammenhängender Baumbewuchs vorhanden ist. Erwerbsmäßiger Holzeinschlag - zur Versorgung der größeren Orte - hat aber auch schon hier den Bestand ausgedünnt. Dadurch ist das Wild, das im Schutz der Bäume lebte, so stark reduziert, daß kaum noch erfolgreich gejagt werden kann.

2.2 Herkunft und Siedlungsgeschichte

Die Herkunft der Waja gibt noch einige Rätsel auf. Isa Manassah Daniel J. (1979: 6) faßt die Überlieferungen folgendermaßen zusammen:

> "... they claim they have the same origin as the Kanuri, Bura, Tera and Tangale. They claim that they came from the East and that in course of their migratory movements subgroups of the Wajas settled at sites along the route which appealed to them. Perhaps the fact that the Wajas have a joking relation with the Kanuri, Bura, Tera and Tangale with whom they also have some words in common may be seen to lend some support to the claim of common origin."

Diese Aussagen, die im Kern von mehreren Informanten bestätigt wurden, sind insofern bemerkenswert, als die Sprachen der aufgezählten Völker drei(!) verschiedenen Sprachstämmen zugerechnet werden. Kanuri ist von Greenberg (1963: 130) als Mitglied der Nilo-Saharanischen (Sprach-)Familie ausgewiesen; Bura und Tera gehören nach Jungraithmayr/Shimizu (1981:12-14) den zentralen und Tangale den westlichen Tschadsprachen - einer Familie des Afroasiatischen bzw. Hamitosemitischen Sprachstammes - an. Waja schließlich wird von Greenberg (1963: 9) als Mitglied der Adamawa-Eastern Unterfamilie des Niger-Congo klassifiziert.

Das Gebiet der Kanuri liegt vom Wajadistrikt aus gesehen weiter entfernt im Norden und Nordosten. Die Tera, Bura und Tangale siedeln hingegen in der näheren Umgebung. Die Tera sind die direkten Nachbarn im Norden. Das Gebiet der Bura grenzt im Osten an das der Tera; sie haben mit den Waja jedoch keine gemeinsame Grenze. Das Siedlungsgebiet der Tangale schließlich liegt im Westen, grenzt aber ebenfalls nicht direkt an das der Waja (vgl. Karte S. 219).

Die im Zitat angesprochenen "some words in common" können insbesondere für Tangale und Waja bestätigt werden. Bei Kleinewillinghöfer (1990) ist eine Anzahl Lexeme aufgeführt, die in beiden Sprachen semantisch und lautlich sehr ähnlich, bzw. zum Teil identisch sind. Weitere Gemeinsamkeiten bestehen im Vokalsystem, einschließlich der Vokalharmonie. Wenn auch der Schluß eines "common origin" (s.o.) hieraus nicht abgeleitet werden kann, so sind doch zumindest sprachlich ausreichend Anhaltspunkte für die Annahme vorhanden, daß Tangale und Waja in der Vergangenheit intensive Beziehungen (wenn nicht gar gemeinsame Siedlungsgebiete) hatten. Entsprechende Untersuchungen für andere im Zitat genannte Sprachen stehen noch aus. Bemerkenswert ist in diesem Zusammenhang auch, daß die bisher bekannten Überlieferungen keine Hinweise auf Interaktionen der Waja mit den benachbarten und sprachlich nahe verwandten Tula, Cham, Awak usw. enthalten, ehe die Waja in das von ihnen heute bewohnte Gebiet eingewandert sind. Wann diese Migration stattgefunden hat, ist noch unbekannt; sie dürfte aber vor mehr als 200 Jahren begonnen haben. Übereinstimmend geben die Waja an, daß sie aus dem Osten, aus der Gegend von Shani kamen. Shani gehört heute zum Gebiet der Kanakuru (Dera), die sprachlich den Tangale sehr nahe stehen.[4] Isa Manassah Daniel J. (1979) berichtet:

> "According to the oral history, two people, Wali and Dala Waji came to the present area where the Waja people live. Wali settled in a place which is now the present day Wala Waja (but also still called Wali). Dala Waji on the other hand settled in a place which is now the present day Dala Waja. It is from these two places the Waja dispersed to form the many villages in the district today. Even today all Derwo [Bergwaja] ... say they are all from Dala Waja." (1979: 7).

Der englische Kolonialbeamte C. A. Woodhouse hat 1920 einen Sohn des *sarkin ƴaki* von Gombe, der fließend Fulfulde und Waja sprach, damit beauftragt "... to collect for me information under various heads about the customs, ceremonies, etc., prevalent in the Waja District." (Woodhouse, 1923-24: 111). Die von ihm publizierten Aufzeichnungen bestätigen zum Teil die vorhandenen Informationen, sie enthalten zudem sehr interessante Angaben über die Herkunft der Bergwaja von Degri.

> "The Delawaja people ... claim to have been the first arrivals in the District. They came from Shani in the Yola Province. ... The Walawaja people arrived from some unknown place on the hill which they now occupy, some time after the Delawaja people had arrived. ... The Degri people came from the direction of the Tangale Peak (in the Tangale District, which borders on the Waja District to the

4 Ein Vergleich des Waja mit dem Kanakuru zeigt ebenfalls eine Anzahl gemeinsamer Lexeme.

> west), and claim to have arrived in the country before any other of the existing groups. On their arrival they found a people called Diyo (who have all since died out) in possession of the site of the present Degri village on the hill." (1923-24: 111).

Seine Angaben konnten aber noch nicht bestätigt werden. Vielmehr waren sich alle Befragten darin einig, daß sich die erste Ansiedlung eines Waja auf dem Hügel *Deele* nahe dem heutigen Dala Waja befand. (Diesem Hügel kommt noch heute bei Festen und Zeremonien, die das ganze Volk betreffen, eine große Bedeutung zu.) Aus Shani kamen in der Folgezeit weitere Siedler nach, und sie und ihre Nachkommen gründeten von Dala Waja aus die Orte Dong, Talasse (Gursai) und Reme. Noch heute bilden diese vier Siedlungen bei bestimmten Zeremonien eine Allianz.

Von Dala Waja aus wurde auch Swa gegründet. Die Leute von Swa hielten aber die Verbindung nicht aufrecht. Swa gehört heute zusammen mit Wala Waja und der bedeutenden Ortschaft Gelengu zu einer eigenen zeremoniellen Gruppe. Gelengu soll der Überlieferung nach keine reine Wajasiedlung sein. Es wurde laut Woodhouse von Leuten aus dem weiter westlich gelegenen Awak mit dem Einverständnis der Leute von Swa gegründet. Die Neusiedler heirateten Wajafrauen, und später zogen noch weitere Awak nach.[5] Anderen Informantionen zufolge sind einige der Bewohner von Gelengu der Herkunft nach von Tula und Cham.

Die Unterteilung der (Ebenen)Waja in (vier) verschiedene zeremonielle Gruppen oder Sektionen wird besonders bei dem Fest mit dem Namen *gwi̧yandi̧* 'Pferde' deutlich. Dieses Fest soll alle sieben Jahre jeweils von einer anderen Sektion ausgerichtet werden, wobei die Orte Balanga und Bangu jeweils eine eigene Sektion bilden. Obwohl Waja aus allen Orten an *gwi̧yandi̧* teilnehmen, sind die Bergwaja interessanterweise nie Ausrichter dieses Festes. Der Grund hierfür ist noch nicht bekannt.

Die Orte der Bergwaja nahmen von Degri ihren Ausgang. Degri soll dem Vernehmen nach, schon in der Anfangszeit der Besiedlung des Distrikts durch die Waja, von Gruppen, die weiter in die Berge gezogen waren, gegründet worden sein.

2.3 Die Waja und ihre Nachbarn

Eine umfassende Darstellung der Geschichte der Waja und ihrer Beziehungen zu den umliegenden Ethnien bedarf noch ausführlicher Untersuchungen. Einige Fakten sind aber schon bekannt und sollen hier kurz skizziert werden.

Die direkten Nachbarn der Waja sind im Norden die Tera, im Osten die Dera (Kanakuru), im Südosten die Longuda, im Süden die Cham und im Westen die Tula, Awak und Kamo. Awak und Kamo besiedeln kleinere Gebiete am Nordrand der Tula Uplands. Umgeht man die Berge im Norden, kommt man in das Land der Tangale von Billiri. Die "joking relation" der Waja mit den Tera und Tangale ist bereits oben (2.2) angesprochen worden. Die guten Beziehungen zu den Tangale scheinen (zumindest um die Jahrhundertwende) auf die Tangale von Billiri beschränkt gewesen zu sein, die mit den (Tangale von) Kaltungo verfeindet waren. Den Berichten zufolge ha-

5 Woodhouse 1923/24: 111-2.

ben die Waja bei Auseinandersetzungen der Tangale untereinander auf Seiten der Billiri gestanden. So sollen z.B. zur Zeit der Ankunft der Engländer in dieser Region die Kaltungo gerade einen Kriegszug gegen Billiri geführt haben, bei dem berittene Krieger der Waja verhinderten, daß Billiri von Kaltungo eingenommen werden konnte.

Kriegerische Auseinandersetzungen mit ihren direkten Nachbarn hatten die Waja lediglich mit den Tula und den Cham. Die Kämpfe mit den Tula begannen nach Aussagen der Waja, als einige von ihnen bei der Feldarbeit von Leuten aus Tula erschlagen wurden. Die Auseinandersetzungen müssen viele Jahre gedauert haben. Sie werden noch heute in einigen Liedern besungen.

Die wenigen Informationen über die Kämpfe der (Berg)Waja mit den Cham lassen vermuten, daß Eroberungsfeldzüge der sehr expansiven Leute von Kulani - einer großflächigen Siedlung mit mehreren Weilern - als eine der Ursachen in Frage kommen. Ein Teil des Gebietes von Kulani, dessen Name ein Chamwort sein soll, war früher von Cham bewohnt. Der (vorkoloniale) Expansionsdrang der Leute von Kulani wird auch durch die Überlieferung belegt, nach der der bedeutende Marktort Bambam im Westen des Siedlungsgebietes der Cham von einem Waja namens Hamam aus Kulani gegründet worden sei. Bambam liegt im heutigen Dadiyadistrikt und ist überwiegend von Dadiya, Waja und Tula-Yiri (eine der drei Tulasektionen) bewohnt.

In den flacheren Gebieten des Wajadistrikt siedeln an mehreren Stellen auch einige Fulanifamilien. Den Berichten zufolge haben sie sich wegen der guten Weidegründe bereits vor mehreren Generationen in diesem Gebiet niedergelassen. Ihre Ansiedlung erfolgte wahrscheinlich noch ehe das Fulani-Emirat von Gombe im 19. Jahrhundert zur Zeit des Jihad Feldzüge gegen Waja durchführte. Woodhouse schreibt:

> "Waja ... was formerly a fief of the Gombe Emirate, but was made independent for administrative purposes, because the Emir's influence in the District was shadowy and ineffective." (1923-24: 110).

Temple (1919/22) gibt eine differenziertere Darstellung. Sein Bericht deckt sich mit den Überlieferungen, nach denen Waja niemals ganz von den Fulani erobert worden ist. Sie sind vermutlich nicht weit über Talasse hinaus vorgedrungen.

> "The first Emir of Gombe, Buba Yero, gave their land to a Filane named Hamma Takko of Kunde, circ. 1820 A.D., but they have never been conquered, and Hamma Takko never approached them save in force on pillaging expeditions. They were then raided by the Filane of Gombe and of Messau, but resisted the invasions with more or less success, though a few of the plain towns were at one time reduced to paying a small tribute to Kunde." (1919/22: 361)

2.4 Wirtschaftsform

Die Mehrheit der Waja sind Kleinbauern. In der Regel bewirtschaften sie Felder in den Ebenen im Pflugbau und terrassierte Anbauflächen an den Hängen im traditionellen Hackbau. In der Nähe der neu eingerichteten landwirtschaftlichen Zentren können sich die Bauern gegen Bezahlung ihr Land von Traktoren pflügen lassen.

Die Waja bauen hauptsächlich verschiedene Hirsesorten an. Zusätzlich werden Felder mit Mais, Erdnüssen, Bohnen, Cassava, Pfeffer, Süßkartoffeln und Kürbissen bestellt. Mit der Aufstauung des Balangaflusses in der Nähe der gleichnamigen Ortschaft im Jahre 1985 wurde ein umfangreiches Bewässerungsprojekt nördlich von Gelengu in Betrieb genommen. Hier werden auch während der Trockenzeit vor allem Weizen, Tomaten, Paprika und Zwiebeln angebaut. Daneben gewinnt der Fischfang in dem Stausee an Bedeutung.

Baumwolle wird heute vorwiegend zum Verkauf angepflanzt. Sie wird jedoch seit langem traditionell verarbeitet. Aus gesponnener Baumwolle wird auf dem Webstuhl ein ca. 6 cm breiter, mehrere Meter langer Streifen gewoben. Das Gewebe (*lawán*), außerhalb des Wajagebietes als 'Farin Waja' bekannt, diente nach Temple (1919/22: 361) früher auch als Zahlungsmittel. Es kann zu verschiedenen Kleidungsstücken zusammengenäht werden.

Als Haustiere halten die Waja Rinder, Schafe, Ziegen, Hühner und Perlhühner. Pferde, die früher eine große Bedeutung hatten, sind heute kaum noch anzutreffen.

2.5 Politische Struktur

Traditionell kennen die Waja als höchstes politisches Amt das des Dorfoberhaupts (*baláa*). Woodhouse (1923-24: 200) berichtet:

> "In most Waja towns there are various families, five or less in number, the members of whom are eligible for the title of Chief. As a general rule a Chief's son never succeeds to his father's title, but it may happen that his grandson does."

Das Recht, sich für das Amt des Dorfoberhaupts zu bewerben, ist aus der Siedlungsgeschichte abzuleiten. Nur diejenigen sind wählbar, deren Vorfahren zu den ersten Siedlern des betreffenden Dorfes gehörten. Eine Folge davon ist, daß sich in jedem Dorf unterschiedliche Clans um den Titel bewerben können. Das Dorfoberhaupt wird in der Regel auf Lebenszeit gewählt, kann aber auch des Amtes enthoben werden. Die Wahl (und auch die Abwahl) wird von den Senioren der verschiedenen Clans und den Würdenträgern (*wų̨laa*) bestimmt. Während diese Tradition weitergeführt wird und das Amt des Dorfoberhaupt in der politischen Struktur und Verwaltung zwar neu definiert, doch nach wie vor noch mit wesentlichen Befugnissen ausgestattet ist, scheint das Amt des Balamaru (*balamárų̨*) wesentlich an Bedeutung verloren zu haben. Zu den Hauptaufgaben des Balamaru und den ihm 'untergebenen' jungen Männern gehörte die Bewachung der Frucht auf den Feldern. Dazu schreibt Woodhouse:

> "In the wet season the Wajas sometimes installed a Balamaru or Chief of the Young Man; the real Chief handed over all his authority in the town to him and he apparently had complete control... When the dry season came round again, Balamaru handed back his title to the real Chief, to resume it again when the dry season was over." (1923-24: 202).

In vorkolonialer Zeit endete die politische Hierarchie auf der Ebene des Dorfes. Als die Waja zu Beginn dieses Jahrhunderts unter die koloniale Verwaltung kamen, mußte ein Oberhaupt für den gesamten Distrikt ernannt werden. Bei Woodhouse (1923-24) ist ein Bericht darüber enthalten.

> "However, the headmen of the District chose as their Chief the Serkin Yaki of Gombe, brother of the late and uncle of the present Emir, who had been formerly Fulani fief-holder, when the District was part of the Emirate. Their choice was probably influenced by the existence of many discordant elements in the population, no single of which had enough influence to dominate the others. ... A contributary reason for their choice was that the Serkin Yaki's mother was a Waja woman, wife of the former Emir Kwairanga."(1923-24: 110).

Der von den Kolonialherren geschaffene Wajadistrikt umfaßte zu jener Zeit nicht nur die oben erwähnten Longuda- und Fulanisiedlungen, sondern auch noch Kindiyo, den Hauptort einer der beiden Chamsektionen.

In der Folgezeit ging das Amt des Oberhaupts des Wajadistrikts aber an die Waja über, und das jetzige, nach offiziellen Sprachgebrauch als "traditionell" bezeichnete Oberhaupt des Distrikts ist ein Waja aus Reme mit dem Titel eines Emirs. Im Unterschied zum Amt des Dorfoberhaupts scheinen keine Bedingungen, wie etwa Zugehörigkeit zu einem bestimmten Clan, mit dem Amt des Emirs verbunden zu sein, so daß, wenn der Titel wieder vakant wird, sich im Prinzip jeder darum bewerben kann.

2.6 Religion

Im Wajagebiet sind hauptsächlich drei Religionen vertreten. Der Islam, der mit der zunehmenden 'Hausaisierung' immmer mehr an Bedeutung gewinnt, das Christentum und die traditionelle Religion. Das Christentum wurde seit 1923 von Gelengu ausgehend durch die Missionare der Sudan Interior Mission (S.I.M.) verbreitet.[6]

Aus den wenigen Informationen über die traditionelle Religion der Waja, die nach wie vor speziell in den abgelegeneren Gebieten viele Anhänger hat, geht hervor, daß die Waja an einen Gott (*Yamba*) glauben. Die Redewendung aus der Alltagssprache: *ka Yámba wọọ* 'wenn Gott ist', die in etwa besagt, 'so Gott will', 'wenn Gott es zuläßt', zeigt, daß *Yamba* eine gewisse Kontrolle der Ereignisse zugeschrieben wird. In einigen

6 Quelle: The Light that shines in Eastern Tangale, Diamond Jubilee Celebration 1917-1987, ECWA Kaltungo District: Seite 12. Nach Shem Mammam Tula (The coming of Christian Missions to Tangale-Waja. 1981: 23) wurde die Missionsstation in Gelengu erst 1927 etabliert.

der aufgenommenen Erzählungen wenden sich sowohl Menschen als auch Tiere an *Yamba* und erhalten Antwort.

Isa Manassah Daniel J. (1979) berichtet die folgende "Legende" über die Erschaffung der Welt:

> " ... "Bala Yamba" (God the King) sent a boy and a girl who then multiplied gradually. To them the sky where Bala Yamba lives was very near the earth but then something happened which annoyed him and therefore he moved higher up. What happened is not categorically stated.
> As regards the end of the world, the Wajas say that some day "Bala Yamba" will just send fire to destroy the whole world and then after that he will send another boy and girl to start another generation." (1979: 10-11).

In jedem Dorf gibt es einen 'religiösen Spezialisten', den *kurù*. Wie das des Dorfoberhaupts wird auch dieses Amt nur von Mitgliedern bestimmter, aber wiederum anderer Familien bzw. Clans ausgeübt. Es kann aber auch vom Sohn des letzten *kurù* bekleidet werden. Den Berichten zufolge ist eine lange Ausbildung zum *kurù* nötig. Der *kurù* ist der 'Spezialist' im Umgang mit der Geisterwelt und hat Schutzgeister, mit deren Hilfe er mit den *bụwaị* ('Geistern; Krankheiten') 'umgehen' kann. Für den Hügel *Deele*, der von besonders mächtigen *bụwaị* bewohnt sein soll, ist ein eigener *kurù* zuständig. Die Farbe rot wird von den *kuruwà* (Pl.) und den Mitgliedern ihrer Clans gemieden. Mit roten Kleidungsstücken darf man weder sie, ihre Gehöfte noch den Hügel *Deele* aufsuchen. Als Begründung wird die Affinität zu Blut angegeben.

Zu den Zeiten, als die traditionelle Religion noch vorherrschte, hatte ein *kurù* große Macht. Woodhouse berichtet:

> " ... until he gives permission, no man may even cut grass for making zana-mats. ... Kuru's power rests on the idea that at his house all the spirits of the people drink water. He has a sanctuary surrounded with a circle of stones and in it is a small grass hut; inside this hut is a potsherd or a stone with a depression on the top, wherein water is placed, so that the spirits of the townpeople may come and drink. If a man offends Kuru and that man's spirit comes to drink water, Kuru drives it away and the man to whom the spirit belongs will die." (1923-24: 202).

Aus diesem Zitat geht zudem hervor, daß die Waja annehmen, daß jeder Mensch einen 'spirit' (*bawéì*) besitzt, der sich zu Lebzeiten, vor allem im Schlaf, vom Körper trennen kann. Wenn aber die unversehrte Rückkehr zum Körper nicht möglich ist, stirbt die Person. Hierauf gründet auch ein großer Teil der Furcht vor 'Hexerei', wobei man annimmt, daß *bawéì* von Personen, die die entsprechende Kräfte (*naŋị*) besitzen, gefangen und mißbraucht werden kann.

2.7 Dialekte und sprachliche Situation

Das Waja wird nach vorsichtigen Schätzungen von mehr als 70.000 Menschen gesprochen. Es lassen sich zwei Dialektgebiete unterscheiden, die im Großen und Ganzen mit der administrativen Unterteilung der Waja übereinstimmen (vgl. 2.1). Die 'Bergwaja' [*Derúwà* bzw. *Derúwò*[7]] in den Orten Degri, Sikam und Kulani sprechen Varianten eines Bergdialektes, den wir hier zur Unterscheidung Bergwaja nennen. Das nördliche Dialektgebiet, das in Anlehnung an die Hausabezeichnung Ebenenwaja genannt werden kann, umfaßt die Dörfer Dala Waja, Dong, Talasse, Reme und Bangu sowie Wala Waja, Swa, Gelengu, Balanga und Repele. Die ersten fünf Orte werden, unter Anspielung auf die Beschaffenheit ihrer Böden, *nem bwálàà* oder *nem bwẹ́làà* 'meat of the muddy people' bezeichnet, die letzteren fünf werden unter dem Namen *bọngaa* 'side people' zusammengefaßt. Nach verschiedenen Angaben variieren die Sprachformen der *nem bwálàà*, nur sehr leicht. Etwas größere, aber nach wie vor geringe Unterschiede seien hingegen zu den 'Dialekten' der einzelnen Orte der *bọngaa* festzustellen, die ebenfalls ihre lokalen Varianten haben. Eine systematische Untersuchung der Abweichungen der Varianten des Ebenenwaja liegt noch nicht vor. Die Aussagen zu den Dialektunterschieden, die von Sprechern aus den zentralen Orten stammen, sind wahrscheinlich von der geschichtlichen Überlieferung beeinflußt. Danach wird die sprachliche Varianz unter den direkten Tochtersiedlungen von Dala Waja, die ja auch eine gemeinsame zeremonielle Allianz bilden, verringert; der Unterschied zu den anderen Sektionen, zu den *bọngaa* wird überbetont. Sprecher aus Gelengu - nach Abweichungen befragt - erklärten häufig: "it's all the same Waja". Ob wirklich geringere Abweichungen der Sprachform von Dong und Talasse zu der von Reme als zu der von Gelengu bestehen, muß offen bleiben. Zum momentanen Forschungsstand kann das nördliche Dialektgebiet (Ebenenwaja) als relativ homogen und die hier beschriebene Sprachform von Dong, das im Zentrum des Wajagebietes liegt, als repräsentativ angesehen werden.

Wesentlich größere Abweichungen sind hingegen zwischen dem Ebenenwaja (inklusive seiner Varianten) und den Sprachformen des Bergwaja festzustellen. Auf der Basis von kleineren Wortlisten konnten lexikalische, phonologische und morphologische Unterschiede ermittelt werden. Nach allgemeinem Konsens ist aber die Verständigung untereinander noch gut gewährleistet. Eine Zusammenstellung der bislang bekannten Unterschiede ist im Anhang enthalten.

Wie bei der Mehrzahl, wenn nicht gar allen kleinen Sprachen dieses Gebietes, nimmt auch im Waja die Anzahl der jungen Leute, die ihre Muttersprache mit all ihren Feinheiten beherrschen, stetig ab. Bevorzugt wird von vielen insbesondere, den jüngeren, statt dessen, eine möglichst große Kompetenz im Hausa, der großen Verkehrssprache Nordnigerias, zu erlangen. Zu dieser Entwicklung tragen eine große Zahl von Faktoren bei. Einige von ihnen sind mit dem Schulsystem verknüpft. So studieren z. B. viele junge Waja an verschiedenen Universitäten Nordnigerias. Sie sind seit dem Eintritt in die Secondary School die meiste Zeit des Jahres nicht mehr zu

7 In der Klammer steht die Selbstbezeichnung. Der Name ist von Degri (Derí), dem ältesten Wajaort in den Bergen, abgeleitet. Das Pluralsuffix für Menschenbezeichnungen lautet im Ebenenwaja stets *-wà*, während im Bergwaja vokalharmonisch bedingt auch *-wò* stehen kann.

Hause, d.h. im Waja sprechenden Umfeld gewesen. Da besonders die lern- und merkbegabten jungen Leute der Sprachgemeinschaft auch in der Schule die meisten Erfolge haben, ist eines der Nebenprodukte des Schulsystems, daß fortlaufend die Personen abgezogen werden, die am begabtesten wären, die mündlich überlieferten Traditionen ungebrochen fortzuführen. Eine große Zahl der Studenten ziehen auch dann das Hausa ihrer eigenen Muttersprache vor, wenn sie zu Hause sind und mit ihren Altersgenossen verkehren. Hausa genießt offensichtlich ein höheres Prestige. Es ist die Marktsprache aller größeren Wochenmärkte des Distrikts; die Christen benutzen inzwischen eine Hausabibel und singen in den Kirchen auch die Lieder in Hausa; der von Regierungsseite propagierte Unterricht in der Muttersprache in den Anfangsklassen der Grundschule wird ebenfalls überwiegend in Hausa abgehalten, zumal einige der Primary School-Lehrer keine Waja sind. Die zunehmende Mobilität der Waja erfordert zusätzlich möglichst gute Hausakenntnisse. Waren in der Vergangenheit die im Wajagebiet siedelnden Fulani und die im Süden im Grenzgebiet lebenden Cham noch in der Lage, Waja zu sprechen, so wird heute mit allen ansässigen Fremden Hausa gesprochen. Fließend Hausa sprechen zu können, scheint ökonomisch und sozial, auch im Hinblick auf die hohe Arbeitslosenrate von jungen Leuten in den ländlichen Gebieten, einen wesentlich höheren Stellenwert zu besitzen als die nur innerhalb der relativ kleinen Wajanation anerkannte Fähigkeit, die eigene Muttersprache, insbesondere komplexere Strukturen und Redewendungen, die in der Alltagssprache selten gebraucht werden, perfekt zu beherrschen oder aktiv wiedergeben zu können. Das wiederum veranlaßt immer mehr, besonders jüngere und gebildete Eltern, mit ihren Kindern von vorneherein nur Hausa zu sprechen. Hinzu kommt, daß auch wesentlich mehr Ehen geschlossen werden, in denen die Eheleute aus verschiedenen Ethnien stammen und somit als Familiensprache Hausa wählen. Wohin diese Entwicklung führt, ist schwer abzusehen. Ob eventuell rechtzeitig eine Rückbesinnung auf die eigene Sprache und Kultur stattfindet oder ob bald nur noch in den abgelegenen Siedlungen dieses Gebietes junge Leute in der Lage sind, den Erzählungen der Alten zu folgen, bleibt abzuwarten. Durch die Forschung zu dieser Studie ist jedenfalls bei einigen Waja bereits ein Prozeß in Gang gesetzt worden, der die eigene Sprache aufwerten wird.

3. KLASSIFIKATION und FORSCHUNGSSTAND

3.1 Arbeiten der Missionare

Mit der Etablierung der Missionsstation in Gelengu um 1923 durch Gordon Beacham begannen auch die ersten Arbeiten im und über das Waja.[8] Die Missionare der Sudan Interior Mission (S.I.M.) hatten schon bald einen "Waja Primer and Reader" erstellt, der 1924 unter dem Titel "Lakargar Karatu Nyan Wiyau" publiziert und zur Alphabetisierung benutzt wurde. Bereits 1926 war eine Übersetzung des Johannes-Evangeliums fertiggestellt, der 1935 die Wajaausgabe des Matthäus-Evangeliums folgte.[9] Neben G. Beacham waren zu dieser Zeit vor allem noch Mr. Nicholson sowie W. E. Schultz (National Bible Institute?) in Gelengu tätig. Es liegen mehrere Manuskripte (Wörterverzeichnisse, grammatikalische Notizen, Übersetzungen einzelner Bibeltexte) vor, von denen eines noch den Namen A. M. Schaffer trägt. Manuskripte aus der Feder von Missionaren aus jener Zeit können jedoch häufig modernen Anforderungen nicht genügen. Dies zeigt sich auch hier besonders bei der Wiedergabe phonologischer Details, wie z.B. der Vokalharmonie sowie dem Fehlen einer Tonmarkierung.

3.2 D. Westermann und M. A. Bryan 1952/70

In ihrem 'Handbook of African Languages, Part II' führen Westermann and Bryan, (new edition)1970: 112), das Waja folgendermaßen auf:

> "ISOLATED UNIT ? WAJA ... According to Temple [1919/22: 361] the Waja speak a language connected with that of Tera."

Tera gehört aber bei ihnen - wie auch nach allen jüngeren Klassifikationen - zu den "Chadic Languages".

3.3 J. H. Greenberg 1963

Greenberg, der zunächst (1955: 49) das Waja (und das Tula) als "unclassified" unter 'Hamito Semitic' aufführt, klassifiziert 1963 das Waja als Sprache der Gruppe 1 des Adamawa, einer Untergruppe des Adamawa-Eastern. Mit Adamawa-Eastern bezeichnet er eine der 'genetic subfamilies' der Niger-Congo (Sprach-)Familie. Zur Gruppe 1, die im Nordwesten dieser klassifikatorischen Einheit liegt, zählt er folgende Sprachen:

> "Tula, Dadiya, Waja, Cham, Kamu." (1963: 9).

---

8 Diese Angaben entstammen der Jubiläumsschrift der ECWA Kaltungo (vgl.Fußnote 6 oben). Nach Shem Mammam Tula (1981: 23), wurde die Missionsstation in Gelengu erst 1927 unter der Leitung von Mr. Nicholson etabliert. Wenn letzteres zuträfe, hätten sich die Missionare schon vorher mit der Sprache beschäftigt, denn der "Waja Primer" trägt die Jahreszahl 1924.

9 Hansford et al. 1976: 160.

Nach Köhler (1975: 197) geht die Bezeichnung "Adamawa" für die

> "... am oberen Benue gesprochenen und mit Splittergruppen bis zum Schari und Sanaga reichenden Sprachen ... auf den Namen des Emirates Adamaua zurück, das in der Ausbreitung der östlichen Ful-Herrschaften 1805 unter dem Ful Emir Adama entstand und dessen Hauptstadt Yola im Jahre 1841 gegründet wurde."

Greenbergs Klassifikation (1963) enthält keinerlei Angaben über das verwendete Material. Zu diesem Zeitpunkt waren m.W. nur eine Grammatik des Tula[10] und in der Wajasprache von Missionaren ein Primer (1924) und die Evangelien von Johannes (1926) und Matthäus (1935) (s. 3.1) publiziert worden. Es muß daher angenommen werden, daß Greenberg unveröffentlichte Materialien vorgelegen haben. In der "Adamawa-Eastern Comparative Word List" (1963: 13-24), mit der wohl die Zugehörigkeit des Adamawa-Eastern zum Niger-Congo nachgewiesen werden soll, taucht bei keiner der 49 Vergleichsreihen eine Angabe aus einer der Sprachen der Gruppe 1 auf (obwohl zum Teil sehr gut passende Belege in diesen Sprachen vorkommen). Lediglich bei der Diskussion der Nominalklassenaffixe in den Adamawa-Eastern Sprachen ist dem Tula ein eigener Absatz gewidmet, denn das Tula hat "... a fully functioning system of class suffixes with clear points of contact with the general Niger-Congo system" (1963: 12).[11] Das Gleiche hätte ebenso gut auch vom Klassensystem des Waja oder dem des Cham gesagt werden können.

Somit bleibt festzustellen, daß die Informationen, die Greenberg bei der Aufstellung dieser Gruppe 1 (des Adamawa) vorlagen, so gut waren, daß er sie von Nachbarsprachen wie z.B. dem Longuda (Gruppe 10 des Adamawa) abgrenzen konnte, er andererseits aber nie daraus zitiert hat.[12] Auf der Basis des von ihm präsentierten Materials kann zwar die Zugehörigkeit dieser Sprachen zum Niger-Congo nachvollzogen werden, jedoch nicht die Eingliederung der Gruppe, und damit auch des Waja, in die 'genetic subfamily' des Adamawa-Eastern.

3.4 H. Jungraithmayr 1968/69

Das m.W. einzige bisher publizierte sprachbeschreibende Material über das Waja ist in der Arbeit von Jungraithmayr (1968/69) "Class Languages of Tangale-Waja District" enthalten, in der, wie der Titel schon andeutet, auf das Nominalklassensystem des Waja eingegangen wird.[13] Anhand eines ca. 70 Einträge umfassenden Vokabulars ist

---

10 Anonymus 1954. Grammar of the Tula Language. (By a Missionary). (Diese Arbeit ist sehr wahrscheinlich von Reverend John S. Hall verfaßt worden, der von Kaltungo aus die Tangale missionierte. Hall selbst schreibt in seinem Buch: From Cannibalism to Christ. 1944: 66: "...the last I saw of my complete grammars of both the Tangale and Tula languages was in Berlin, on the desk of Prof. Westermann at the Berlin University, where he was retaining them for publication ..."

11 Die hierbei zitierten Lexeme entstammen offensichtlich der oben erwähnten Tula Grammatik.

12 Die lexikostatistische Untersuchung in Jungraithmayr (1968/69) (s. 3.4) bestätigt sowohl die Nähe der Sprachen der Gruppe 1 zueinander als auch die größere Distanz der Gruppe zum Longuda.

13 1987 hat Dodo Poloma über ihre Muttersprache die B.A. Thesis: Syntax of the Waja language, an der Universität von Jos, Nigeria vorgelegt. Auf diese (unveröffentlichte) Arbeit, von der ich erst Ende 1990 Kenntnis erhalten habe, möchte ich in dieser Form hinweisen.

das Klassensystem im Umriß dargestellt und mit Hilfe verschiedener Pronomen auch die Konkordanz erfaßt worden. Darüber hinaus vergleicht er das Ergebnis dieser Untersuchung mit den auf gleiche Weise ermittelten Klassensystemen des Tula, Cham, Awak, Dadiya und Longuda. Danach weisen Tula, Waja und Cham eine größere Anzahl von Gemeinsamkeiten untereinander auf als je eine von ihnen mit dem Longuda.

Jungraithmayrs Arbeit enthält zudem eine lexikostatistische Untersuchung, in die das ebenfalls präsentierte, jedoch im Gegensatz zu den anderen Sprachen klassenlose Burak mit einbezogen ist. Auf der Basis der erhobenen Vokabulare ermittelt er u.a., daß Tula, Cham, Awak und Dadiya einander näher stehen als eine von ihnen dem Waja.[14] Burak und Longuda weisen untereinander die geringste Zahl von Entsprechungen auf und sind jeweils von den Sprachen der 'Waja-Gruppe' am 'weitesten' entfernt (1968/69: 172).[15]

3.5 W. J. Samarin 1971

Samarin (1971) übernimmt prinzipiell die von Greenberg aufgestellte Gruppe 1 des Adamawa. Aufgrund neuerer Erkenntnisse, insbesondere aus der Arbeit von Jungraithmayr (1968/69), fügt er der Gruppe weitere Sprachen hinzu:

> "Group 1: Cham, Mona, Tula, Dadiya, Waja, Kamu, Awak." (1971: 214).

Zur Bezeichnung der übergeordneten Einheit (Adamawa-Eastern) schlägt er vor, Greenbergs Terminus "Eastern" künftig durch "Ubangian" zu ersetzen (1971: 225).

3.6 O. Köhler 1975

Köhler (1975) zieht es vor, die 'Adamaua-' und 'Ubangi-Sprachen' "getrennt aufzuführen", weil letztere u.a. "... die geringere Zahl der lexikalischen Beziehungen zum Westnigritischen ..." (1975: 197) aufweisen. Das Adamawa hingegen zeige u.a. nach den publizierten Vokabularien "... allgemeine Beziehungen zum Westnigritischen ... darunter anscheinend einige besondere Beziehungen zum Gur" (1975: 197). Er verweist auf Jungraithmayr (1968/69), der bei der Diskussion der Nominalklassenaffixe Parallelen zu Gursprachen aufgezeigt hatte. Zur Stellung des Adamawa führt Köhler aus:

> "In der Struktur schließt sich das Adamaua an den Komplex der Klassensprachen an, d.h. es besitzt in einigen Sprachen Klassenaffixe, während andere Sprachen sie nicht kennen und vermutlich verloren haben. Die vorkommenden Klassensuffixe erinnern an die Struktur im Mosi und Grusi. Neben dem System

14 Aus den Überlieferungen geht hervor, daß Tula, Dadiya und Awak früher zusammen gesiedelt haben. Die Waja hingegen sind aus dem heutigen Kanakurugebiet im Osten gekommen (vgl.1.2).

15 Jungraithmayr bestätigt hiermit die Klassifikation Greenbergs (1963), der Longuda einer eigenen Gruppe zuordnet (vgl.2.2). Hoffmann (in: Hansford et al. 1976) stellt neben der Wajagruppe und der Longudagruppe zusätzlich eine Burakgruppe auf.

nominaler Klassensuffixe treten Präfixsysteme und sogar ambilaterale Affixsysteme (vgl. Tula) auf, die sich typologisch an das Süd-Gurma, Ost-Grusi, Togo-Rest und Tiv anschließen lassen ... Hier sind umfangreiche Studien notwendig, um die Stellung des Adamaua zu klären." (1975: 197-8).

Köhler stellt die Zusammengehörigkeit der Adamawasprachen nicht in Frage. Anzumerken ist aber, daß die im Zitat genannten Klassensuffixe alle nur aus den nordwestlichen Adamawasprachen stammen, und zwar aus den Sprachen der Gruppe 1 und aus dem dem Waja benachbarten Longuda.

3.7 Index of Nigerian Languages 1976

Der 'Index of Nigerian Languages'(Hansford et al., 1976), eine nach dem Alphabet durchnumerierte Aufstellung aller den Autoren bekannten nigerianischen Sprachen, enthält für den Bereich der (nigerianischen) Adamawasprachen auch einige bis dahin unbekannte Sprachen. Die nach klassifikatorischen Gesichtspunkten von Hoffmann (1976) zusammengestellten Gruppen sind offensichtlich nach der jeweils größten Sprache der Gruppe benannt worden. Die Greenbergsche Gruppe 1 wird unter der Bezeichnung "Waja-Group" wie folgt aufgestellt und unterteilt:

"a) Waja, Tula, Awak, Kamo, Dadiya, Bangwinji
b) Cham-Mwana, Lotsu-Piri." (1976: 181)

Außer dem bereits bei Meek (1931: 360) erwähnten Bangwinji ist das Lotsu-Piri neu in dieser Gruppe zu finden. Eine Quellenangabe zu dem Material, das dieser Einteilung zugrunde gelegen hat, ist nicht vorhanden. Es ist anzunehmen, daß unveröffentlichte Archivmaterialien ausgewertet wurden.

3.8 P. R. Bennett 1983

Unter dem Titel: "Adamawa-Eastern: Problems and Prospects" veröffentlicht Bennett 1983 Resultate und Schlußfolgerungen einer lexikostatistischen Untersuchung. Wie der Titel zeigt, greift er die Greenbergsche These der 'genetischen Einheit' der Adamawa- und Ubangisprachen wieder auf, kommt aber zu differenzierteren Ergebnissen. Er beschäftigt sich hier zum einen mit der Frage der internen Klassifikation dieser Sprachgruppe und zum anderen mit dem Problem ihrer Abgrenzung bzw. ihrer Beziehungen zu anderen Gruppen des Niger-Congo. Nach seinen Befunden können sechs Untergruppen unterschieden werden: 'Gbaya', 'Mangbei-Mbum', 'Chamba-Namshi', 'Ubangian', 'Boa-Kula' und 'Tula-Longuda'. Das Gbaya ist von allen anderen gleich weit entfernt; Mangbei-Mbum und Chamba-Namshi stellt er zusammen und gruppiert sie mit seinem 'Ubangian' (Greenbergs 'Eastern' ohne dem Gbaya) zu einer weiteren klassifikatorischen Einheit: dem 'Cameroun-Ubangian'. Boa-Kula wiederum ist nach ihm dem 'Cameroun-Ubangian' "fairly closely affiliated" (1983: 38).[16]

Von besonderem Interesse für diese Darstellung ist die Stellung des 'Tula-Longuda'[17], dem das Waja zuzurechnen ist. Diese Gruppe zeigt nach Bennett (1983: 34) keine näheren Beziehungen zu den anderen Untergruppen des Adamawa-Eastern.

> "Cognacies between, say, Longuda and Mbum are at a level which might be matched by almost any two typologically similar Central Niger-Congo languages".

Um die Frage zu klären, ob das Adamawa-Eastern bei solchen Befunden überhaupt als "valid unit" (1983: 34) angesehen werden kann, hat Bennett mit Hilfe der Lexikostatistik die Beziehungen der von ihm erstellten Untergruppen zu anderen Niger-Congosprachen untersucht. Dabei ermittelt er für das Tula-Longuda eine 'Zwischenstellung' zwischen Adamawa- und Gursprachen. Aus diesem Ergebnis kann er jedoch noch keine klare Aussage zur Stellung des Tula-Longuda ableiten, weil, wie er selbst einräumt, das zugrundeliegende Material für die Sprachen dieser Gruppe vom Umfang her dazu nicht ausreicht. Bennett resümiert wie folgt:

> "By the figures of the count, Gurunsi is approximately equidistant from Tula-Longuda and the Oti-Volta groups. Tula-Longuda, in turn, is by this test as close to - or as far from - Gurunsi as it is to Boa-Kula and Chamba-Namshi. When we take the physical distance between Tula-Longuda and the nearest Gurunsi language, and compare it with the much shorter distance between Tula-Longuda and Chamba-Namshi, these figures become even more significant.
> It is true, that the 29 item sample on which these figures are based is ridiculously small. Any firm statement on the intermediate status of Tula-Longuda would require much stronger support." (1983: 37)

Es ist anzunehmen, daß Bennett in seiner Untersuchung das Tula-Longuda aufgrund der Materiallage als Repräsentant der nordwestlichen Adamawasprachen ausgewählt hat. Zu letzteren sind außerdem noch die Wajagruppe (der das Tula angehört), die Yungurgruppe, das Jen und das Burak sowie mit diesen nahe verwandte Sprachen (Greenbergs Gruppen 1, 7, 9 und 10) zu zählen. Bennett faßt alle genannten Sprachen zu einer weiteren klassifikatorischen Einheit zusammen, die er 'Trans-Benue'[18] nennt und in drei Untergruppen unterteilt: 'Tula-Longuda', 'Burak-Jen', und 'Yungur' (1983: 41). Den oben zitierten "intermediate status" des Tula-Longuda überträgt er folgerichtig auf das gesamte 'Trans-Benue':

16 Bereits Boyd, der 1974 eine vergleichende Untersuchung Kameruner Adamawasprachen vorgelegt hatte, geht 1978 in einer Übersichtsarbeit davon aus, daß sich (Greenbergs) Gruppen 4 und 5 (ein Teil des 'Chamba-Namshi' von Bennett) näherstehen und die Gruppen 6, 13 und 14 (bei Bennett 'Mangbai-Mbum' und 'Boa-Kula') möglicherweise einen weiteren Zweig des Adamawa bilden.

17 Diese Untergruppe wurde offensichtlich nach den am besten dokumentierten Sprachen benannt.

18 Die Sprachen des "*Trans*-Benue" werden nördlich (oberhalb) des mittleren Benue gesprochen.

"Trans-Benue as a whole appears to be a link between Cameroun-Ubangian and the eastern branches of Gur, both lexically (from innovational and statistical point of view) and typologically." (1983: 41).

Im Ergebnis ist festzuhalten, daß das von Greenberg aufgestellte Adamawa-Eastern nach dieser Untersuchung von Bennett (1983) im wesentlichen bestätigt wurde, wenn auch die interne Struktur beträchtlich modifiziert wurde. Sieht man einmal vom Gbaya ab, so sind nach Bennett die Beziehungen des Ubangi zu drei der insgesamt vier Untergruppen des Adamawa sehr viel enger als zu irgendeiner anderen Gruppe des Niger-Congo. Das 'Trans-Benue' hingegen - die lexikostatistisch ermittelte vierte Untergruppe des Greenbergschen 'Adamawa' - fällt heraus und scheint irgendwo zwischen Gur und Adamawa-Ubangi (Bennetts 'Cameroun-Ubangian')[19] anzusiedeln zu sein.

3.9 Zusammenfassung

Nach dem dargestellten bisherigen Forschungsstand kann das Waja im Grund genommen nur als 'Central Niger-Congo-' (vgl. Bennett 1983) bzw. 'Volta-Congosprache'[20] klassifiziert werden. Es steht dem Tula und den anderen Sprachen der Wajagruppe morphologisch und lexikalisch näher als dem Longuda. Die Wajagruppe, das Longuda und einige weitere Sprachen dieses Gebietes bilden möglicherweise eine klassifikatorische Einheit, die, nach Bennett (1983), Trans-Benue genannt werden kann, weil die ihr zugeordneten Sprachen damit 'geographisch' gut lokalisiert werden können. Ob allerdings dem Trans-Benue alle von Bennett angenommenen Sprachen zuzurechnen sind, ist auf der Grundlage des publizierten Materials ebenso wenig zu beurteilen, wie die Zugehörigkeit oder die Beziehungen des Trans-Benue - und damit auch des Waja - zu einer der größeren 'genetischen' Einheiten wie Adamawa-Ubangi oder Gur.

Die von Jungraithmayr (1968/69) und Köhler (1975) festgestellten morphologischen Gemeinsamkeiten (Nominalklassensysteme und Struktur der Klassenaffixe) einiger Trans-Benue- und Gursprachen (vgl. 3.6) könnten zwar - ergänzend zur Lexik - als weiterer Hinweis auf die Nähe des Trans-Benue zum Gur interpretiert werden,

---

19 Die Bezeichnung 'Cameroun-Ubangian' für diese klassifikatorische Einheit ist m.E. etwas irreführend, zumindest was den ersten Teil des Namens betrifft. Diese Sprachen werden nur in einem kleinen Teil Kameruns gesprochen, nach Samarin (1971: 213) "...located principally in the Cameroun (in the general area of the Adamawa mountains), but spilling over into the adjoining parts of Nigeria, the Chad, and the C.A.R..." Da nach Köhler (1975: 197), wie oben zitiert, die Bezeichnung "Adamawa", auf das Emirat von Adamawa zurückgeht, so muß dieser Name wegen der Ausgliederung des 'Trans-Benue' nicht verworfen werden. Nach wie vor kann damit das Hauptverbreitungsgebiet der Sprachen der 'Cameroun' Gruppe lokalisiert werden. Zudem hat das Gebiet der Mehrzahl der 'Trans-Benuesprachen' nie zum Emirat von Adamawa gehört und liegt auch weit von den Adamawa Mountains entfernt.

20 Volta-Congo = Niger-Congo ohne Mande, Kordofanian, Atlantic (=West-Atlantisch) und Ijoid. Vgl. Bendor-Samuel 1986.

doch ist die Bewertung dieser Übereinstimmungen aufgrund der Materiallage problematisch. Während Nominalklassensysteme in Gursprachen relativ häufig belegt sind und 'Proto-Klassensysteme' von Manessy in einer Serie von Arbeiten für die Gurunsi- (1969), die Oti-Voltasprachen (1975) und das - den beiden vorgenannten Gruppen übergeordnete - "proto-central" (1979) rekonstruiert wurden, liegt entsprechendes Vergleichsmaterial aus den Adamawa- und/oder den Ubangisprachen in der Literatur kaum vor. Die Mehrzahl der vergleichsweise nur wenig bekannten Adamawasprachen weisen keine Nominalklassensysteme (mehr) auf. Suffixe, die auf Nominalklassen bzw. deren Überreste zurückgeführt werden können, kommen jedoch noch in einigen dieser Sprachen vor.[21] Zur Frage der Nominalklassenaffixe im Ubangi stellt Greenberg (1963: 12) hingegen fest:

> "Except for Mondunga and the closely related Mba, the languages of the Eastern section [i.e. Ubangi] of the Adamawa-Eastern branch show only a few uncertain survivals of the Niger-Congo system of affixes."

Das von Pasch (1986) rekonstruierte "Suffixklassensystem des Proto-Mba" (dem auch das Ndunga-le (= Mondunga) angehört), gleicht ebenfalls - wie das mehrerer Gursprachen - in einigen Aspekten dem Klassensystem des Waja oder anderer Trans-Benuesprachen. Die Klassensysteme des Mba, des Trans-Benue sowie der Mehrzahl der Gur- bzw. Voltasprachen weisen nämlich eine typologische Gemeinsamkeit auf: dem Substantiv wird das Klassenzeichen suffigiert. Im Unterschied dazu kommen in den Benue-Congosprachen überwiegend Nominalpräfixe vor. Andererseits wird schon bei Westermann (1935) deutlich, daß die Klassenmorpheme der Präfix- und Suffixsprachen in der Mehrzahl gemeinsamen Ursprungs sein könnten. Zudem zeigt die Literatur, daß Präfix- und Suffixsysteme bei einigen jeweils eng miteinander verwandten Sprachen nebeneinander vorkommen können. Beispiele hierfür sind u.a. in der Gurmagruppe des Gur zu finden. Somit ist weder die Tatsache der Suffigierung der Klassenzeichen ein ausreichendes Indiz für die Feststellung einer näheren Beziehung der Trans-Benue- zu den Gursprachen, noch sind - zum gegenwärtigen Forschungsstand - solange keine vergleichende Untersuchung der Nominalsuffixe in den Adamawasprachen vorliegt, die morphologischen Gemeinsamkeiten und Unterschiede der Klassensysteme des Trans-Benue und des Gur interpretierbar.

21 Siehe hierzu u.a.: Greenberg 1963: 10-12; sowie: Boyeldieu 1983.

II PHONETIK und PHONOLOGIE

1. KONSONANTEN

1.0 Übersicht

Bei der Darstellung der Konsonanten (K) des Waja sind Fremdwörter aus dem Hausa in der Regel nicht berücksichtigt worden. Lehnwörter aus dem Hausa, die lautlich bereits in die Sprache integriert wurden, werden hingegen behandelt. Die Nichtbeachtung der Hausa(-Fremd)wörter hat ihren Grund darin, daß alle meine Informanten - wie fast alle jüngeren Waja - zweisprachig sind. Das heißt, daß dem Waja eigentlich fremde Laute, wie z.B. die Frikative [*z*], [*sh*], [*f*] und [*h*] den einzelnen Sprechern durchaus nicht fremd sind, vielmehr die Fähigkeit, sie korrekt zu artikulieren, Bestandteil ihrer Kompetenz im Hausa ist. Daraus folgt, daß von mehreren Waja ideolektisch eine größere Zahl von Konsonanten verwendet wird als in der folgenden Tabelle dargestellt. So artikulieren z.B. einige Sprecher an Stelle des /*p*/ ein [*f*] auch bei 'echten' Wajawörtern, oder die Affrikate /*c*/ bekommt inlautend das Allophon [*sh*], was aber, wie mir versichert wurde, kein "korrektes Waja" sei.

Die folgende Tabelle gibt einen Überblick über die Konsonanten des Waja:

	bilabial		alveolar		palatal		velar	
	stl.	sth.	stl.	sth.	stl.	sth.	stl.	sth.
Plosive:	*p*	*b*	*t*	*d*			*k*	*g*
pränasal.	*mb*	*nd*						*ng*
labial.	*pw*	*bw*	*tw*	*dw*			*kw*	*gw*
Affrikaten:					*c*	*j*		
pränasal.						*nj*		
labial.					*cw*	*jw*		
Frikative:			*s*					[*ɣ*]
labial.		*sw*						
Nasale:		*m*		*n*		[*ny*]		[*ŋ*]
labial.		*mw*						
Lateral:			*l*					
Vibrant:			*r*,[*ɾ*]					
labial.			*rw*					
Halbvokale:		(*w*)				*y*		(*w*)
labial.						*yw*		

Labialisierte Konsonanten kommen nur im Anlaut von Wortstämmen vor. Durch morphophonologische Prozesse bedingt, werden auch einfache Konsonantenphoneme labialisiert (s. III, 1.1). Pränasalierte Konsonanten stehen sehr selten im Anlaut.

Der palatale Nasal [*ny*] und der velare Nasal [*ŋ*] sind weitgehend komplemetär verteilt. Ihre Distribution legt nahe, daß es sich um Varianten eines Phonems handelt (s. 1.1.4). Der nur in Ableitungen belegte velare Frikativ [*ɣ*] hat keinen Phonemstatus (s. 1.1.3.2). Der Vibrant /*r*/ besitzt ein einschlägiges Allophon [*ɾ*] (s. 1.1.6). Der Halbvokal /*w*/ weist neben dem Merkmal [bilabial] auch das Merkmal [velar] auf.

Innerhalb des phonologischen Systems des Waja sind die Affrikaten als palatale Plosivlaute anzusehen. Sie haben mit den übrigen Plosiven mehrere Merkmale gemeinsam. Wie diese kommen sie labialisiert und pränasaliert vor. Eine weitere Parallele ist, daß der Kontrast [stimmlos] : [stimmhaft] nur für den Stammanlaut belegt ist.

Der überwiegende Teil der aufgenommenen Lexeme des Waja beginnt mit einem Konsonanten. Lediglich eine sehr kleine Anzahl von Belegen weist initial einen Vokal (meist /*a*/) auf. Im Auslaut eines Wortes kommen Konsonanten zumeist nur bei Adjektiven und Ideophonen vor, da sowohl beim Substantiv als auch beim Verb die verschiedenen morphologischen Funktionselemente - die überwiegend vokalisch auslauten - den Wortstämmen suffigiert werden.

1.1 Einfache Konsonanten

Obstruenten (Plosive, Affrikaten und der Frikativ) stehen im Waja hauptsächlich im Stammanlaut. Im Stamminlaut und im Auslaut überwiegen Sonoranten (Nasale, Lateral, Vibrant und Halbvokale). Obstruenten sind im Auslaut in der Regel stimmlos.

1.1.1 Plosive

Die stimmlosen Plosivlaute, /*p*/ (bilabial), /*t*/ (alveolar) und /*k*/ (velar), sind im Anlaut (1) und im Inlaut (2) belegt. Im Auslaut (3) sind Plosive nur bei wenigen Lexemen, in der Mehrzahl Ideophone, vorhanden. Eine Ausnahme bildet /*k*/, das bei einer Gruppe von Adjektiven in dieser Stellung auftritt (s. IV, 5.). Beispiele sind:

(1) *pịị* 'Hüfte' *puri* 'Grab'
pananẹ 'Tonschüssel'

tịya 'schießen' *tụụ* 'Dorn'
takị 'Schöpfkelle'

kịị́ya '(zer)brechen' *kuu* 'Knochen'
kaagẹ 'Kalebasse'.

(2) *sẹpa* 'versöhnen' *kupo* 'klopfen'
sapà 'kastrierter Schafsbock'

	bẹtə̣ŋẹ	'Ast'	*puto*	'durchbohren'
	mata	'beenden'		
	bakị̀	'Wald'	*pukoŋi*	'Schaum'
	cịka	'feststampfen'.		
(3)	*rọp*	'zwei'	*bə̣p*	'Ideo. zu hinfallen'
	kwap	'zehn'		
	wị́t	'Ideo. zu schneiden'	*cwát*	'exakt, genau'
	wulòk	'heiß'	*kwẹrẹ̀k*	'bitter'
	tẹk	'gerade, aufrecht'.		

Die stimmhaften Plosivlaute */b/* (bilabial), */d/* (alveolar) und */g/* (velar) kommen im Anlaut (4) und im Inlaut (5) vor. Beispiele sind:

(4)	*bịyaụ*	'Haut'	*bụụ̀*	'Pfeil'
	bakị̀	'Wald'		
	dəne	'Name'	*dumò*	'beißen'
	dọnẹ̀	'Köcher'		
	gəkəno	'zurücklehnen'	*gunò*	'Ziege'
	gama	'sammeln'.		
(5)	*jịịba*	'Tasche'	*buburi*	'Puder'
	bọbọ	'Widerhaken'		
	yidè	'Vogel'	*pụdị*	'Streu'
	sedo	'schälen'		
	rə̣gaụ	'Bogen'	*bwẹẹgà*	'Kleinkind'
	yagáụ̀	'Grenze'.		

Im Auslaut ist nur */b/* belegt, das bei einem Ideophon in dieser Position auftritt. Die Vokalqualität kann variieren.

(6) *nyeb-nyeb ~ nyib-nyib* 'eng gepackt, eng stehend' (Ideo).

Minimalpaare:

Der Kontrast [stimmlos] : [stimmhaft] tritt bei Plosivlauten nur im Stammanlaut auf:

/p/ : */b/*

(7)	*pọ-gụ̀*	'Einholen'	*bọ-gụ̀*	'Binden'
	pụụ-rị	'Pfade, Spuren'	*bụụ-rị*	'Pfeile'.

/t/ : */d/*

(8)	*tọnẹ̀*	'(weiße) Farbe'	*dọnẹ̀*	'Köcher'
	tuu	'Leiste'	*duu*	'Art, Sorte'.

/k/ : */g/*

(9)	*kẹl-gụ̀*	'Herumlungern'	*gẹl-gụ̀*	'Zerbrechen'
	gọọ-gụ̀	'Beenden'	*kọọ-gụ̀*	'Mahlen'.

Für den Stamminlaut konnte kein einziges Minimalpaar gefunden werden, das allein durch diese Merkmalsopposition zu unterscheiden wäre. Die Konjunktion:

(10) *kọpọ́* ~ *kọbọ́* 'außer, daß; bis, daß'

kommt in Varianten sowohl mit */p/* als auch mit */b/* vor. Im Auslaut treten */d/* und */g/* nicht und */b/* nur bei einem einzigen Beispiel (s. (6)) auf. Minimalpaare sind somit für diese Position nicht vorhanden.

1.1.2 Affrikaten

Die stimmlose und die stimmhafte palatale Affrikate */c/* und */j/* sind nur im Anlaut (11) und im Inlaut (12) belegt. Für intervokalisches stammhaftes */j/* sind nur die hier zitierten Beispiele vorhanden.

(11)	*ciŋu*	'Hügel, Berg'	*cụrẹ̀*	'Herz'
	caŋmẹ	'Messer'		
	ji-gù	'Töten'	*juu-gù*	'Wässern'
	ja-gụ̀	'Hindern, Verbieten'.		
(12)	*nyịca*	'abbeißen'	*kụca*	'Feuer entfachen'
	baca	'werfen'		
	lịjam	'Zaumzeug'	*gujò*	'Experte'
	kụjâm	'bevorzugterweise'.		

Minimalpaare:

Die Affrikaten weisen nur im Stammanlaut den Kontrast [stimmlos] : [stimmhaft] auf. Für den Stamminlaut konnten keine Minimalpaare mit dieser Merkmalsopposition gefunden werden. Auslautend kommen */c/* und */j/* nicht vor.

/c/ : /j/

(13)	*calaụ̀*	'Baumart'	*jalaụ̀*	'große Hacke'
	cẹ-gụ̀	'Sagen'	*jẹ-gụ̀*	'Essen'.

1.1.3 Frikative

1.1.3.1 Der alveolare Frikativ

Der alveolare stimmlose Frikativ /s/ hat keine stimmhafte Entsprechung. Er ist im Anlaut (14) und Inlaut (15) belegt. Im Auslaut (16) ist /s/ nur bei Ideophonen vorhanden und tritt hier meist mit zusätzlicher Längung auf. Beispiele sind:

(14)	*sẹŋẹ*	'Python'	*sowu* ~ *sou*	'Baum, Holz'
	saụ̀	'Kreuz (Körperteil)'.		
(15)	*pẹsụ*	'Sitzen' (VN)	*kụsị̀*	'trocknen'
	kasa	'wollen, suchen'.		
(16)	*keess*	'Ideo. zu fallen'	*cesss*	'Ideo. zu hineinfallen'.

Minimalpaare:

/s/ bildet mit den palatalen Affrikaten /c/ und /j/ Minimalpaare.[1]

/s/ : /j/

(17)	*sa-gụ̀*	'Sagen'	*ja-gụ̀*	'Hindern'
	sə-gù	'Flechten'	*ji-gù*	'Töten'.

/s/ : /c/

(18)	*sa-gụ̀*	'Sagen'	*ca-gụ̀*	'Kochen'
	sedo	'schälen'	*cedo*	'ungehorsam sein'
	kasa	'wollen, suchen'	*kaca*	'ernten, abhacken'
	kụsẹ-gụ̀	'Trocknen'	*kụcẹ-gụ̀*	'Feuer-Entfachen'.

1.1.3.2 Der velare Frikativ

Ein stimmhafter velarer Frikativ [ɣ] wird in einigen Fällen vor dem Suffix *-ẹrẹ̀* realisiert.

---

1 Der Kontrast zu den palatalen Affrikaten ist für vergleichende Untersuchungen interessant, denn /c/ und /j/ entsprechen häufig einem /s/ in benachbarten Sprachen. Vgl. Waja: *cọọgẹ̀*, Cham: *sọ̀ọ̀*, Awak: *sọọ* 'Schlange'; Waja: *jume*, Cham: *jum*, Awak: *sumtí* 'Horn'.

(19) *sə-ɣ-ərè* 'Freundschaft (bei Männern)' (*ba-sí-ì* 'Freund, Bursche').

(20) *kọ-ɣ-ạrẹ̀* 'sichtbar' (*kọ* 'sehen') *jẹ-ɣ-ạrẹ̀* 'eßbar' (*jẹ* 'essen')

Von dem Substantiv (19) abgesehen, gehören alle anderen Beispiele, bei denen [ɣ] auftritt, wie die Beispiele (20) zur Gruppe der KV- Verben. Im Gegensatz zum Verbalnomen und zur definiten Verbform, aus denen die KV- Struktur hervorgeht, zeigen diese Verben in einigen verbalen Erweiterungen (Plural, Destinativ und Intransitiv-Passiv)[2] vor dem jeweiligen Suffix noch einen weiteren Konsonanten, der jeweils das Merkmal [velar] aufweist.

(21)	*kọ-gụ̀*	'Sehen' (VN)	*a kọ nụ́rẹ*	'er hat eine Frau gesehen'
	kọ-k-aŋà	(Pl.)[3]	*kọ-ŋ-na*	(Dest.)
	kọ-ɣ-ạrẹ̀	'sichtbar'	*kọ-w-wà*	(Intr.)
	jẹ-gụ̀	'Essen' (VN)	*a jẹ mwánẹ̀*	'er hat "Essen"[4] gegessen'
	jẹ-k-ẹŋà	(Pl.)	*jẹ-ŋ-na*	(Dest.)
	jẹ-ɣ-ạrẹ̀	'eßbar'	*jẹ-w-wà*	(Intr.).

Die entsprechenden Formen eines KVV- Verbs zeigen zwar im Plural häufig ebenfalls einen velaren Konsonanten (s. V, 5.1), vor den anderen Erweiterungen kommt er jedoch nicht vor, so auch nicht der velare Frikativ [ɣ].

(22)	*kọọ-gụ̀*	'Mahlen' (VN)	*a kọ́ọ́*	'sie hat gemahlen' (def.)
	kọ-k-aŋà	(Pl.)	*kọọ-na*	(Dest.)
	kọ́ọ́-rẹ̀	'mahlbar'[5]	*kọọ́-wà*	(Intr.).

Das oben unter (19) zitierte Substantiv ist mit einer weiteren Ableitung belegt, die eine den verbalen Formen unter (21) vergleichbare Gesetzmäßigkeit erkennen läßt. Hier wird vor dem Suffix *-́tẹ* ein velarer Nasal artikuliert.

(23) *sə-ɣ-ərè* 'Freundschaft (bei Männern)'
ba-sí-ŋ-te 'Freund (nur Mann zu Mann)'.

Zusammenfassend kann man sagen, daß der velare stimmhafte Frikativ im Waja offensichtlich ein Allophon eines Lautes mit dem Merkmal [velar] ist, der bei Lexemen mit der Oberflächenstruktur KV- vor bestimmten Ableitungs- und Erweiterungssuffixen sichtbar wird. Die Artikulationsweise dieses Lautes ist vom jeweiligen Suffix abhängig. Der Phonemstatus und weitere Lautmerkmale sind unklar.

---

2 Zur Bildung und Semantik dieser Erweiterungen siehe V, 5.

3 Bei KV- Verben mit hohem Stammvokal steht im Plural an Stelle von /k/ ein Halbvokal (s. V, 5.1).

4 *mwanẹ̀* ist die Bezeichnung für das zubereitete Grundnahrungsmittel, das aus fein gemahlener Hirse (auch Mais oder ungemahlenem Reis) zu fester Konsistenz gekocht ist (Hausa: *tuwo*). Die Übersetzung wird immer mit 'food' angegeben. 'Essen' im Sinne von 'Etwas-zu-Essen' ist *jẹẹndị*.

5 Nach einer Vokallänge fällt der Vokal des Suffixes *-ạrẹ̀* aus.

1.1.4 Nasale

Die Artikulationsstellen der Nasale (N) des Waja sind bilabial, alveolar, palatal und velar. Der bilabiale Nasal /*m*/ und der alveolare Nasal /*n*/ kommen in allen Positionen vor, wobei /*n*/ im Auslaut nur selten belegt ist. Der palatale Nasal [*ny*] und der velare Nasal [*ŋ*] sind weitgehend komplementär verteilt. Ihre Distribution legt nahe, daß sie positionsbedingte Varianten eines Phomems sind. Von den beiden Substantiven (24) abgesehen, steht [*ny*] nur im Stammanlaut. (Hier könnten jedoch Zusammensetzungen vorliegen, wobei vor [*ny*] jeweils eine Morphemgrenze anzunehmen wäre.)

(24)	*tọnyọ́nẹ*	'Plejaden'
	wụnyẹ̀	'Junge nach Zwillingen geboren'.

[*ŋ*] hingegen kommt in- und auslautend vor und ist anlautend nur einmal belegt:

(25)	*ŋẹrị̀*	'reißen'.

Beispiele für das Auftreten der Nasale in den verschiedenen Positionen sind:

(26)	*mẹẹ*	'besiegen'	*mọ-gụ̀*	'Bauen'
	mata	'beenden'		
	nẹrẹ̀	'Mann, Mensch'	*nụwà*	'hören, fühlen'
	naawụ̀	'Bein, Fuß'		
	nyịị̀	'Brust'	*nyọ́ọ́*	'umsonst, frei'
	nyaa	'niederwerfen'.		
(27)	*neme*	'Tier; Fleisch'	*jume*	'Horn'
	yama	'auspressen		
	bẹnẹ	'Zunge'	*cụna*	'Axt'
	kanẹ	'Raum'		
	ciŋu	'Berg, Hügel'	*puŋè*	'morgen'
	swaŋẹ	'Wurzel'.		
(28)	*kẹm*	'zusammen'	*tum̀*	'viele(s)'
	sam-sam	'immer'		
	nyan	'Sprache'	*bakẹnkẹ́n*	'Schildkröte'
	tẹŋ	'süß, angenehm'	*gọndọŋ*	'Krokodil'
	raŋ̀	'hell'.		

Nasale können silbisch und somit auch tontragende Segmente sein. Das Subjektspronomen der 1. Pers. Sg. 'ich' ist ein silbischer Nasal, der sich an den Anlaut des nachfolgenden Verbs assimiliert. (Zu den Assimilisationsregeln s. III, 1.3.1).

(29)	*m móndo*	'ich habe vergessen'
	ń sų́kị	'ich werde nicht stoßen'
	ŋ́ kịịrị	'ich werde (es) nicht zerbrechen'.

Inlautende Nasale sind aber nur dann als silbisch zu erkennen, wenn sich ihr Ton von dem der vorausgehenden Silbe unterscheidet.

(30)	*jam̄́tị̂*	'Perlhühner'	*lam̄́cị̂*	'Frösche'.

Silbische Nasale entstehen in einigen Fällen durch Vokalelision vor einem Suffix .

(31)	*bẹtə̣ŋ́-mi*	'mein Ast'	(*bẹtə̣ŋ-ẹ* 'Ast')
	dəń-mî	'mein Name'	(*dən-e* 'Name').

Minimalpaare:

Minimalpaare, die durch die Artikulationsstelle des Nasals zu unterscheiden sind, lassen sich nur für den An- und Inlaut ermitteln, obwohl wie die Beispiele (28) zeigen, /*m*/, /*n*/ und [*ŋ*] im Auslaut auftreten können.

/*m*/ : /*n*/

(32)	*maa-gù̩*	'Vorbereiten'	*naa-gù̩*	'Trinken'
	mịya	'Geräusch machen'	*nịya*	'Bienen ausräuchern'
	kumè	'Nacht'	*kunè*	'Geruch'.

/*m*/ : [*ny*]

(33)	*maa-gù̩*	'Vorbereiten'	*nyaa-gù̩*	'Niederwerfen'
	mə̣la	'ein Jahr verbringen'	*nyịla*	'anfressen'.

/*m*/ : [*ŋ*]

(34)	*cimu*	'Kindertragetuch'	*ciŋu*	'Berg, Hügel'
	yamà	'warten'	*yaŋà*	'braten, rösten'.

/*n*/ : [*ny*]

(35)	*naa-gù̩*	'Trinken'	*nyaa-gù̩*	'Niederwerfen'
	nụwà	'hören, fühlen'	*nyụwà*	'Lager aufschlagen'.

/*n*/ : [*ŋ*]

(36)	*punè*	'Platz vor dem Gehöft'	*puŋè*	'morgen'
	kanaŋà	'verneinen (Pl.)	*kaŋaŋà*	'ver-, zudecken' (Pl.).

Bei dem folgenden Substantiv variieren /*m*/ und [*ŋ*] frei im Auslaut:

(37) *kusúḿ* ~ *kusúŋ́* 'Magen'.

1.1.5 Der Lateral

Der alveolare Lateral /*l*/ tritt im Waja in allen Positionen auf. Beispiele sind:

(38)	*laa*	'Gehöft, Haus'	*luuro*	'rollen'
	lẹẹ	'antworten, einverstanden sein'.		
(39)	*cilì*	'schmelzen'	*culo*	'Griff, Stiel'
	kala	'teilen'.		
(40)	*mə̣sàl*	'trad. Titel'	*batál*	'Untreue'
	jarbàl	'Speer mit Widerhaken'.		

1.1.6 Der Vibrant

Der Vibrant /*r*/ wird in der Regel mehrschlägig artikuliert und ist in allen Positionen belegt. Beispiele sind:

(41)	*raŋ́*	'hell'	*rəm*	'Dunkelheit'
	rọp	'zwei'.		
(42)	*nụrẹ*	'Frau'	*gə̣rá*	'wachsen'
	swara	'kämmen'.		
(43)	*lə̣kə̣́r*	'Schluckauf'	*ganjár*	'Antilopenart'.

/*r*/ weist in einigen Fällen ein einschlägiges Allophon [*ɾ*] auf. Diese Variante scheint bei mehreren Belegen idiolektisch zu sein und wird nicht von allen Sprechern so gesprochen. Sprecherkonsistent ist hingegen [*ɾ*] in einigen Pluralen vorhanden, bei denen u.a. ein Wechsel von Singular /*l*/ zu Plural [*ɾ*] zu beobachten ist (s. III, 1.5). Minimalpaare der beiden Varianten sind nicht belegt. Bei den folgenden Beispielen steht [*ɾ*] jeweils nach [*ee*].

(44) [*teeɾû*] 'Milchstraße' [*ceeɾô*] 'er ist gerannt'.

Minimalpaare:

/*r*/ bildet mit /*l*/ Minimalpaare für den An- und Inlaut. Beispiele sind:

(45)	*rẹẹ*	'vieles-fangen' (Altr.)	*lẹẹ*	'antworten, zustimmen'
	rịya	'voll, satt sein'	*lịya*	'jmd. aufhalten'
	mẹrmà	'Tränen'	*mẹlmà*	'Scham'
	kụráà	'Suppenpflanzen'	*kụláà*	'Verleumdung'.

1.1.7 Halbvokale

Die Halbvokale /*w*/ (bilabial, velar) und /*y*/ (palatal) besitzen im Silbenanlaut die Funktion von Konsonanten. Beispiele:

(46)	/*w*/:		*waị*	'Arm, Hand'
	wọọ-gụ̀	'Wischen'	*wịị*	'Feuer holen'
	tawáụ̀	'Tabak'	*puwo*	'verrotten'
	sẹwa	'wispern'.		
	/*y*/:		*yaa*	'bezahlen'
	yụụ	'Matte'	*yidè*	'Vogel'
	tịya	'schießen'	*bụyatẹ̀*	'Ehemann'
	kwaayaa	'Laufvogelart'.		

/*w*/ und /*y*/ können auch silbisch und damit tontragende Elemente sein. Im Auslaut werden sie wie ein Vokal realisiert und in dieser Darstellung auch dementsprechend geschrieben. Bei den folgenden Beispielen entsteht die Silbigkeit durch Vokalelision vor einem Suffix.

(47)	*aụ-mi*	'meine Wildkatze'	*aw-ẹ̀*	'Wildkatze'
	bakuú-mi	'mein Zebra'	*bakuw-e*	'Zebra'
	kuu-wà	'Diebe'[6]	*kuw-è*	'Dieb'
	mịy-ụ	'Stimme'	*mịị́-rị*	'Stimmen'.

Wenn hingegen einer Vokalfolge ein Vokal mit anderer Qualität suffigiert wird, kann der auslautende Vokal zu einem Halbvokal und damit zum Silbenanlaut werden (48) oder, wie vor allem bei der Vokalfolge [*aa*], ein epenthetischer Halbvokal tritt vor das folgende Vokalsuffix (49).

(48)	*bọw-ụ̀* (< *bọọ-ụ̀*) / *bọọ-rị*	'Loch'
	kwẹy-ụ (< *kwẹẹ-ụ*) / *kwẹẹ-ndị*	'Grasdach des Speichers'
	pwịy-á	'weise werden' (*pwịị* 'Weisheit').

6 -*wà* ist das Suffix des Plurals (Kl. 2). /*w*/ ist hier konsonantisch (vgl. Bergwaja: *kuw-è* / *kuu-bò*).

(49) *swaa-wụ* (< *swaa-ụ*) / *swaá-rị* 'Schwanz'
naa-yị (< *naa-ị*) 'trinken' (indef.).

Aus diesen Beispielen geht auch hervor, daß bei Wortstämmen mit hohen Vokalen die Unterscheidung zwischen KV*w*(-) und KV*y*(-) einerseits und KVV(-) andererseits in der Regel nicht durchzuführen ist.

Die enge lautliche Beziehung zwischen /*w*/ und den hinteren Vokalen /*ụ*/ und /*u*/ zeigt, daß /*w*/ im Waja neben dem Merkmal [labial] das Merkmal [velar] aufweist. Dies geht auch aus den folgenden Entsprechungen hervor.

	Ebenenwaja	Bergwaja	
(50)	*sowu* ~ *sou*	*sobu*	'Baum, Holz'
	yọụ	*yọkụ*	'Fluß'.

Vor Verben, die mit /*w*/ anlauten, wird der Nasal des Subjektspronomen der 1. Pers. Sg. [*ŋ*] realisiert. Hier scheint das velare Merkmal prominenter zu sein (s. III, 1.3.1).

Minimalpaare:

Im Anlaut bilden die Halbvokale miteinander Minimalpaare.

/*w*/ : /*y*/

(51)	*wa-gụ̀*	'Zerstreuen'	*ya-gụ̀*	'Bezahlen'
	wọọ-gụ̀	'Wischen'	*yọọ-gụ̀*	'(etwas) Werden'.

1.2 Pränasalierte Konsonanten

Monophonematisch sind die pränasalierten stimmhaften oralen Verschlußlaute /*mb*/, /*nd*/, /*nj*/ und /*ng*/ aufzufassen. Sie sind jedoch nur bei wenigen Wortstämmen im Anlaut belegt. Lediglich die folgenden Beispiele liegen vor:

(52)	*mbáá-tẹ*	'Vater'	*mba*ˋ	'ihr'
	njáá-tẹ	'Mutter'	*njíí-te*	'Tante, Mutter'
	ba-njáà	'ältere Person'	*ba-njíì*	'Klitoris'
	ngẹẹlà	'Kamel' (Ful: *ngeelooba*).		

Mit /*mb*/, /*nd*/ und /*ng*/ lauten jedoch mehrere Suffixmorpheme an, die auch nach konsonantischen Sonoranten stehen können.

(53)	*kụụ-mba*	'Schwäger, Schwägerinnen'
	ba-pal-mba	'Altersgenossen'
	a bẹ́l-mbərà	'er hat euch geleckt'
	buro-ndi	'Asche(nsorten)' (Pl.)
	sụl-ndị ~ sụl-rị	'Flöten'
	yaŋ-ndị	'Affen'
	a kọ́-ngẹ̀	'er hat mich gesehen'
	a bẹ́l-ngẹ̀	'er hat mich geleckt'.

In Wortstämmen kommen pränasalierte Konsonanten überwiegend im Inlaut vor.

(54)	*nambarẹ*	'Mann'	*kụmbaŋ*	'Tontrommel'
	kẹmba	'einzäunen'	*tumbo*	'Sicht verdecken'
	kọndọ̀	'Exkremente'	*wandəmà*	'Dank'
	jịnda	'stehlen'	*mondo*	'vergessen'
	jangáḿ	'Müdigkeit'	*bọngọụ*	'Seite, Umgebung'
	nyịnga	'finden'	*kanga*	'Hand aufhalten'
	gonjo	'umbiegen'.		

Neben den monophonematischen pränasalierten Konsonanten sind jedoch auch die Konsonantenfolgen */m/+/b/*, */n/+/d/*, */n/+/j/* und */n/+/g/* belegt (s. 1.4.1). Diese entstehen in der Regel durch Suffigierung, können aber auch vereinzelt - den unter III, 1.4.1 dargestellten Befunden zufolge - in Lexemen auftreten. Bei den Belegen (54) kann somit im einen oder anderen Fall eine Konsonantenfolge nicht ausgeschlossen werden.[7]

Unter (55)-(62) sind jeweils die pränasalierten Konsonanten den stimmhaften oralen Verschlußlauten sowie dem Nasal der gleichen Artikulationsstelle gegenübergestellt. Im Abschnitt 1.1.1 wurde bereits gesagt, daß stimmhafte orale Verschlußlaute intervokalisch selten auftreten. Minimalpaare sind deshalb auch kaum vorhanden.

/mb/ : */b/*

(55)	*mbáá-tẹ*	'Vater'	*m báá*	'ich bin gekommmen'
	kombó	'Rand umschlagen'	*kọbọ́*	'bis, daß'.

/mb/ : */m/*

(56)	*Yamba*	'Gott'	*yama(-ụ)*	'Felsüberhang'
	kumbó	'hinhocken'	*kumó-ù*	'Baumart'.

/nd/ : */d/*

(57)	*gwandalẹ̀*	'Messersorte'	*gwada*	'Schnupftabakdose'
	gọndọŋ	'Krokodil'	*gọdọụ̀*	'Decke'.

/nd/ : */n/*

(58)	*gund-ù*	'Wasser'	*gun-ò*	'Ziege'
	kẹnd-a	'etwas Langes hinlegen'	*kẹn-ẹ̀*	'Eisen, Geld'.

7 Im Bergwaja sind diese Lautfolgen wahrscheinlich keine Monophoneme (vgl. Anhang 3.1).

/nj/ : */j/*

(59)	*njíí-te*	'Mutter, Tante'	*jii-gù*	'Schreien'
	njáá-tẹ	'Mutter'	*jaa*	'hindern' (Altr.).

/nj/ : [*ny*]

(60)	*njáá-tẹ*	'Mutter'	*nyaa*	'überwältigen'
	ba-njáà	'ältere Person'	*ba-nyáá-wụ*	'Lippe'.

/ng/ : */g/*

(61)	*ngẹẹlà*	'Kamel'	*gẹlaụ̀*	'Ledertuch'
	yanga	'Monitor'	*yagá-ụ̀*	'Grenze'.

/ng/ : [*ŋ*]

(62)	*kanga*	'Hand aufhalten'	*kaŋa*	'im Gefäß auffangen'
	nungu	'Öl'	*nuŋè*	'Auge'.

1.3 Labialisierte Konsonanten

Labialisiert sind die Konsonanten, bei deren Artikulation zusätzlich die Lippen gerundet werden. Die zusätzlichen Artikulationsmerkmale gleichen denen des Halbvokals */w/*. Entsprechend wird ein "w", dem Graphem des einfachen Konsonanten nachgestellt. Labialisierte Konsonanten stehen in der Regel nur im Stammanlaut. Inlautend kommen sie somit nur nach einem Präfix, bei Reduplikationen und Wortzusammensetzungen vor. Beispiele sind:

(63)	*ba-kwára*	'Kinder'	*laa-bwị́ya*	'Heirat'
	kwẹn-kwẹ́n-ẹ	'Basalt'	*twịị-twịị*	'Wurmart'.

Labialisiert sind im Waja alle Obstruenten, der bilabiale Nasal, der Lateral, der Vibrant und der palatale Halbvokal belegt. Beispiele sind unter (64)-(75) enthalten. Es liegt kein Lexem vor, bei dem ein hinterer nicht-tiefer Vokal einem labialisierten Konsonanten folgt. Die Mehrzahl der Belege weisen den tiefen Vokal */a/* auf.

Die folgenden Beipiele stellen die labialisierten Konsonanten den entsprechenden einfachen Konsonanten gegenüber. Sofern keine Minimalpaare vorhanden sind, werden auch ungefähre Entsprechungen berücksichtigt.

/pw/ : */p/*

(64)	*pwala-ụ*	'Mond, Monat'	*pala*	'so daß, damit'
	pwịị	'Weisheit'	*pịị*	'Hüfte'.

/bw/ : */b/*

(65)	*bwala*	'um-, aufrühren'	*bala*	'schreiben'
	bwị(y)ị̀	'verdorben sein'	*bị(y)ị̀*	'schneiden'.

/mw/ : /m/

(66) *mwala* 'erweitern' *mala* 'umwickeln'
mwanẹ̀ 'Essen' *manà* 'freisetzen'.

/tw/ : /t/

(67) *twala* 'anbinden' *talaŋẹ̀* 'weite Fläche'
tịya 'schießen' *twịya* '(Hirse) abschneiden'.

/dw/ : /d/

(68) *dwaka* 'ausschenken' *dakə̣lau̧* 'Gürtel, Schärpe'
dwaŋdị 'Backen' *daŋandị* 'Gedanken'.

/sw/ : /s/

(69) *swa-gụ̀* 'Kicken' *sa-gụ̀* 'Sagen'
swiyo 'halb kochen' *siyò* 'flechten'.

/rw/ : /r/

(70) *rwa-gụ̀* 'beleidigen' *ra* 'dann'.

/cw/ : /c/

(71) *cwaraŋà* 'erbrechen' *caraŋà* 'waschen' (Pl.)
cwaarẹ̀ 'Nest' *caárẹ* 'anbinden' (indef.).

/jw/ : /j/

(72) *jwalụ̀* '(Eisen)Stab' *jalaụ̀* 'große Hacke'
jwịị̀ '(an)packen' *jịị̀* 'überzeugen'.

/yw/ : /y/

(73) *ywa-gụ̀* 'Überleben' *ya-gụ̀* 'Bezahlen'
ywiyò 'tropfen' *yịyà* 'rufen'.

/kw/ : /k/

(74) *kwaka* 'abschaben' *kaka* 'entrinden'
kwẹẹ 'tragen helfen' *kẹẹ* '(ver)jagen'.

/gw/ : /g/

(75) *gwaranẹ̀* 'jüngeres Geschwister' *garanẹ* 'festbinden' (Pl.) (indef.)
gwẹlị̀ 'Grasbündel' *gẹlị̀* 'ein Stück abbrechen.

1.4 Konsonantenfolgen

1.4.1 Konsonantenfolgen im Inlaut

Wortstämme mit der Struktur (-)KVK.K-(V...) kommen im Waja vergleichsweise selten vor. Demzufolge gibt es auch nicht viele Belege für stammhafte Konsonantenfolgen. Durch Suffigierung von konsonantisch anlautenden Morphemen oder durch Zusammensetzungen entsteht aber eine größere Zahl von Folgen, bei denen dann jeweils eine Morphemgrenze zwischen den beteiligten Konsonanten liegt. Hinsichtlich dieser Konsonanten zeigen die morphologisch bedingten Folgen einige Kombinationen, die in Wortstämmen nicht festgestellt werden konnten. Allerdings sind die Wortbildungsprozesse des Waja noch nicht ausreichend bekannt, so daß eine klare Trennung nicht immer möglich ist. Allen Folgen gemeinsam ist jedoch, daß in einem Wort, einschließlich aller Erweiterungsmorpheme, zwei Obstruenten nicht unmittelbar nebeneinanderstehen. Die einzige Ausnahme bildet:

(76) *lə̣kcì̹* 'Komplikation, Konfusion'.

Bei stammhaften Folgen ist der erste Konsonant stets ein Sonorant. (Ausnahme ist (76)). Es kommen also nur die Folgen Sonorant+Sonorant und Sonorant+Obstruent vor. Dies trifft auch auf die überwiegende Mehrzahl der Belege für morphologisch bedingte Folgen zu. Ausnahmen sind insbesondere Possessivkonstruktionen und Reduplikationen:

(77)	*rọp-yẹ́ì̹*	'der, die, das Zweite' (*rọp* 'zwei)'
	nyeb-nyeb ~ *nyib-nyib*	'eng gepackt, eng stehend'.

In Wortstämmen ist die Folge Sonorant+Sonorant nur in wenigen Fällen belegt. Neben Folgen zweier Nasale, wobei der erste immer [ŋ] lautet (78), sind nur noch die Folgen /*l*/+/*m*/ und /*m*/+/*r*/ in Einzelfällen (79) vorhanden.

(78)	*caŋmẹ*	'Messer'	*tẹŋnà*	'Unfruchtbare'
	yụŋnẹ̀	'Elefant'	*luŋmò*	'Markt'.[8]

(79)	*kụlmẹ*	'Weissager'
	kọmrọ̀m ~ *kọmbọrọ̀m*	'schwer'.

Einem Wortstamm, der auf einen Sonoranten auslautet, kann in der Regel ein konsonantisch anlautendes Morphem direkt angefügt werden. Deshalb kommen bei den durch Suffigierung bedingten Folgen eine Anzahl weiterer Kombinationen vor:

(80)	*nyị̀n-mà*	'Bier'	*yin-no*	'genügen'
	kaŋ-na	'lieben'	*tum-yóú*	'das Meiste von'
	gụr-mà	'Bergland'	*cẹr-na*	'draufsetzen'

8 Vgl. Tan.: *yụgnẹ* 'elephant'; *lụgma*, *lụgmọ* 'market'; *tẹnẹ* 'barren'. Ful: *luumo* 'Markt'.

mẹl-mà	'Scham'	*bajwál-mi*	'mein Glas'
bọl-yire	'unser Kind'	*kọl-rị*	'Tänze'[9]
tal-wa	'Personen, die fremdgehen'.		

Nach /*r*/ folgen hingegen Suffixe, die mit /*w*/ oder /*y*/ anlauten, in der Regel nicht unmittelbar. Sie werden mit einem Hilfsvokal angefügt.[10] Beispiele:

(81) *gwẹr-ụ-wà* 'Junggesellen'
yịr-ị-yẹ́ị 'seine Sache' (vgl. *yịr-mẹ́ị* 'deine Sache').

Bei der Mehrzahl der Konsonantenfolgen im Inlaut steht ein Sonorant vor einem Obstruenten. Außer [*ny*] kommen in Lexemen alle Nasale vor Obstruenten vor, wobei für /*m*/ die größte Zahl unterschiedlicher Konsonantenfolgen belegt ist. Beispiele:

(82)	*gụmpà*	'Käfer'	*dọmpọ́ụ́*	'Haumesser'
	jamta	'Perlhuhn'	*jịmtá*	'untertauchen'
	lamca	'Frosch'	*kọmca*	'kauen'
	rẹmsa	'einbrechen, einfallen'	*babéntò*	'taube Person'
	kaŋdẹ̀	'Sieb'	*təŋdè*	'Ferse'
	laŋta	'baden'	*badẹŋtà*	'Skorpion'
	barẹnkẹ	'Erdhörnchen'	*badụnkal*	'Hüftwurf (beim Ringen)'.

Unter (82) sind weder Lexeme aufgeführt, bei denen einem Nasal der stimmhafte Plosiv der gleichen Artikulationsstelle folgt, noch solche, in denen intervokalisch die Lautfolge [*nj*] auftritt. Obwohl diese Konsonantenfolgen in Wortstämmen ebenfalls anzunehmen sind, können sie jedoch zum gegenwärtigen Forschungstand noch nicht mit der nötigen Sicherheit von den monophonematischen pränasalierten Verschlußlauten /*mb*/, /*nd*/, /*ng*/ und /*nj*/ (s. 1.2) abgegrenzt werden.[11] In morphologisch bedingten Folgen kommen die Folgen /*m*/ + /*b*/, /*n*/ + /*d*/ und /*n*/ + /*g*/ jedenfalls vor.

(83)	*dum-bù*	'er hat nicht gebissen'	*bụn-dị*	'Mitleid haben' (indef.)
	ciŋ-gù	'Niederdrücken'	*tẹn-gụ̀*	'Kaufen'.

Morphologisch bedingt kann auch die Folge Nasal + pränasalierter Konsonant entstehen.

(84) *a dúm-ngè* 'er hat mich gebissen' *yaŋ-ndị* 'Affen'
a dúm-mbərò 'er hat euch gebissen'.

Die Folgen /*r*/ + /*s*/ und /*r*/ + /*g*/ kommen jeweils nur bei bei wenigen Wortstämmen vor. Unter den Beispielen mit /*r*/ + /*g*/ sind einige Lehnwörter zu finden.

9 Zur Realisierung der Folge [*lr*] s. III, 1.5.
10 Bei den Possessivpronomen fällt /*r*/ vor /*w*/ aus (s. III, 1.6).
11 Siehe hierzu die Darstellung des morphophonologischen Prozesses (III, 1.4.1), bei dem die Plosivität der Monophoneme ausfällt, während Konsonantenfolgen wahrscheinlich unverändert bleiben.

(85) *gọrsọndị̂* 'Stolz' *gụrsa* 'nähern'
kargarẹ̀ 'Zaun' *lakárgár* 'Buch'
gụrgẹ́ 'Wasserschöpfgefäß' (vgl. Ha. *guugáá*).

Weitere Belege für /*r*/+Obstruent sind jeweils Einzelfälle (86), von denen der letztgenannte zusammengesetzt sein könnte.

(86) *jarbàl* 'Speer mit Widerhaken'
partáị̂ 'Schild' (*par-táị̂* ? vgl. *taị̂* 'Oberarm').

Die Folge /*r*/+/*d*/ resultiert aus Suffigierung; sie tritt bei Wortstämmen nicht auf.

(87) *mụr-dị̂* 'zudecken' (indef.) *yar-dị̂* 'übertreffen' (indef.).

Die Folge /*l*/+Obstruent ist nur bei einem einzigen Beispiel belegt. Sie kommt aber in Fremdwörtern vor.

(88) *pwalcị* 'Kürbis' *albásà* 'Zwiebel' (Ha.).

In morphologisch bedingten Folgen können auslautendem /*l*/ einfache und pränasalierte Konsonanten ohne Hilfsvokal angefügt werden.

(89) *bẹl-dị̂* 'lecken' (indef.) *a bẹ́l-ngẹ̀* 'er hat mich geleckt'
kol-kòl 'glatt (rasiert)' *gẹl-gụ̀* 'Zerbrechen'
batál-ndị 'Untreue' (Pl.)
ba-pal-tẹ / ba-pal-mba 'Altersgenosse'.

Bemerkenswert ist, daß nur im Nominalklassensystem die Konsonantenfolge /*l*/+/*r*/ auftritt, die aber stets mit einer Lautveränderung verbunden ist (s. III, 1.5). Im Gegensatz hierzu lautet die Variante des Suffixes der indefiniten Verbform *-rẹ̀* nach auslautendem /*l*/ mit /*d*/ an (vgl. 3.3.1.4)

(90) *wụl-rị* ~ *wụl-ndị* 'Kalebassenbruchstücke'
cul-ri ~ *cul-ndi* 'Griffe, Stiele'
cil-dî 'schmelzen (indef.) *wụl-dị̂* 'graben (indef.).

1.4.2 Konsonantenfolgen im Anlaut

Der Mehrzahl der Lexeme, deren Anlaut als Konsonantenfolge aufgefaßt werden könnte, liegt eine KV.K(V...) Struktur zugrunde. Der phonologische Prozeß, der diese Folgen bedingt, ist im Zusammenhang mit der Zentralisierung (und Kürzung) der hohen Vokale /*ị*/ und /*i*/ sowie /*ụ*/ und /*u*/ zu sehen, die jeweils die positionsbedingten Allophone [ə] und [ə̣] aufweisen (s. 2.2).

Bei Lexemen mit der Struktur $K_1V_1.K_2(V...)$, bei denen K_1 ein bialabialer oder alveolarer Plosiv, V_1 ein hoher Vokal und K_2 ein N oder /l/ ist und K_1 und K_2 die gleiche Artikulationsstelle haben, kann der (positionsbedingt) zentralisierte Vokal sich an den folgenden konsonantischen Sonoranten assimilieren, wodurch K_2 eine Längung erfährt. Die Silbenzahl der Lexeme bleibt in der Regel erhalten. Beispiele:

(91a)	*ba-pmme* (< *ba-pəme*)	'taube Person'
	pmmà (< *pə̣mà*)	'sie (Pl.)'
	bm-ma (< *bə̣-ma*)	'Salz'
b)	*dnnà* (< *də̣nà*)	(Dem.Pron. Kl. 7)
	tnna (< *tə̣na*)	(Dem.Pron. Kl. 8, 10, 11)
c)	*tnn-o* (< *tən-o*)	'anfeuchten'
	tnn-a (< *tə̣n-a*)	'stöhnen'
	dll-o (< *dəl-o*)	'kochen'.

Für die Annahme, daß die eingeklammerten Formen jeweils unterliegend vorhanden sind, sprechen folgende Befunde:

zu a): Der Plural des ersten Beispiels lautet *ba-pə́m-ba* ~ *ba-pḿ-ba* 'taube Personen'. Das Pronomen *pmmà* hat die Nebenform *pə̣nà*.

zu b): Die Demonstrativpronomen sind mit den Konkordanzpräfixen *dų́-* (Kl. 7) und *tų-́* (Kl. 8, 10, 11) und der Demonstrativpartikel *-nà* gebildet (s. IV, 4.1). Vgl. die Demonstrativpronomen anderer Nominalklassen, bei denen jeweils der Vokal aufscheint: *bə̣-nà* (Kl. 2, 12), *sə̣-nà* (Kl. 4, 6), *kə̣-nà* (Kl. 9), *wų-na* (Kl. 5).

zu c): - Die Suffixe der def. Form der Verben sind vokalharmonisch bedingt. Die unterschiedliche Vokalqualität (*-o* ~ *-a*) ist auf die Vokalklasse des unterliegenden Stammvokals zurückzuführen.[12]

Die Realisierung des Anlauts bzw. der anlautenden Konsonantenfolge der folgenden Beispielen entspricht der eines lateralen Frikativs [*tl*].

(92)	*tlà*	'Schleuder'	*tlè*	'Leopard'
	tlá	'testen, ausprobieren'.		

Im Unterschied zu den Beispielen (91) ist hier kein silbischer konsonantischer Sonorant festzustellen, der auf einen assimilierten Vokal hindeuten würde. Die Struktur der Beispiele (92) scheint somit K(K)V zu sein, so daß [*tl*] in diesen Beispielen auch monophonematisch aufgefaßt werden könnte.[13] Gegen diese Annahme und für eine Konsonantenfolge, analog den Beispielen (91), spricht aber, daß:

- 1. die an der Folge beteiligten Laute den oben gegebenen Bedingungen (K_1 = Plosiv, K_2 = Sonorant der gleichen Artikulationstelle) entsprechen;

12 Zur Vokalharmonie s. 2.4; zur definiten Verbform s. V, 3.

13 Es ist zu vermuten, daß dieser Laut (zusammen mit den Lexemen ?) aus einer der nördlich benachbarten tschadischen Sprachen entlehnt worden ist. Laterale Frikative sind u.a. im Tera (Newman 1964: 34) und im Margi (Hoffmann 1963: 25) belegt.

- 2. wenn ein Suffix an eines der Lexeme (92) antritt, [*tl*] bei gleichzeitiger Einfügung eines sehr kurzen zentralen Vokals in /*t*/ und /*l*/ aufgelöst wird:

(93) *təl-mi* 'mein Leopard' *təl báá* 'ein Leopard ist gekommen'
tə̣l-gụ̀ 'Testen, Ausprobieren';

- 3. bei der Pluralbildung der beiden Substantive die gleiche lautliche Veränderung zu beobachten ist wie bei anderen Substantive der gleichen Nominalklasse, deren Stamm die Struktur KVK- aufweist, und auf /*l*/ auslautet:[14]

(94) *tl-è / təl-ri* [*təə-ɾi*] ~ *təl-ndi* 'Leopard'
tl-à / tə̣l-rị [*tə̣ə̣-ɾị*] 'Schleuder'
(vgl. *sụl-à / sụl-rị* [*sụụ-ɾị*] ~ *sụl-ndị* 'Flöte').

- 4. Wäre [*tl*] im Waja monophonematisch, müßte auch das Verb *tlá*, bei der Bildung der indef. Form sich wie andere KV- Verben verhalten. Es bildet diese Form nicht - wie dann zu erwarten wäre - durch Suffigierung von *-yị* oder *-rẹ*, sondern fügt an den 'aufgelösten lateralen Frikativ' lediglich ein *-ị* an. Diese Bildungsweise entspricht der anderer KVK- Verben.

(95) *a tlá* 'er hat getestet, ausprobiert' *tḷ-ị* (indef.)
a cál-á 'vieles miteinander verbunden' *cál-ị* (indef.).
(vgl. *a jẹ°* 'er hat gegessen' *jẹ́ẹ̀-yị̀* (indef.)
a dẹ́-ẹ̀ 'er hat getragen' *dẹ-rẹ* (indef.)).

Aus (93)-(95) geht hervor, daß [*tl*] im Waja kein Phonem ist. [*tl*] wird bei entsprechenden Konstruktionen in die Phoneme /*t*/ und /*l*/ aufgelöst. [*tl*] kann somit als (besonders) eng artikulierte Verbindung der beiden Konsonanten /*t*/ und /*l*/ interpretiert werden. Bemerkenswert ist jedoch, daß bei den drei Lexemen (92) eine Lautentsprechung zum Bergwaja festzustellen ist, die dann nicht erklärt werden kann, wenn man annimmt, daß [*tl*] aus /*t*/+/V/+/*l*/ entstanden ist. Im Bergwaja lauten die beiden Substantive (94) nämlich *hịlà* und *hile*, und das Verb kommt, zumindest im Dialekt von Kulani, in der Pluralerweiterung *hịl-aŋà* 'lernen' vor. Eine Lautentsprechung /*t*/ : /*h*/ ist durch keine weiteren Beispiele belegt.

Zwei weitere Substantive weisen im Anlaut die Lautfolge /*t*/+[ə̣]+/*l*/ auf.

(96) *tə̣laa* ~ *tllaa* 'Platz im Gehöft'
tə̣lanẹ ~ *tllanẹ* 'Glocke'.

Das erstgenannte Beispiel stellt offensichtlich eine Zusammensetzung mit *laa* 'Gehöft, Haus' dar, das zweite ist in dieser Form auch im Bergwaja belegt. Beide weisen eine alternative Realisierung auf, die der der Beispiele (91) entspricht.

14 Die Besonderheit dieser Pluralbildung und die phonetische Realisierung der Folge /*l*/+/*r*/, die auf den Antritt eines Suffixes *-rị* zurückzuführen ist, wird im Abschnitt III, 1.5 behandelt.

2. VOKALE

2.0 Vokalsystem (Übersicht)

Die Vokale (V) des Waja gehören artikulatorisch zwei unterschiedlichen Vokalklassen an. Die Vokale einer Klasse harmonieren jeweils miteinander. Das Waja besitzt somit wie viele andere afrikanische Sprachen - insbesondere des Niger-Congo - ein Vokalharmoniesystem. Das unterscheidende phonologische Merkmal der beiden Vokalklassen ("sets") wird für andere Sprachen in älteren Publikationen häufig mit 'geschlossen' versus 'offen' oder auch 'gespannt' versus 'ungespannt' ('tense'/'lax') beschrieben.[15] Ladefoged (1964: 39-40), gestützt auf Röntgenaufnahmen der Artikulation der Vokale des Igbo (einer Sprache mit Vokalharmonie), stellt fest:

> "The most striking difference between the vowels in the two sets is that in each case the body of the tongue is more retracted for the vowels of Set 2".

"Set 2" enthält die Vokale, die häufig als 'offen' oder 'lax' bezeichnet werden. Spätere Autoren, insbesondere Stewart (1967), beschreiben die beiden Vokalklassen deshalb durch die Merkmalsopposition [+ATR] (Advanced Tongue Root) versus [-ATR] (non-Advanced Tongue Root). Die Ergebnisse einer weiteren Laboruntersuchung zur Vokalqualität in Harmoniesprachen faßt Lindau (1974: 131) folgendermaßen zusammen:

> "The pharyngeal cavity is significantly larger for one class of vowels. The speaker accomplishes the different pharyngeal sizes mainly by advancing the tongue root ... for one class of vowels and not doing so for the other class. The Advanced Tongue Root hypothesis is thus well supported. However, an even better feature would be Pharynx Width ..."

Es wird hier davon ausgegangen, daß die beiden Vokalklassen im Waja den Ergebnissen von Ladefoged (1964) und Lindau (1974) entsprechend unterschieden werden können. Es wird somit im Sinne von Lindau (1974) und Ladefoged (1975) von 'weiten' und 'engen' Vokalen die Rede sein, wobei sich 'weit' und 'eng' auf die Weite der Pharynx bezieht und nicht auf den Öffnungsgrad. Anzumerken ist, daß diese Termini das unterscheidende artikulatorische Merkmal bezeichnen. Rein auditiv klingen die engen Vokale offener. Die Vokale des Waja sind somit wie folgt darzustellen:

	weite (Pharynx) [+ATR]			**enge** (Pharynx) [-ATR]		
[hoch], [nicht-tief]	i		u	ị		ụ
		(ə)			(ə̣)	
[nicht-hoch], [nicht-tief]	e		o	ẹ		ọ
[tief], [nicht-hoch]					a	

15 Vgl. Westermann, D. and I. C. Ward. 1933. Practical Phonetics for Students of African Languages.

Die eingeklammerten zentralen Vokale (ə) und (ə̣) haben im Waja keinen Phonemstatus (s. hierzu 2.2). Somit stehen vier weite Vokalphoneme fünf engen gegenüber. Enthält ein Wortstamm mehr als einen Vokal, so gehören beide in der Regel der gleichen Vokalklasse an. Ebenso harmonieren die Vokale der Affixe mit den Stammvokalen. Abweichungen von dieser Regel werden im Kapitel über die Vokalharmonie (s. 2.4) dargestellt. Sie ergeben sich zum einen aus dem Fehlen eines tiefen weiten Vokals und der 'Neutralität' von /*a*/ in einigen Affixen und zum anderen aus der Tatsache, daß die Vokale bestimmter suffigierter Pronominalelemente auch nach engen Stammvokalen unverändert weit bleiben.

In Wortstämmen kommen im Waja überwiegend enge Vokale vor. Dieser Gesamteindruck ergibt sich unabhängig von dem tiefen Vokal /*a*/, der als Stammvokal die meisten Beispiele hat. Aus den Gesetzmäßigkeiten der Vokalharmonie kann zudem abgeleitet werden, daß enge Vokale auch bei der Mehrzahl der Affixmorpheme unterliegend anzunehmen sind (s. 2.4.3).

2.1 Vokalphoneme

Bei der Darstellung der Distribution der Vokalphoneme, wird auf die Position des auslautenden Vokals bei mehrsilbigen Lexemen nicht besonders eingegangen, weil alle Vokalphoneme als suffigierte Nominalklassenzeichen, bzw. in vokalisch auslautenden Suffixen im Verbalsystem vorkommen können. Hintere gerundete Vokale sind nach labialisierten Konsonanten nicht belegt (s. 1.3). Vokalisch anlautende Lexeme sind im Waja sehr selten. Alle Belege zusammen, von denen die Mehrzahl mit /*a*/ beginnt, ergeben nicht einmal ein Prozent des vorliegenden Materials.

Enge Vokale

/*ị*/

Das enge /*ị*/ - wie auch das weite /*i*/ (s. (17)-(19)) - wird im Waja nur dann als vorderer hoher Vokal artikuliert, wenn es entweder vor oder nach /*y*/ sowie nach [*ny*] und /*w*/ auftritt (1), oder verdoppelt ist (2), oder im Auslaut in Pausastellung steht (3):

(1)	*twịya*	'weben'	*wịyárụ*	'Querstange'
	nyịnga	'finden'	*yị-gụ̀*	'Rufen'.
(2)	*pịị-gụ̀*	'Singen'	*ba-jịịrị̀*	'Wurmart'
	mịị-gụ̀	'Schlucken'	*twịị*	'Moos'.
(3)	*tẹngị*	'Töpfe'	*lakị̀*	'Hacke'
	swatị̀	'kämmen'	*yẹrị́*	'abstreifen'.

Nach den palatalen Obstruenten /*c*/, /*j*/ und /*nj*/ wird /*ị*/ zentralisierter ([ɪ̣]) artikuliert, wenn keine der oben dargestellten Bedingungen (1)-(3) zusätzlich zutrifft:

(4) [ɪ]		*cị-gù*	'Grüßen'
jịrị	'Wassertopf'	*canjịmẹ*	'Chamäleon'.

In allen anderen - komplementären - Positionen wird /ị/ als ein sehr kurzer zentraler Vokal [ə̣] realisiert und hier in Wortstämmen auch so geschrieben (s. hierzu 2.2).

(5)				
	pə̣-gụ̀	'Pflanzen'	*mə̣-gụ̀*	'Geräusche Machen'
	gə̣rá	'wachsen'	*də̣rá*	'abkühlen'
	lakə̣-ndị	'Hacken' (Pl.)	(*lakị̀*	'Hacke')
	lakə̣-mị́ị̀	'meine Hacke'	(*lakị-yẹ́ị̀*	'seine Hacke')
	sə̣-m sị́-yáụ́		'setz dich!'	
	tə̣-m tị́-yáụ́		'stell dich!'.	

/ị/ (bzw. [ə̣]) kommt in der Position des ersten Vokals nach allen einfachen Konsonanten vor. Nach labialisierten Konsonanten sind nur die Lautfolgen [ịy] und [ịị] belegt. Beispiele sind bereits unter (1)-(5) dargestellt. Im Anlaut tritt /ị/ in Varianten auf, die beide jeweils auch mit /y/ anlauten.

(6) *yị ~ ịị* 'wir' (Subj.Pron.) *yị ~ ịị* 'und, mit' (Konjunktion).

/ụ/

Der enge hintere gerundete hohe Vokal /ụ/ ist in der Position des ersten Vokals nach allen nicht-labialisierten Konsonanten, außer /l/, belegt. Beispiele sind:

(7)				
	sụra	'aufreihen'	*pụna*	'ablehnen'
	kụla	'verleumden'	*dụ-gụ̀*	'(Ver)lassen'
	kụụ	'Unterseite'.		

Im Auslaut, als Vokalsuffix, steht /ụ/ aber auch nach /l/.

(8) *jwal-ụ̀* '(Eisen)Stab' *kẹl-ụ* 'Brache'.

Die Vokale der präfigierten Konkordanzzeichen (s. (IV, 4.) werden meist als [ə̣] realisiert. Beispiele sind die Demonstrativpronomen mit der Bedeutung: 'dieses (hier)':

(9)				
	bə̣-nà	(Kl. 2, 12)	*pə̣-na*	(Kl. 13)
	sə̣-nà	(Kl. 4, 6)	*kə̣-nà*	(Kl. 9)
	(vgl.: *wụ-nà*	(Kl. 1, 3)	*wụ-na*	(Kl. 5)).

Wie aus der Bildung anderer Pronomen deutlich wird (vgl. IV, 4.), ist [ə̣] hier als Allophon von /ụ/ aufzufassen. Bei Bildungen, bei denen die Konkordanzzeichen den abhängigen Satzgliedern präponiert werden (z.B. Relativsatz), kann der Vokal optional mit /ụ/ oder [ə̣] realisiert werden.

(10) *bụ́ ~ bə̣́* (Kl. 2, 12) *pụ́ ~ pə̣́* (Kl. 13)

sụ́ ~ *sə̣́* (Kl. 4, 6) *kụ́* ~ *kə̣́* (Kl. 9).

Dies gleicht der Realisierung des Subjektspronomen (11) dessen unterliegender Vokal /*ụ*/ nur bei langsamer und/oder deutlicher Sprechweise als [*ụ*] artikuliert wird.[16]

(11) *bụ* ~ *bə̣* 'ihr' (Subj.Pron.).

/*ẹ*/

Der enge vordere Vokal mittleren Öffnungsgrades [nicht-hoch, nicht-tief] ist in der Position des ersten Vokals nach allen einfachen Konsonanten und nach fast allen labialisierten Konsonanten belegt. Beispiele sind:

(12)	*cẹ*	'sagen'	*jẹ*	'essen'
	tẹnà	'kaufen'	*pẹra*	'lösen'
	pwẹŋmà	'Wade'	*gwẹlị̀*	'Grasbündel'.

/*ọ*/

Der enge hintere gerundete Vokal mittleren Öffnungsgrades [nicht-hoch, nicht-tief] ist in der Position des ersten Vokals nach allen einfachen Konsonanten belegt. Beispiele:

(13)	*kọ*	'sehen'	*nọkọnọ*	'sechs'
	yộ ~ *yọ̀*	'er, sie, es'	*mọ-gụ̀*	'Bauen'
	bọ-gụ̀	'(Um)binden'	*rọmdẹ̀*	'Geschwür'.

Mit /*ọ*/ lauten eine Variante eines Adverbs und die Zustimmungspartikel an. Letztere stellt auch den einzigen Beleg für einen nasalierten Vokal dar.

(14) *wọ́nọ́* ~ *ọ́nọ́* 'gestern' *o̱o̱* 'ja!'.[17]

/*a*/

Der tiefe zentrale Vokal /*a*/ ist in der Position des ersten Vokals nach allen Konsonanten belegt. Lexeme mit vokalischem Anlaut beginnen überwiegend mit /*a*/. Beispiele:

(15)	*alị*	'Soße, Suppe'	*a-mnà*	'geh!'
	kwarẹ̀	'Knoten'	*pwalaụ*	'Mond'
	njáátẹ	'Mutter'	*mbâ* ~ *mbà*	'ihr' (abs. Pron.).

/*a*/ wird der Klasse der engen Vokale zugeordnet, weil er als Stammvokal in der Regel nur mit engen Vokalen vorkommt. /*a*/ hat aber auch ein weites Allophon [*ɐ*], das z.B. in Varianten des Nominalpräfixes *ba-* und des Subjektspronomens der 2. Pers. Sg. *ma* auftritt, wenn die folgenden Wortstämme weite Vokale enthalten.

16 Die Vokale dieser Morpheme folgen den Regeln der Vokalharmonie, vgl. (23) unten.

17 Vgl. Tangale: *ọnọ* 'yesterday'; *ọọ* 'yes, right'.

(16) [*bɐ-ges-o*] ~ *ba-ges-o* 'Pavian'
[*mɐ mond-o*] ~ *ma mond-o* 'du hast vergessen'.
(Vgl.: *ba-kọọr-ọ* 'Esel'
ma man-à 'du hast freigesetzt'.)

In Suffixen wiederum verhält sich /*a*/ entweder vokalharmonisch 'neutral' oder tritt nur bei engen Wortstämmen auf (s. hierzu 2.4.2).

Weite Vokale

/*i*/
Die Realisierung des weiten vorderen hohen Vokals /*i*/ unterliegt den gleichen Gesetzmäßigkeiten, wie sie für das enge /*ị*/ dargestellt wurde (s. (1)-(5) oben). /*i*/ hat dementsprechend die Allophone [ɪ] und [ə] (von denen [ə] auch geschrieben wird).

(17) *yidì* 'Vögel' *twiyo* 'hinausgehen'
piirè 'Schwärze' *ne-ndi* 'Tiere'.

(18) [ɪ]:
ji-gù 'Töten' *ciŋo* 'runterdrücken'.

(19) [ə]:
sə-mâ 'Erde, Land' *gək-o* 'parken'
bə-gù 'Gebären' *yidə báá* 'Vögel sind gekommen'.

/*i*/ (bzw. [ə]) steht in der Position des ersten Vokals nach allen einfachen Konsonanten. Nach labialisierten Konsonanten sind nur die Lautfolgen [*iy*] und [*ii*] belegt.

(20) *ywiyò* 'tropfen' *twiigè* 'Holzkohle; Ruß'.

Den einzigen Beleg für anlautendes /*i*/ stellt das Subjektspronomen der 1. Pers. Pl. dar (vgl. (6)), das vokalharmonisch bedingt mit weitem /*i*/ auftreten kann.

(21) *yi* ~ *ii* 'wir' (Subj.Pron.).

/*u*/
Der weite hohe hintere gerundete Vokal /*u*/ ist in der Position des ersten Vokals nicht nach /*m*/ und /*y*/ belegt. Beispiele für /*u*/ sind:

(22) *puri* 'Grab' *buro* 'Asche'
kumbó 'runterbeugen' *durumbolòm* 'rund'
gundù 'Wasser'.

Die Vokale der präponierten bzw. präfigierten Konkordanzmorpheme sowie des präponierten Subjektspronomen der 2. Pers. Pl. (s (10)-(11) oben) unterliegen den Regeln der Vokalharmonie. In Verbindung mit weiten (Stamm-)Vokalen werden sie häufig als [ə] realisiert. [ə] ist demzufolge auch als Allophon von /*u*/ anzusehen.

(23)	*bú ~ bə́*	(Kl. 2, 12)	*kú ~ kə́*	(Kl. 9)
	sú ~ sə́	(Kl. 4, 6)	*bu ~ bə*	'ihr' (Subj.Pron.).

/*e*/

Der vordere weite Vokal mittleren Öffnungsgrades [nicht-hoch, nicht-tief] kommt als Stammvokal selten vor.[18] /*e*/ ist jedoch in der Position des ersten Vokals nach jedem einfachen Konsonant außer /*j*/ belegt. Nach labialisierten Konsonanten steht /*e*/ nur in einem Fall. Anlautend tritt /*e*/ in zwei Konjunktionen auf. Beispiele für /*e*/ sind:

(24)	*neme*	'Tier; Fleisch'	*pero*	'wiederholen'
	ge-mnò	'steige hinauf!'	*kwendele*	'Erdnüsse'
	... é ...	'... und ...'	*... éè ...*	'(weder) ... noch ...'.

/*o*/

Der weite hintere gerundete Vokal mittleren Öffnungsgrades [nicht-hoch, nicht-tief] kommt in der Position des ersten Stammvokals von allen Vokalen der Sprache am seltensten vor. /*o*/ ist in dieser Position nach anlautendem /*j*/, /*n*/ und /*ny*/ nicht und nach /*p*/, /*d*/, /*l*/, /*r*/ und /*y*/ jeweils nur einmal belegt. Beispiele für /*o*/ sind:

(25)	*gonjo*	'verbiegen'	*yô ~ yo`*	'wir'
	wo-gù	'(Fleisch) Essen'	*codoro*	'heimlich'.

/*o*/ kann jedoch als Suffixvokal (vokalharmonisch bedingt) sowohl bei Verben als auch bei Substantiven nach allen genannten Lauten (außer [*ny*])[19] stehen. Beispiele:

(26)	*guj-ò*	'Experte'	*gun-ò*	'Ziege'
	kup-o	'klopfen'	*sed-o*	'schälen'
	cul-o	'Stiel, Griff'	*bər-o*	'weben'.

<u>Minimalpaare</u>:

Bei den folgenden Minimalpaaren wird jeweils nur der Stammvokal und für diesen jeweils nur ein Merkmalsunterschied berücksichtigt: [weit] : [eng], [vorne] : [hinten], [hoch] : [nicht-hoch, nicht-tief], [nicht-hoch, nicht-tief] : [tief]. Die Suffixvokale sind vokalharmonisch bedingt.

---

18 Unter den mehr als hundert KV- und KVV- Verben, sind nur drei Beispiele mit Stammvokal /*e*/ enthalten. Bemerkenswert ist, daß alle drei Belege der Verbalklasse V angehören (s. V, 4.5).

19 [*ny*] tritt in der Regel nur im Stammanlaut auf (vgl. 1.1.4).

[weit] : [eng]:

/i/ ([ə]) : /i̧/ ([ə̧])

(27)	*ci-yo*	'vergiften'	*ci̧y-a*	'grüßen'
	pər-gù	'Geräusche Machen'	*pə̧r-gù̧*	'Fragen'.

/e/ : /ȩ/

(28)	*kel-o*	'Wasser holen'	*kȩl-a*	'herumlungern'
	per-gù	'Wiederholen'	*pȩr-gù̧*	'Lösen'.

/u/ : /u̧/

(29)	*putə-gù*	'Durchbohren'	*pu̧tə̧-gù̧*	'Stolpern'
	gul-e	'Stück'	*gu̧l-ȩ*	'Adamsapfel'.

/o/ : /o̧/

(30)	*tosə-gù*	'Beginnen'	*to̧sə̧-gù̧*	'Filtern'
	boo-gù	'Bringen'	*bo̧o̧-gù̧*	'Sterben'.

[vorne] : [hinten]:

/i/ ([ə]) : /u/

(31)	*gəndù*	'Bier'	*gundù*	'Wasser'
	bəro	'weben'	*buro*	'Asche'.

/i̧/ ([ə̧]) : /u̧/

(32)	*kə̧ca*	'überwältigen'	*ku̧ca*	'Feuer entfachen'
	ci̧m-gù̧	'Festhalten'	*cu̧m-gù̧*	'Saugen'.

/e/ : /o/

Die weiten Vokale /e/ und /o/ kommen im Waja als Stammvokale selten vor. Minimalpaare mit ihnen sind nicht vorhanden. Ungefähre Entsprechungen sind:

(33)	*ba-kengéro*	'Raubvogel'	*kongoru*	'Boot'
	cedo	'ungehorsam sein'	*codoro*	'heimlich'.

/ȩ/ : /o̧/

(34)	*bȩrì̧*	'halbieren'	*bo̧rì̧*	'lutschen'
	cȩra	'aufstapeln'	*co̧ra*	'entrinden.

[hoch] : [nicht-hoch, nicht-tief]:

/i/ ([ə]) : /e/

(35)	*nəmnəm*	'süß'	*nemnem*	'nahe'
	cil-gù	'Schmelzen'	*cel-gù*	'Bitten, Betteln'.

/ị/ ([ə̣]) : /ẹ/

(36)	*cị-gụ̀*	'Grüßen'	*cẹ-gụ̀*	'Sagen'
	pə̣ra	'fragen'	*pẹra*	'lösen'.

/u/ : /o/

(37)	*kumbó*	'hinhocken'	*kombó*	'(Rand) umschlagen'
	kulkùl	'eben'	*kolkòl*	'glatt rasiert'.

/ụ/ : /ọ/

(38)	*jụka*	'auf etwas zeigen'	*jọka*	'Finger eintauchen'
	bụrị̀	'Körper'	*bọrị̀*	'lutschen'.

<u>[nicht-hoch, nicht-tief] : [tief]</u>:

/ẹ/ : /a/

(39)	*jẹ-gụ̀*	'Essen'	*ja-gụ̀*	'Hindern'
	kẹla	'herumlungern'	*kala*	'teilen'.

/ọ/ : /a/

(40)	*bọ-gụ̀*	'(Um)Binden'	*ba-gụ̀*	'Niederschlagen'
	mọ-gụ̀	'Bauen'	*ma-gụ̀*	'(sich) Gewöhnen'.

2.2 Die zentralen Vokale ([ə̣] und [ə])

Phonetisch kommen in beiden Vokalklassen sehr kurze zentrale Vokale [ə] und [ə̣] vor. Sie treten nur interkonsonantisch auf, und auch nur dann, wenn die 'Rahmenkonsonanten' entweder bilabial, alveolar oder velar sind. Beispiele:

(41)	*bə-gù*	'Gebären'	*pə̣-gụ̀*	'Pflanzen'
	gəko	'parken'	*gə̣rá*	'wachsen'
	dəne	'Name'	*də̣rá*	'abkühlen'
	sə-mâ[20]	'Erde, Land'	*sə̣-nà*	(Dem.Pron. Kl. 4, 6).

Wie in 2.1 bereits dargestellt, sind sie aufgrund der komplementären Verteilung in der Regel als Allophone von /i/ und /ị/ anzusehen. Es würde sich deshalb anbieten, bei der Verschriftlichung immer die Phoneme /i/ und /ị/ zu benutzen. Die Beispiele (10), (11) und (23) zeigen jedoch, daß [ə] und [ə̣] auch Allophone von /u/ und /ụ/ sein können, wenn auch die Belege weitaus seltener sind. Wie bei den Subjektspronomen der 2. Pers. Pl. (42) ist auch bei den Pronomen (11) und (23) davon auszugehen, daß /ụ/ bzw. /u/ bedingt durch die Umgebung verkürzt und zentralisiert wurde.

20 Von Wajasprechern werden diese Vokale oft nicht geschrieben. So wird z.B. das Substantiv *səmâ* 'Land, Erde; Generation' häufig als *sma* notiert, so auch von Isa Manassah Daniel J. (1979: 10).

(42) *bu mondo* ~ *bə mondo* 'ihr habt vergessen'
bų bala ~ *bə̧ bala* 'ihr habt geschrieben',

Obwohl für /*i*/ : /*u*/ (31) und /*į*/ : /*ų*/ (32) jeweils Minimalpaare vorliegen, kann deshalb ohne zusätzliche Hinweise nicht mit Sicherheit ausgeschlossen werden, daß bei einigen Lexemen, die interkonsonantisch [ə] oder [ə̧] aufweisen, ein unterliegendes /*u*/ oder /*ų*/ (möglicherweise nur historisch?) anzunehmen ist. Vgl. die folgenden Entsprechungen:

(43)	Waja	Cham	Tula	Awak
'Knie'	*dən-e*	*dun*	*də-dun*	*dun*
'Name'	*dən-è*	*dun*	*dən*	*dún*
'Dreck'	*dəre*		*dutú*	*dədú*
'Innenseite'	*mə̧rə̧ngų̀*	*mųrį*	*mųrę́*	
'Salz'	*bmma* (< *bə̧ma*)[21]	*bųm*	*bųm.*	

Mit [ə̧] und [ə] werden außerdem unzulässige Konsonantenfolgen aufgelöst, die durch Suffigierung entstehen (44), oder in Lehnwörtern vorkommen (45) (vgl. III, 4.).

(44) *ciŋ-u* / *ciŋ-ə-ri* 'Hügel, Berg'
nambar-ę / *nambar-ə̧-mba* 'Mann'
lak-a (def.), *lak-ə̧-gų̀* (VN) 'schließen'.

(45) *kasə̧gar* 'Schwert' (vgl. Tera: *káskár*)
ba-gųrə̧mbáį 'Strohhut' (vgl. Kan.: *gúrmbà*).

In einigen Fällen, scheint der zentrale Vokal durch Vokalkürzung auch aus anderen Vokalen entstanden zu sein. So lautet z.B. das suffigierte Objektspronomen der 1. Pers. Sg. des folgenden Imperativs in Pausastellung auf /*ę*/ (~ /*e*/) aus. Folgt ein weiteres Lexem wird [ə̧] (~ [ə]) artikuliert.

(46) *sųka-ngę́* 'stoß mich!'
sųka-ngə̧́ gundû 'stoß mich im Wasser!'
sųka-ŋə̧-na gundû[22] 'stoß mich ins Wasser!'.

2.3 Vokalfolgen

Vokallängen und Diphthonge werden im Waja als Vokalfolgen aus zwei gleichen bzw. zwei verschiedenen Vokalen aufgefaßt - und auch so geschrieben. Grundlage dieser Annahme ist die Silben- und Tonstruktur, nach der jedes einzelne tontragende Seg-

21 Siehe hierzu 1.4.2.
22 Die Lautveränderung von /*ng*/ zu /*ŋ*/ ist regelmäßig. Vgl. III, 1.4.1.

ment als Silbengipfel definiert wird. Da jeder einzelne Vokal sowohl einer lexikalischen als auch einer durch morpho(phono)logische Prozesse entstandenen Vokalfolge einen Ton trägt, stellt somit jeder Vokal einer Folge den Gipfel einer Silbe dar.

(47)	*ma táà*	'du sollst (es) verbrennen'
	ma tá-à	'du sollst dort fangen' (Altr.)
	a kọ́ọ́	'er hat gemahlen'
	a kọ́-ọ́	'er hat dort gesehen' (Altr.)
	saụ̀ / saụ-rị	'Kreuz (Körperteil)'
	yagá-ụ̀ / yagá-rị	'Grenze'.

Die Mehrzahl der lexikalischen Vokalfolgen kommt in Wortstämmen mit der Struktur (-)KVV(-) vor:

(48)	*kọọ*	'mahlen'	*naà*	'trinken'
	nyịị	'Brust'	*nyịị-ma*	'Milch'
	ba-lée-me	'Lügner'	*leé-ndi*	'Lüge'
	yọụ / yọụ-rị	'Fluß'	*kaụ̀ / kaụ-rị*	'Gesicht'.

Wortstämme mit der Struktur (-)KVVK(-) sind dagegen selten.

(49)	*boocu*	'Nase'	*twiigè*	'Holzkohle, Ruß'
	kụụl-ẹ	'Armut'	*puur-e*	'Schaf'
	ba-kụụl-ẹ	'arme ~ faule Person'.		

Wie die Beispiele (48) und (49) zeigen, stehen Vokalfolgen in der Regel nur nach dem ersten Stammkonsonanten und/oder im Auslaut. Diese Feststellung trifft sowohl für lexikalische als auch für morphologisch bedingte Folgen zu. Nach dem ersten Stammkonsonanten können sie auch dann auftreten, wenn ein Präfix (s. (48)-(49)) oder - bei Zusammensetzungen - ein weiterer Wortstamm vorausgeht.

(50)	*albáárẹ́ị́*	'Suppenart' (*alị* 'Suppe, Soße'; *baarẹ* '(Eigenname)'
	bọọnị́ị́-nẹ	'oberer Mahlstein' (*bọọ-* 'der kleine'[23]; *nịị* 'Mahlstein').

Ausnahmen, bei denen die Vokalfolge an anderer Position steht, sind zumeist Lehn- bzw. Fremdwörter.

(51)	*sawáába*	'Prostituierte' (Ha.)	*aụsáà*	'Hausa' (Ha.)
	nasáárá	'Europäer, Asiate' (Ha., Ful).		

Bei mehrsilbigen Lexemen sind Vokalfolgen im Auslaut in der Regel auf Suffixe zurückzuführen.

(52)	*bwẹẹga-à*	'Kleinkinder' (Pl.)	*culó-ó*	'besteigen' (Altr.)
	bwala-ụ̀	'Feuer'	*gụla-ị̀*	'Busch, Wildnis'.

23 Zur Diminuitivbildung mit *bọọ-* 'der, die, das kleine (von) ..., Kind von ...', s. IV, 2.3.1).

2.3.1 Vokallänge

Durch Vokallänge - bzw. eine Folge zweier gleicher Vokale - werden im Waja zum einen Lexeme (53) und zum anderen grammatikalische Formen (54) unterschieden.

(53)	*pạ-gụ̀*	'Pflanzen'	*pịị-gụ̀*	'Singen'
	ji-gù	'Töten'	*jii-gù*	'Schreien'
	jẹ-gụ̀	'Essen'	*jẹẹ-gụ̀*	'Benennen'
	pur-i	'Grab'	*puur-i*	'Schafe'
	dụ-gụ̀	'Verlassen'	*dụụ-gụ̀*	'Anziehen'
	kọ-gụ̀	'Sehen'	*kọọ-gụ̀*	'Mahlen'
	ta-gụ̀	'Fangen'	*taa-gụ̀*	'Brennen'.

(54)	*bwẹẹgà / bwẹẹgaà*	'Kleinkind' (Sg. / Pl.)
	wụla / wụlaa	'Würdenträger' (Sg. / Pl.)
	a sụ́ká	'er hat gestoßen'
	a sụ́káá	'er hat dort gestoßen' (Altr.)
	ma mọ laa	'du hast ein Haus gebaut'
	ma mọọ laa	'du hast dort ein Haus gebaut'(Altr.).

Folgen zweier gleicher Vokale sind für alle Vokalphoneme belegt. Beispiele sind:

(55)	[*ii*]:	*jii*	'Durst'	*pii-rè*	'Schwärze'
	[*ịị*]:	*sịị*	'Gras'	*tịị-ma*	'Blut'
	[*uu*]:	*cuu-gù*	'Verkaufen'	*puure*	'Schaf'
	[*ụụ*]:	*cụụ-gụ̀*	'(Aus)Messen'	*pụụra*	'zurückgehen'
	[*oo*]:	*soo-gù*	'Bewegen'	*goondô*	'Ameisenart'
	[*ọọ*]:	*jọọ*	'hacken'	*pọọrẹ*	'Ziegenbock'
	[*ee*]:	*ba-peepee*	'Schachtelart'	*gééngù*	'Steilhang'
	[*ẹẹ*]:	*sẹẹ̀*	'Gepäck'	*tẹẹ-rẹ̀*	'Ankündigung'
	[*aa*]:	*caà*	'festbinden'	*paá-rị̀*	Schuhe'.

'Die Unterscheidung zwischen lexikalischer und durch Suffixe hervorgerufener Vokallänge ist nicht immer möglich. Bei einigen Substantiven, deren Auslaut dem jeweiligen Klassensuffix entspricht, kann die Struktur des Wortstammes - ob KV-V oder KVV - nicht bestimmt werden, da keine weiteren Formen (z.B. Plural) vorliegen:

(56) Nominalsuffixe: *-ụ̀*, *-ụ́*:

duu	'Preis'	*kụụ*	'Unterseite'
bụụ̀	'Schmerz'.		

(Vgl.: *kụụ* (< *kụ-ụ̀*) / *kụ-rị* 'Knochen'; *bụụ̀* (< *bụụ-ụ̀*) / *bụụ-rị* 'Pfeil'.)

(57) Nominalsuffixe: *-ị̀*, *-ị́*:

sịị	'Gras'	*jii*	'Durst'
nịị̀	'Geschenk'.		

Bei hohen Vokalen kann die Länge alternativ auch als Folge Vokal+homorganer Halbvokal aufgefaßt werden, wobei der Halbvokal der phonologischen Umgebung entsprechend entweder silbisch und damit vokalisch, oder unsilbisch (bzw. silbenanlautend) und damit konsonantisch realisiert wird. Dies kann an den Verbformen (58) veranschaulicht werden:

(58)	'schlucken'	'hören, fühlen'
VN:	*mịị-gụ̀*	*nụụ-gụ̀*
Imp.:	*mịy-à*	*nụw-à*
Neg. Perfekt:	*mịị-bụ̀*	*nụụ-bụ̀*
indef.:	*mịị* (< *mịy-ị*)	*nụw-ị*
Pl.:	*mịy-aŋ-à*	*nụw-aŋ-à*.

2.3.2 Diphthonge

Diphthonge, die im Waja als Folgen unterschiedlicher Vokalphoneme aufzufassen sind, kommen in Wortstämmen selten vor. Im In- oder Anlaut sind sie nur in den folgenden Lexemen belegt, von denen einige als Lehnworte anzusehen sind. Alle Beispiele weisen die Sequenz [*aụ*] auf. (Im letztgenannten Fall steht der Diphthong nur in der reduzierten Variante).

(59)		
	jaụlà	'Perlhuhn' (vgl. Ful: *jawgal / jawle*)
	gaụraŋ	'Futterbeutel'[24]
	aụsáà	'Hausa' (Ha.)
	caụra	'verdrehen'
	gapə̣rẹ̀ ~ gawụrẹ̀ ~ gaụrẹ̀	'Vorderseite'[25].

Auslautend können die Vokalfolgen [*aụ*], [*ọụ*], [*ou*], [*aị*], [*ẹị*] und [*ei*] stehen, die fast alle durch Suffigierung eines hohen Vokals an einen nicht-hohen auslautenden Vokal bedingt sind. Beispiele sind:

(60)		
	bwala-ụ̀ / bwala-rị	'Feuer'
	dọmpọ́-ụ́ / dọmpọ́-ndị	'Haumesser, Schwert'
	kulo-u / kuló-ri	'Schatten'
	wa-ị / wa-rị	'Arm, Hand'
	gwẹ-ị̀ (< *gọ-ị̀*) / *gọ-rọndị*	'Ortschaft, Dorf'[26]
	kuné-ì (< *kunó-ì*) / *kunó-ŋi*	'Oberschenkel'.

Lediglich bei einer sehr kleinen Anzahl von Substantiven mit der Struktur KVV- können die Diphthonge als zum Wortstamm gehörig angesehen werden, da im Plural,

24 Dieser 'Futterbeutel' wird Pferden und Eseln vor das Maul gebunden, damit sie daraus fressen können. Hier könnte das Fulwort: *gawri* 'Korn, Getreide' zugrundeliegen.

25 *-rẹ̀* kann bei diesem Beispiel auch als Singularsuffix angesehen werden, s. hierzu IV, 3.3.4 (75).

26 Zu dieser Lautveränderung s. III, 1.1.1.

vor dem Suffix, der Diphthong erhalten bleibt. Der Auslaut dieser Lexeme entspricht jedoch dem jeweiligen Nominalklassensuffix des Singulars, so daß sowohl die Verschmelzung von Stammauslaut und Suffix als auch die Erstarrung des Singularsuffixes die Vokalfolge hervorgerufen haben kann.[27]

(61) Nominalsuffix: *-ụ̀*:
kaụ̀ / kaụ-rị — 'Gesicht'
yọụ / yọụ-rị — 'Fluß'.

(62) Nominalsuffix: *-ị̀*:
cwaị / cway-ịndị — 'Wasserflasche, Flaschenkürbis'
ba-wéì / ba-wéy-iŋi — "spirit of a person" (vgl. I, 2.6).

Die Diphthonge der folgenden Singulare sind zum Vergleich morphologisch bedingt und gehören - wie die Plurale zeigen - nicht zum Stamm.

(63) *bọ-ụ̀ ~ bọw-ụ̀ / bọọ-rị* — 'Loch'
la-ị̀ ~ lẹ-ị̀ / la-randị — 'Hoden'
wa-ị / wa-rị — 'Arm, Hand'.

Von Ausnahmen, wie:

(64) *baị / bay-ịndị* — 'Hund' (vgl. Tan.: *ɓaị*)

abgesehen, treten bei Substantiven somit nur dann stammhafte auslautende Diphthonge auf, wenn der Auslaut dieser Vokalfolge dem Suffix der jeweiligen Nominalklasse entspricht. Morphologisch bedingte auslautende Diphthonge (vgl. (60) und (63) kommen dagegen recht häufig vor, vor allem deshalb, weil die Nominal- und Konkordanzsuffixe von mehreren Nominalklassen aus einem hohen Vokal bestehen.

2.4 Vokalharmonie

Vokalharmonie, die auch als ein morphophonologischer Assimilationsprozeß angesehen werden kann, bezeichnet im Waja die Erscheinung, daß die Vokale eines Wortstammes und der an diesen affigierten Morpheme bezüglich des artikulatorischen Merkmals der Zungenwurzelstellung oder Pharynxweite miteinander harmonieren. Das heißt, daß innerhalb des Wirkungsbereichs der Vokalharmonie, der den Wortstamm und dessen Affixe umfaßt, in der Regel nur enge oder weite Vokale auftreten.[28] Bei näherer Betrachtung des Harmoniesystems sind jedoch einige 'Abwei-

27 Im Bergwaja lauten die Singulare der Substantive (61): *kakụ̀* und *yọkụ*, wobei *-kụ̀* als das ehemals produktive Nominalklassensuffix anzusehen ist (vgl. 4.4 im Anhang).

28 Auch die präponierten Konkordanzzeichen (s. IV, 4.) sowie die Subjektspronomen gehören in der Regel zum Wirkungsbereich der Vokalharmonie der folgenden Stammvokale. Sie sind somit eben-

chungen' festzustellen, bei denen innerhalb des Harmoniebereichs enge u n d weite Vokale nebeneinander vorkommen. Von besonderem Interesse ist hierbei zum einen das Verhalten des tiefen Vokals /*a*/ (s. 2.4.2), der phonematisch nur in der Klasse der engen Vokale auftritt, zum anderen die Tatsache, daß zwei Pronominalstämme immer weite Vokale aufweisen, selbst dann, wenn sie einem Wortstamm mit engen Vokalen suffigiert werden (s. 2.4.3).

2.4.1 Vokalharmonie bei nicht-tiefen Vokalen

Regelmäßig kommen in einem Wortstamm entweder nur enge oder nur weite nicht-tiefe Vokale vor.

(65) *kwẹrẹ̀k* 'bitter' *lemcèm* 'eingedellt'
pọpụlọk 'weiß' *durumbolòm* 'rund'.

Die nicht-tiefen Vokale aller Affixe können in der Regel sowohl eng als auch weit artikuliert werden. Die jeweilige Realisierung harmoniert mit den Vokalen des Wortes, an das sie antreten, wobei die Vokalklasse des unmittelbar vorangehenden Vokals entscheidend ist. Bei den folgenden Beispielen entsprechen die Vokale der Nominalklassensuffixe jeweils der Vokalklasse der Stammvokale.

(66) *gusur-è / gusur-əŋi* 'Lumpen'
kụmbə̣̀r-ẹ / kụmbə̣r-ə̣ŋị 'Nabel'
ciŋ-u / ciŋ-əri 'Berg'
bịyịg-ụ / bịyịg-ə̣rị 'Termitenhügel'
cul-o / cul-ri ~ cul-ndi 'Griff, Stiel'[29]
kọl-ọ̀ / kọl-rị 'Trommel, Tanz'.

Auch beim Verb werden Funktionselemente überwiegend suffigiert, wobei sich die nicht-tiefen Vokale dieser Morpheme ebenfalls nach der Vokalklasse der Stammvokale richten, sofern die Vokalharmonie nicht unterbrochen wurde. Darauf wird später noch eingegangen werden (s. 2.4.3). Die präponierten Subjektspronomen der Beispiele (67), die hier ebenfalls noch zum vokalharmonischen Wirkungsbereich der Stammvokale gehören, lassen klar erkennen, daß der assimilatorische Einfluß der Stammvokale nicht richtungsgebunden ist.

(67) *wo-gù* '(Fleisch) Essen'
yi wo 'wir haben (Fleisch) gegessen'
yi wo-bu 'wir haben (Fleisch) nicht gegessen'
kọ-gụ̀ 'Sehen'
yị kọ̀ 'wir haben gesehen'
yị kọ-bụ̀ 'wir haben nicht gesehen'.

---

falls als Affixe aufzufassen. Sie werden aber wegen ihrer größeren syntaktischen Selbständigkeit im Vergleich zu anderen Affixen (und aus Gründen der Lesbarkeit) disjunkt geschrieben.

29 Zur Aussprache der Pluralformen mit der Lautfolge /*l*/+/*r*/ s. III, 1.5.

2.4.2 Der Vokal /*a*/ im Harmoniesystem

Die Zuordnung von /*a*/ zur Klasse der engen Vokale ergibt sich daraus, daß /*a*/ in der Regel in mehrvokaligen Wortstämmen nur zusammen mit engen Vokalen steht und daß die Vokale der Affixe, die an einen Wortstamm mit /*a*/ antreten, eng artikuliert werden.

(68)	*gụla-ị̀ / gụla-ŋị*	'Busch, Wildnis'
	gapə̣-ŋẹ̀ / gapə̣-ndị	'Agama Eidechse'
	ta-gụ̀	'Fangen'
	bụ tá-ngẹ̀	'ihr habt mich gefangen'.

Während die Zuordnung von /*a*/ als Stammvokal keine Probleme bereitet, wirft das Verhalten von /*a*/ in Affixen einige Fragen auf. Es lassen sich drei Situationen unterscheiden:

- 1. /*a*/ tritt in Suffixen nur bei engen Stammvokalen auf. Dies ist vor allem bei der definiten Verbform (def.) und der Kl. 3a im Nominalklassensystem gegeben. Die def. Form wird bei der Mehrzahl der mehrsilbigen Verben durch das Suffix *-a* bei engen Stammvokalen (69) und *-o* bei weiten Stammvokalen (70) markiert:

(69)	*yị tụk-a*	'wir haben beendet'
	yị pọr-á	'wir sind abgebogen'
	yị kẹl-a	'wir haben herumgelungert'.

(70)	*yi tuk-ó*	'wir haben (uns/es) versteckt'
	yi pod-o	'wir haben herausgezogen'
	yi kel-o	'wir haben (Wasser) geschöpft'.

Ähnlich ist die Situation bei Substantiven der Kl. 3a. Auch hier lautet bei engen Stammvokalen das Suffix *-a* (71) und bei weiten entsprechend *-o* (72). Im Unterschied zur def. Form wird hier jedoch bei Stammvokal /*ọ*/ (73) meist *-ọ* suffigiert.

(71)	*rụm-à / rụm-ị̀*	'Kronenkranich'
	ngẹẹl-à / ngẹẹl-ị̀	'Kamel'
	tang-à / tang-ị̀	'Rind'.

(72)	*gun-ò / gun-ì*	'Ziege'
	gengér-ò / gengér-ì	'Adler'
	goond-ô / goond-î	'Ameisenart'.

(73)	*kọl-ọ́ọ̀ / kọl-ị́ị̀*	'Hahn'
	sọr-ọ / sọr-ị̂	'kleine Kalebasse'
	ba-kọọr-ọ / ba-kọọr-ị̂	'Esel'.

Das Besondere dieser Suffixsituation ist nicht allein, daß /*a*/ nur bei engen Stammvokalen antritt, sondern auch, daß das vokalharmonische Gegenüber - bei weiten Stammvokalen - /*o*/ lautet. Von großer Bedeutung für die Interpretation (s. 2.4.4) ist das Suffix -*ọ* der Beispiele (73).

- 2. /*a*/ ist in Suffixen 'neutral'. Hierbei tritt /*a*/ sowohl bei engen als auch bei weiten Stammvokalen als Suffixvokal auf. Dies kommt im Nominal- und im Verbalsystem vor. Plurale der Kl. 1 werden in der Regel entweder durch das Suffix der Kl. 2 -*wà* (nach nicht-hohem Vokal -*à*), oder durch das Suffix -*mba* (Kl. 2a) gebildet (vgl. IV, 3.3.1). Diese Suffixe treten ohne artikulatorischen Unterschied auch bei Wortstämmen mit weiten Vokalen an.

(74) *gwẹr-à / gwẹr-ụ-wà* — 'Junggeselle'
bwẹẹgà / bwẹẹga-à (< *bwẹẹga-wà*) — 'Kleinkind'
kaa-tệ / kaa-mba — 'Nebenfrau'
kụụ-tẹ̀ / kụụ-mba — 'Schwager, Schwägerin'
kurù / kuru-wà — 'religiöser Spezialist'
kerəmò / kerəma-à (< *kerəmo-wà*) — 'Blinde(r)'
kwii-tè / kwii-mba — 'Vater'.

Auch das Nominalsuffix der Kl. 12 -*mà* tritt sowohl bei engen als auch bei weiten Stammvokalen an.

(75) *nyịị-ma* '(Mutter)Milch' *sọŋ-mà* 'Reise'
rii-ma 'Lachen' *sə-mâ* 'Land, Erde'.

Das Konkordanzsuffix der Kl. 2(a) und 12 -*wà* wird gleichermaßen auch Wortstämmen mit weiten Vokalen angefügt.

(76) *sə-má bu duu-wà* 'Land von Größe (großes/weites Land)'.

Im Verbalsystem wird die Intransitiv-Passiverweiterung in der def. Form mit dem Suffix -(*ụ́*)*wà* gebildet. Das auslautende /*a*/ dieses Suffix tritt auch nach weiten (Stamm)Vokalen auf.

(77) *a dúm-ò* 'er hat gebissen'
a dúm-(ú)wà 'er ist gebissen worden; es ist (aus)gelöscht worden'
a tụm-a 'er hat geschickt'
a tụ́m-ụ́wà 'er ist geschickt worden; es ist zusammengefaßt worden'.

Das Negationssuffix -*yà* wird zur Bildung des Prohibitivs gebraucht. Auch hier steht das auslautende /*a*/ des Suffixes sowohl nach engen als auch nach weiten Vokalen.

(78) *dumi-yà* 'beiß nicht!' *tụmị-yâ* 'schicke nicht!'.

Bemerkenswert erscheint, daß unter (74)-(78), wo /*a*/ vokalharmonisch 'neutral' mit Stammvokalen beider Vokalklassen vorkommt, /*a*/ Auslaut des Suffixmorphems ist, während unter (69)-(73) das Suffix nur aus einem Vokal besteht.

- 3. Bei Präfixen besitzt /*a*/ vor weiten Vokalen ein (weites) Allophon [*ɐ*]. Diese Realisierung kommt nach jetzigem Forschungsstand nur als Variante vor und ist z.B. für das Präfix *ba-* bei Substantiven und das präponierte Subjektspronomen der 2. Pers. Sg. *ma* belegt. *ba-* und *ma* können vor weiten Vokalen mit [*ɐ*] artikuliert werden. [*ɐ*] hat keinen Phonemstatus und ist in Wortstämmen nicht belegt.

(79)	*ba-cinó-ú* ~ [*bɐ-cinó-ú*]	'Geschichte'
	ma cuko ~ [*mɐ cuko*]	'du hast kräftig gestoßen'.

2.4.3 Die Vokale der suffigierten Pronominalstämme

Es wurde gezeigt, daß die nicht-tiefen Vokale der Affixe mit den Stammvokalen harmonieren (66)-(67). Dies trifft auch für die Vokale der Pronominalstämme der 2. und 3. Pers. Singular und Plural zu, wenn sie z.B. in Possessivkonstruktionen einem Substantiv suffigiert werden. Die Vokale der Pronominalstämme der 1. Pers. Sg. und Pl. hingegen werden immer weit artikuliert, sie bleiben auch dann unverändert, wenn die Vokale des Substantivs der engen Vokalklasse angehören.

(80)	*sẹẹ̀*	'Sachen, Kleider'	*kwii-tè*	'Vater'
	sẹẹ-mi	' -meine'	*kwii-mì*	' -mein'
	sẹẹ-mọ	' -deine'	*kwii-mò*	' -dein'
	sẹẹ-yọ	' -seine'	*kwii-yò*	' -sein'
	sẹẹ-yir-e	' -unsere'	*kwii-yir-è*	' -unser'
	sẹẹ-mbə̣r-ẹ	' -eure'	*kwii-mbər-è*	' -euer'
	sẹẹ-pə̣mọ	' -ihre'	*kwii-pəmò*	' -ihr'.

Dieses Phänomen ist in allen Klassen zu beobachten. Die Beispiele (81)-(82) zeigen, daß auch der Vokal des Konkordanzsuffixes, das dem Pronominalelement suffigiert wird, nach diesen beiden Pronomen weit artikuliert wird.[30] Die Stammvokale bleiben dagegen stets unverändert.

(81)	*laa*	'Gehöft' (Kl. 5: Konkordanzsuffix: *-ụ́*):		
	laa-mú (<*-mí-ú*)	' -mein'	*laa-mọ́-ụ́*	' -dein'
	laa-yír-ú	' -unser'	*laa-mbə̣́r-ụ́*	' -euer'.

(82)	*yịrị*	'Sache' (Kl. 11: Konkordanzsuffix: *-ị́*):		
	yịr(ị)-mí(-í)	' -meine'	*yịr(ị)-mẹ́-ị́* (<*-mọ́-ị́*)	' -deine'
	yịrị-yír-í	' -unsere	*yịrị-mbə̣́r-ị́*	' -eure'.

30 Das Konkordanzsuffix der Kl. 1 und 3 lautet *-ẹ*, wobei *-ẹ* häufig ausfällt und das Suffix nur tonal realisiert wird. Bei (80) steht *-ẹ* lediglich in der 1. und 2. Pers. Pl. (vgl. auch IV, 4.).

Die selbständigen Possessivpronomen werden mit dem konkordanten Klassenpräfix, einem Bildungselement *-ọ-*, dem Pronominalstamm für die jeweilige Person und dem Konkordanzsuffix gebildet (vgl. IV, 4.3.1). Aus den Formen der 1. Pers. Sg. und Pl. geht hervor, daß auch die Vokale der präfigierten Konkordanzaffixe mit den weiten Vokalen dieser beiden Pronomen harmonieren.

	Kl. 7:	Kl. 9:	
(83)	*do-ngî* (<*do-ngí-ì*)	*ko-ngû* (<*ko-ngú-ù*)	'das Meinige'
	dọ-mẹ́-ị̀	*kọ-mọ́-ụ̀*	'das Deinige'
	dọ-yẹ́-ị̀	*kọ-yọ́-ụ̀*	'das Seinige'
	do-yír-ì	*ko-yír-ù*	'das Unsrige'
	dọ-mbə̣́r-ị̀	*kọ-mbə̣́r-ụ̀*	'das Eurige'
	dọ-pə̣má-ị̀	*kọ-pə̣mọ́-ụ̀*	'das Ihrige'.

Wie aus den Beispielen (80)-(82) ersichtlich wird, harmonieren die Vokale der Possessivpronomen der 2. und 3. Pers. Sg. und Pl. mit den jeweiligen Stammvokalen der Substantive, denen sie suffigiert sind. Es handelt sich um genau die Personen, die auch bei den absoluten Pronomen (84) enge Vokale aufweisen. Die Pronomen der 1. Pers. Sg. und Pl. kommen dagegen immer mit weiten Vokalen vor.

(84)	*mi*	'ich'	*yoˋ ~ yô*	'wir'
	mọˋ ~ mộ	'du'	*mbaˋ ~ mbâ*	'ihr'
	yọˋ ~ yộ	'er, sie, es'	*pmmà ~ pə̣mà*	'sie'.

Objektspronomen werden den Verben suffigiert. Hier treten weite Vokale nur bei dem Pronomen der 1. Pers. Pl. auf. Wie die Beispiele (85) zeigen, beeinflußt auch hier das Pronomen die Vokale folgender Affixe, jedoch nicht die des Wortstammes. Im Gegensatz zu den Possessivpronomen harmoniert der Vokal des Pronomens der 1. Pers. Sg. (wie die Pronomen der anderen Personen) mit dem Vokal des Verbs.

(85)	*ma kọ-yír-ò*	'du hast uns gesehen'
	ma kọ-yír-bù	'du hast uns nicht gesehen'
	ma bə-ngè	'du hast mich geboren'
	ma kọ-ngẹ̀	'du hast mich gesehen'.
	ma kọ-ngẹ-bụ̀	'du hast mich nicht gesehen'.

Aus dem Verhalten der Vokale der Pronominalstämme läßt sich schließen, daß die weiten Vokale im Waja als die markierten anzusehen sind, die wenn sie mit einem bestimmten Morphem verbunden sind, immer weit auftreten und nicht verändert werden. Den Affixen, deren Vokale mit den Stammvokalen (oder den markierten Vokalen benachbarter Morpheme) harmonieren, liegen demnach unmarkierte, d.h. enge Vokale zugrunde.[31] Innerhalb des vokalharmonischen Wirkungsbereichs von weit markierten (Stamm)Vokalen assimilieren sich unmarkierte Affixvokale und werden dann ebenfalls weit realisiert. Entsprechend kann angenommen werden, daß bei unmarkierten (en-

31 Diese Annahme wird dadurch gestützt, daß bei den Sprachaufnahmen die Vokale verschiedener Affixmorpheme, die mit den Stammvokalen harmonieren, in Isolation immer eng realisiert wurden.

gen) Stammvokalen die Vokale der Affixe ebenfalls unmarkiert bleiben und somit eng artikuliert werden.

Auf der Grundlage dieser Annahme kann das Verhalten von /*a*/ innerhalb der Vokalharmonie besser interpretiert werden. Es wurde gezeigt, daß bei Stammvokal /*a*/ stets enge Affixvokale auftreten. Die Schlußfolgerung, daß /*a*/ demnach eng sein muß, kann insoweit relativiert werden, als /*a*/ nicht markiert ist, folglich also Affixvokale ebenfalls unmarkiert bleiben. Im Gegensatz zu den übrigen Vokalen kann /*a*/ auch nicht markiert (weit) werden - wie aus dem 'harmonieneutralen' Auslaut der Suffixe der Beispiele (74)-(78) hervorgeht. Deshalb unterbricht der tiefe Vokal den Einflußbereich der weiten Stammvokale. Nachfolgende Suffixvokale bleiben dann unmarkiert und werden dementsprechend eng realisiert.

(86)	*kwii-pəmò*	'ihr Vater'
	kwii-mbá-pə̣́mâ	'ihre Väter'
	ka móndú-wéí, ...	'wenn er vergessen hätte, ...'
	ka móndú-wà-wẹ́ị́, ...	'wenn es (er, sie) vergessen (worden) ist, ...'.

2.4.4 Zusammenfassung

Das Vokalharmoniesystem kann, wie das an anderer Stelle dargestellte Nominalklassensystem, als altes Erbe in der Wajasprache angesehen werden. Für die Regelmäßigkeiten und auch einige der 'Unregelmäßigkeiten' des Vokalsystems lassen sich in näher und entfernter verwandten Sprachen weitere Parallelen finden. Von besonderem Interesse ist hier das Verhalten bzw. die Stellung des tiefen Vokals /*a*/.

Das Vokalsystem des Waja gleicht bezüglich der Anzahl und Verteilung der Vokale dem von Stewart (1983) rekonstruierten System der oralen Vokale des Proto-Volta-Congo. Stewart geht von neun oralen Vokalen der Proto-Sprache aus, wobei der einzige tiefe Vokal 'a' das Merkmal '[-Advanced]' trägt, also zur Klasse der 'engen' Vokale gehört.[32] Das Volta-Congo umfaßt nach Stewart (1985): "Greenberg's Niger-Congo minus Mande, West Atlantic and Ijo" und beinhaltet somit auch das Waja, auch wenn seine Stellung innerhalb dieser Einheit noch nicht geklärt ist. Williamson nimmt hingegen für die gleiche klassifikatorische Einheit 10 orale Vokale an:

> "The present paper presents further evidence in support of the ancestral language of Volta-Congo and Ijo having had a harmony system of ten (rather than nine) oral vowels. ... It will be shown that the tenth vowel, ... can be lost by merging with several different vowels". (1983/84: 61-2)

Ein 'Neun-Vokal-System', wie es auch im Waja gegeben ist, ist somit als Reduktion eines ursprünglichen 'Zehn-Vokal-Systems' aufzufassen, bei dem auch ein tiefer

32 Die ebenfalls rekonstruierten fünf nasalen Vokale sind für die Diskussion des Vokalssystems des Waja von keinem Belang. Stewart spricht allerdings (1983) noch von "Proto-Tano-Congo", einer klassifikatorischen Einheit, die zu Gunsten des "Volta-Congo" aufgegeben wurde (vgl. Stewart (1985) und Williamson (1983/84: 80)).

weiter Vokal vorhanden war, der in einigen Sprachen jedoch, wie Williamson (1983/84: 64) weiter ausführt,

> "... has been entirely replaced by [a], so that */a/* is now neutral to the harmony system in that it occurs with both wide and narrow vowels. It is, however, basically narrow in that adjacent harmonizing affixes take their narrow variant ..."

Diese Aussage entspricht insofern der Situation im Waja, als bei Stammvokal */a/* enge Suffixvokale festzustellen sind (68) und */a/* in den Suffixen (74)-(78) 'neutral' ist. Das Allophon von */a/* [ɐ] bei *ba-* und *ma* (79), wäre dann auch nur als mögliche Assimilation des 'neutralen' */a/* an die Artikulation der weiten Stammvokale aufzufassen. Andererseits stellt Williamson (1983/84: 62-63) fest:

> "There are languages which have ten phonetic vowels, but in which [ə] [i.e. der tiefe weite Vokal] ... occurs only in combination with other wide vowels, while [a] occurs with narrow vowels alone."

Der erste Teil dieser Aussage könnte auf das Verhalten von */a/* bei *ba-* und *ma* (79) im Waja bezogen werden, die Realisierung von */a/* in Suffixen spricht jedoch gegen diesen Typ der Vokalharmonie. Dennoch ist die Möglichkeit, daß hier ein Relikt eines weiten tiefen Vokals vorhanden ist, nicht auszuschließen.

Abweichend von dem bisher Dargestellten erscheint das Verhalten der Vokalsuffixe bei der def. Form (69)-(70) und der Kl. 3a (71)-(73). In allen Beispielen kommt *-a* nur bei engen Stammvokalen vor. Die harmoniebedingte Variante bei weiten Stammvokalen lautet stets *-o*. Eine mögliche Deutung dieser Varianten wäre, daß der nach Williamson (1983/84) anzusetzende 10. Vokal mit */o/* zusammengefallen ist. Diese Annahme könnte zwar die Suffixe *-o* und *-a* der def. Form erklären, aber für die Vokalsuffixe der Kl. 3a (73) müßte dann eine zusätzliche Vokalassimilation angenommen werden, die bei Stammvokal */ọ/* das Suffix *-a* zu *-ọ* werden läßt.

Eine alternative Interpretation ist, den (historisch) unterliegenden Suffixvokal (sowohl des Suffixes der definiten Verbform als auch den der Nominalklasse 3a) als Vokal mit den Merkmalen [hinten] und [nicht-tief] anzunehmen. Die harmoniebedingten Varianten wären somit *-ọ* und *-o*. Diese Hypothese beinhaltet wiederum, daß die enge Suffixvariante *-ọ* zu *-a* abgesenkt wird und nur bei Substantiven mit Stammvokal */ọ/* das ursprüngliche Suffix *-ọ* erhalten bleibt. Synchron, allein aus dem Ebenenwaja (bzw. dem hier beschriebenen Dialekt), kann diese Frage nicht geklärt werden. Im Bergwaja lauten jedoch wie bei der Kl. 3a auch die Suffixe der def. Form *-ọ*, wenn der Verbalstamm den Vokal */ọ/* aufweist (vgl. Anhang, 3.2 (14)). Es erscheint deshalb gerechtfertigt, in beiden Fällen eine lautgesetzlich ähnliche Entwicklung anzunehmen. Zur Frage der anzunehmenden Vokalabsenkung bei Affixen von *-ọ* zu *-a* lassen sich im interdialektalen Vergleich weitere Hinweise finden. So lautet das Subjektspronomen der 2. Pers. Sg. im Ebenenwaja *ma* (~ [*mɐ*]), im Bergwaja kommen hier die vokalharmonisch bedingten Varianten *mọ* ~ *mo* vor. Dies könnte belegen, daß die Absenkung von *-ọ* zu *-a* im Ebenenwaja bei einigen weiteren Morphemen stattgefunden hat.

Der Dialektvergleich erlaubt folglich die Hypothese, daß sowohl das Suffix der def. Form als auch das der Kl. 3a auf einen älteren nicht-tiefen (hinteren) Vokal zurückgeht. Zusätzliche Hinweise für diese Annahme sind im Vergleich mit anderen verwandten Sprachen vorhanden. Im Tula tritt (jedoch nur bei einigen monokonsonantischen Verben) in der def. Form ein Suffix *-u* (*-ụ*) auf:

	Tula	Waja	
(87)	*kən a ci-u*	*a jí-yò*	'er hat getötet'
	kən a yị-ụ̀	*a yị́-yà*	'er hat erhalten'.

Die Kl. 3a des Waja (Nominalsuffixe: Sg.: *-ò*, *-ọ̀* und *-à*; Pl.: *-ì*) wiederum enthält hauptsächlich Tierbezeichnungen. Angesichts der Parallelen des Klassensystems des Waja mit denen einiger Gursprachen (s. I, 3.), ist hier m.E. eine Beziehung zu der *-o* (*-u*) / *-i* 'Tierklasse' in den Gurmasprachen[33] gegeben.

Interessant sind in diesem Zusammenhang auch die Nominalsuffixe der Kl. 2(a) und 12 (*-wà, -mba* und *-mà*), die den Plural der Menschenklasse bilden, bzw. Massen, Flüssigkeiten usw. bezeichnen (s. (74)-(75)). Der Vokal /*a*/ dieser Suffixe kommt auch bei weiten Stammvokalen vor, was darauf schließen läßt, daß /*a*/ zumindest in diesen Affixen 'neutral' ist. Diese Klassenaffixe entsprechen in Form und Funktion den häufig ebenfalls mit tiefem Vokal belegten Affixen dieser weit verbreiteten Nominalklassen des Niger-Congo (vgl. Manessy (1979) und Westermann (1935)).

Problematisch ist jedoch, daß im Bergwaja auch bei diesen Suffixen der Vokal /*a*/ nicht 'neutral' ist, sondern - entsprechend dem Suffix der def. Form - drei Varianten mit den Vokalen /*o*/, /*ọ*/ und /*a*/ aufweist (vgl. Anhang (10)-(12)). Da das Bergwaja im allgemeinen konservativer als das Ebenenwaja zu sein scheint, ist zwar die Annahme, der 10. Vokal sei (zumindest in Affixen) mit /*o*/ zusammengefallen, als historischer Prozeß nicht ausgeschlossen; alternativ wäre aber auch eine unterschiedliche Entwicklung in den beiden Dialekten als mögliche Erklärung akzeptabel, wobei ein angenommener 10. Vokal (bei den Klassensuffixen dieser Klassen) im Ebenenwaja zu /*a*/, im Bergwaja jedoch zu /*o*/ geworden wäre.

Eine befriedigende Erklärung dieses Sachverhaltes kann momentan nicht gegeben werden. Das vorliegende Material für das Bergwaja erlaubt noch nicht die Feststellung, daß /*a*/ im Bergwaja nie 'neutral' ist. Im Ebenenwaja hingegen ist /*a*/ in Suffixen bezüglich der Vokalharmonie 'neutral' und unterbricht - wie unter (86) gezeigt - den Prozeß der Vokalharmonie.

Zusammenfassend ist davon auszugehen, daß das unterschiedliche Verhalten von /*a*/ in Affixen im (Ebenen)Waja durch verschiedene lauthistorische Prozesse bedingt ist: den Ausfall eines tiefen weiten Vokals einerseits und die Absenkung von /*ọ*/ zu /*a*/ in einigen Affixen andererseits. Diese Prozesse können als Ursachen dafür angesehen werden, daß /*a*/ in Affixen sowohl 'neutral' (z.B. Kl. 2 und 12) sein kann, als auch nur als Suffixvariante bei engen Stammvokalen (definite Verbform und Nominalklasse 3a) vorkommt.

33 Vgl. D. Westermann (1935) und J. Zwernemann (1967).

3. Die SILBE

Entscheidend für die Definition der Silbe im Waja ist der Ton. Jeder Silbe ist nur ein einziges tontragendes Segment, der Silbengipfel oder Nucleus, zugeordnet. Tontragende Segmente sind Vokale, silbische Nasale und der silbische Lateral, der allerdings nur selten auftritt. Silbische und somit tontragende Halbvokale werden als Vokale angesehen (s. 1.1.7). Eine Silbe kann auch nur aus einem Nucleus bestehen. Als Grundtypen der Silben werden bezeichnet: V oder N (1), KV (2) und KVK (3). Beispiele sind:

(1)	V:	*a*	'in, an, auf'	*-į́*	(Suffix Kl. 11)
		-ų́	(Suffix Kl. 5)	*-ų̀*	(Suffix Kl. 9)
	N:	*m ~ n ~ ŋ*[34]	(Subj.Pron. 1.Pers. Sg.).		
(2)	KV:	*mi*	'ich'	*yį*	'mit'
		kọ	'sehen'	*jẹ*	'essen'
		-wà	(Suffix Kl. 2)	*-ndį*	(Suffix Kl. 6).
(3)	KVK:	*rọp*	'zwei'	*cwát*	'gerade'
		kwap	'zehn'	*tẹk*	'aufrecht'.

Diese Grundtypen liegen der Struktur aller Lexeme im Waja zugrunde. Die hauptsächlich auftretenden Strukturen sind neben (2) und (3):

(4)	KV.V.:	*sįį*	'Gras'	*taų*	'Rührstock'
		kọọ	'mahlen'.		
(5)	KV.K-V.:	*tuk-ó*	'verstecken'	*mond-o*	'vergessen'
		dum-ò	'beißen'	*puw-o*	'können'
		gwas-į̀	'Furcht'	*car-į̀*	'waschen'.
(6)	KV.KV.(-):	*gundù*	'Wasser'	*bwala-ų̀*	'Feuer'
		wedə-mà	'Bohnen.		

Jeweils nur wenige Wortstämme sind mit den folgenden Strukturen vorhanden:

(7)	KVK.K-V.:	*laŋt-a*	'baden'	*gars-a*	'abkratzen'
		rẹms-a	'einbrechen, einfallen'.		
(8)	KV.V.K-V.:	*goond-ô*	'Ameisenart'	*twiig-è*	'Holzkohle'
		piit-o	'anblasen'.		
(9)	KV.KVK.:	*kwẹrẹ̀k*	'bitter'	*wulòk*	'heiß'.

34 Der Nasal assimiliert sich an den Anlaut des Verbs (s. III, 1.3.1).

(10) KV.KV.K-V.:	*nyakal-ų*	'Herz; Solarplexus'	*gumbul-o*	'rollen'.
(11) KV.KV.KV.:	*nọkọnọ*	'sechs'	*dakə̣la-ų̀*	'Gürtel; Schärpe'.

Aus den Beispielen (4) und (8) wird deutlich, daß Vokalfolgen der eingangs gegebenen Definition der Silbe entsprechend als zweisilbig interpretiert werden. Gegen die alternative Annahme von monophonematischen 'langen Vokalen' und 'Diphthongen' spricht die Tonstruktur und das Verhalten von Vokalfolgen bei morphophonologischen Prozessen. Vokalfolgen haben immer zwei tontragende Segmente und unterscheiden sich dadurch von den einfachen Vokalphonemen. Letztere können nur in Pausastellung mehr als einen Ton tragen (s. 4.). Lexikalische Vokalfolgen verhalten sich bei morphophonologischen Prozessen in der Regel wie Folgen, die durch Suffigierung aus zwei Phonemen entstanden sind (vgl. hierzu 1.1.7 und 2.3).

Auslautende konsonantische Sonoranten sind überwiegend silbisch. In der Zitierform der Lexeme kommen sie aber selten vor, da bei Substantiven und Verben zumeist ein vokalisches auslautendes Suffix dem Wortstamm folgt. Die wenigen Beispiele bei denen ein silbischer Konsonant in auslautender Position steht, weisen überwiegend einen Nasal auf:

(12) KV.N.:	*tum̀*	'Vieles'	*rəm*	'Dunkelheit'
	raŋ̀	'hell'.		
(13) KV.KV.N.:	*kusúḿ ~ kusúŋ́*		'Magen'	
	jangáḿ		'Müdigkeit'.	

In morphosyntaktischen Konstruktionen sind (stammauslautende) silbische Sonoranten häufiger festzustellen. Ihre Silbigkeit resultiert dann allerdings meist aus dem Prozeß der Vokalelision (s. III, 3.)

4. TONOLOGIE

4.0 Übersicht

Das phonologische Merkmal Ton(höhe) unterscheidet im Waja Lexeme und Morpheme. Die Sprache besitzt zwei Toneme: Hoch (H) und Tief (T). Verschiedene Tonprozesse bedingen aber, daß auf der Oberfläche drei lexikalische Tonebenen realisiert werden. Neben H und T ist zusätzlich ein als Nicht-Hoch (NH) bezeichneter tonetisch tiefer Mittelton zu unterscheiden. Die Bezeichnung Nicht-Hoch wird daraus abgeleitet, daß dieser Ton zum nicht-hohen oder tiefen Register eines zweigeteilten tonalen Spektrums zu rechnen ist, er aber dennoch von dem tonetischen T zu unterscheiden ist. Letzterer kommt, wenn keine weitere Tonregel wirksam ist, nur im Auslaut vor. Im In- und Anlaut wird der (tonemische) T hingegen mit der positionellen Variante NH realisiert. Darüber hinaus stellt NH im Waja den neutralen unmarkierten Ton dar. Das heißt, wenn Wortstämme oder Morpheme lexikalisch nicht tonmarkiert sind,[35] werden sie, wenn sie nicht durch Töne der Umgebung in anderer Weise beeinflußt werden, ebenfalls NH realisiert.

Weitere tonetische Tonebenen, vor allem die eines abgestuften H ($^{!}$H), werden durch morphotonologische Prozesse in mehrgliedrigen Äußerungen hervorgerufen.

Konturtöne sind im Waja als Folgen zweier ungleicher Töne zu interpretieren, die (unterliegend) auch mit nur einem einzigen tontragenden Segment (= Silbe) verbunden sein können. Auf der Oberfläche treten monosyllabische Konturtöne, d.h. unterschiedliche Töne, die auf einem tontragenden Segment realisiert werden, aber nur als Falltöne in Pausastellung auf.

Töne können im Waja (z.B. als grammatikalisches Bildungselement) unabhängig von bestimmten tontragenden Segmenten vorhanden sein. Des weiteren bleiben Töne in der Regel erhalten, wenn das Segment, mit dem sie verbunden sind, ausfällt. Solche freien oder freigesetzten Töne ('floating tones') können sich mit anderen tontragenden Segmenten verbinden bzw. die Realisierung der diesen unterliegenden Töne beeinflussen. Das Absenken der tonetischen Tonhöhe durch 'Hochtontilgung' (s. 4.1.1) und die Abstufung des Niveaus der folgenden Töne durch den 'Downstep' (s. 4.2.1), werden von freien bzw. freigesetzten Tieftönen ('floating low tones') ausgelöst. Freie bzw. freigesetzte Hochtöne ('floating high tones') wiederum verbinden sich in verschiedenen Konstruktionen mit der nachfolgenden Silbe, die dann entsprechend H realisiert wird (s. 4.2.2).

Ein weiterer Faktor, der die tonale Realisierung wesentlich beeinflußt, ist im Waja aber auch die Pause. Pausastellung bewirkt unter bestimmten Voraussetzungen ein Absenken der Tonhöhe. Im Unterschied zum Tangale, in dem nach Kenstowicz and Kidda (1987) ein vergleichbares Phänomen ("pausal-lowering") am Ende einer Äußerung auftritt, ist eine Absenkung im Waja nicht nur am Ende einer Äußerung sondern auch an ihrem Beginn, bei dem ersten Ton nach der Pause, zu beobachten (s. 4.1.1 und 4.1.2).

Die Diskrepanz zwischen unterliegenden lexikalischen (tonemischen) Tönen und den oberflächlich realisierten tonetischen Tönen im Waja, wirft die Frage nach einer

35 Von der Existenz unterliegend nicht tonmarkierter Wortstämme und Morpheme ist nach den bisherigen Erkenntnissen auszugehen.

adäquaten Darstellungsweise auf. Eine tonemische Markierung der Töne der einzelnen Lexeme und Morpheme des Waja kann mittels der Akzentzeichen eigentlich nur in Wortlisten erfolgen. Bei allen, selbst eingliedrigen sprachlichen Äußerungen hingegen finden im Waja morphotonologische Prozesse statt, die einzig eine vereinfachte tonetische Tonmarkierung sinnvoll erscheinen lassen.

Um in diesem Abschnitt die unterliegenden Töne sowie verschiedene Tonprozesse veranschaulichen zu können, ist die Darstellungsweise der 'Autosegmentalen Phonologie'[36] gewählt. Als tontragende Segmente ('tone-bearing units') werden alle Silben angesehen, wobei der Ton jeweils auf dem Silbengipfel (Nucleus) realisiert wird. Silbengipfel sind Vokale und silbische Sonoranten, wobei die Silbigkeit letzterer häufig auf Vokalelision zurückzuführen ist (s. 3. und III, 3.). Vokalfolgen weisen im Waja immer zwei tontragende Segmente auf und werden deshalb auch als zweisilbig interpretiert. Aus diesem Grund werden stets alle Vokale einer Folge tonmarkiert. Der Darstellungsweise der 'Autosegmentalen Phonologie' entsprechend, können unterliegende Töne im Waja folgendermaßen mit tontragenden Segmenten verbunden sein:

(1a) *nyọ́ọ́* 'frei, umsonst' — H b) *bəndọ́-ú* 'Speicher' — T H H

(1c) *rénì* 'heute' — H T d) *ŋ kộ* 'ich habe gesehen'. — T HT

Den beiden Hochtönen unter (1a) liegt ein einziger H zugrunde; (1b) zeigt zwei unterliegende H, wobei der zweite auf ein Suffix zurückgeht; zwei unterschiedliche Töne können jeweils mit einem Vokal (bzw. einem tontragendem Segment) (1c), oder auch beide mit einem einzigen Vokal (bzw. tontragendem Segment) (1d) verbunden sein. Der Fall (1d) kommt, wie eingangs erwähnt, im Waja nur im Auslaut an der Oberfläche vor. Innerhalb einer syntaktischen Konstruktion werden Tonfolgen auf einem Segment in der Regel aufgelöst, wobei der zweite Ton auf die nächstfolgende Silbe übergeht.

(1d) *ŋ kộ* 'ich habe gesehen' — T HT *ŋ kọ́-bụ̀* 'ich habe nicht gesehen'. — T H T

Die Tonmarkierung der Beispiele bleibt auch in der folgenden Darstellung tonetisch, so wie sie an der Oberfläche realisiert werden. Mittels der Akzentzeichen sind H (´), T (`) NH (unmarkiert) und H+T (^) unterschieden (vgl. die Beispiele unter I, 1.) Geringfügig abweichende Zwischentöne sind annäherungsweise markiert. Lediglich der 'Downstep' (!), der die absolute Höhe des unmittelbar nachfolgenden Tonregisters abstuft, wird, dort wo er tonetisch signifikant ist und die Realisierung nicht aus der Tonmarkierung regelmäßig abgeleitet werden kann, zusätzlich angezeigt (s. hierzu 4.2.1). Die Angabe der unterliegenden Töne erfolgt, wo es sinnvoll erscheint, in der Darstellungsweise der 'Autosegmentalen Tonologie' wie unter (1).

36 Vgl.: J. Goldsmith (1976), G. N. Clements and J. Goldsmith (1984) und D. Pulleyblank (1986).

4.1 Tonstruktur der Lexeme

Die Tonstruktur der Lexeme des Waja, insbesondere die der Substantive und Verben, kann nur unter Berücksichtigung der Tonveränderungen in verschiedenen Umgebungen ermittelt werden. Die Zitierform, die Form, in der ein Wort in Isolation angegeben wird, stellt im Waja keine 'tonneutrale Umgebung' dar. Nur wenige Lexeme bilden isoliert zitiert tonale Minimalpaare. Beispiele sind:

(2)	*tịịmà*	'Blut'	*tịịma*	'Spucke'
	dənè	'Knie'	*dəne*	'Name'
	kwaa	'Mauer'	*kwáà*	'junger Mann'
	bụwa	'schlagen'	*bụwà*	'stapeln'
	də̣ra	'schlüpfen (Küken)'	*də̣rá*	'abkühlen'
	wụlị̀	'graben'	*wụlị́*	'zerbrechen'
	yama	'auspressen'	*yamà*	'warten'.

Die Beispiele veranschaulichen mehrere Befunde. In der Zitierform wird die erste Silbe eines Lexems fast immer NH und nur selten H realisiert. Aus dem Fehlen eines tonetischen Tieftons in dieser Position bei mehrsilbigen Lexemen kann u.a. geschlossen werden, daß in der Zitierform ein T nur im Auslaut auch tonetisch tief realisiert wird. Im Auslaut kommen somit drei Tonebenen vor: H, NH und T. Dieser Kontrast ist z.B. bei den Beispielen (3) vorhanden, deren Kontrast aber auf morphotonologische Prozesse zurückzuführen ist und nicht als Beleg für drei Toneme gewertet werden kann.[37]

(3)	*yará*	'landen'	*yarà*	'fallen'
	yara	'Blätter in die Suppe mischen'.		

Das weitgehende Fehlen eines Tonkontrastes auf der ersten Silbe bei den Beispielen (2) und (3) ist zusätzlich dadurch bedingt, daß diese Lexeme isoliert zitiert sind und ein H auf der ersten Silbe in dieser Position in der Regel ausfällt oder abgesenkt wird. Die Gesetzmäßigkeit dieser Tonveränderung entspricht einer Tonregel des Waja, die bei morphosyntaktischen Bildungen auf einen freien T ('floating low tone') zurückgeführt werden kann. Siehe hierzu den folgenden Abschnitt.

4.1.1 Hochtontilgung zu Beginn einer Äußerung[38]

Die unter (4) isoliert zitierten Substantive weisen alle auf der ersten Silbe einen NH auf:

4a)	*nẹrẹ̀*	'Mann, Mensch'	*tẹnga*	'Topf'
	nịyaụ	'Mund'		
b)	*nụrẹ*	'Frau'	*yịrị*	'Ding, Sache'.

37 Pausastellung bewirkt ein Absenken des auslautenden Tons. Bei *yará* (< *yará-á*) ist ein hochtoniges Suffix anzunehmen, das mit dem H der Verbform verschmolzen ist. Der H geht somit auf zwei unterliegende H zurück. In diesen Fällen wird der auslautende Ton nicht abgesenkt (s. 4.1.2).

38 Bei den im folgenden zitierten Substantiven bleibt der Ton des Auslauts zunächst unberücksichtigt. Hier treten weitere Tonregeln in Kraft, die unter 4.1.2 beschrieben werden.

Wenn diese Lexeme aber nicht isoliert zu Beginn der Äußerung stehen, sondern z.B. als Objekt der Verbformen:

(5) *ma sọm-a* 'du kennst, du hast kennengelernt'
ma tuk-ó 'du hast versteckt'

gebraucht werden, kommt bei den Substantiven (4a) ein (unterliegender) H auf der ersten Silbe zum Vorschein:

(6) *ma sọm nẹ́rẹ̀* 'du kennst den Mann'[39]
ma sọm tẹ́nga 'du kennst den Topf'
ma sọm nị́yaụ 'du kennst den Mund'
ma tukó tẹ́nga 'du hast den Topf versteckt'.

Keine tonale Veränderung erfolgt in gleicher Umgebung bei den Beispielen von (4b):

(7) *ma sọm nụrẹ* 'du kennst die Frau'
ma sọm yịrị 'du kennst die Sache'
ma tukó nụrẹ 'du hast die Frau versteckt'.

Der unterliegende Ton der ersten Silbe dieser Substantive ist demnach T oder NH, während bei den Beispielen (6) (= 4a) ein anlautender H anzunehmen ist.

Die gleiche tonale Realisierung wie in der isolierten Stellung (4) weisen diese Substantive dann auf, wenn sie z.B. als Objekt der Verbformen:

(8) *ma kọ\`* 'du hast gesehen', *ma car-ị̀* 'du hast gewaschen'

vorkommen, die ohne Objekt im Auslaut einen Tiefton aufweisen. Vgl.:

(9a) *ma kọ nẹrẹ̀* 'du hast den Mann gesehen'
ma kọ tẹnga 'du hast den Topf gesehen'
ma kọ nịyaụ 'du hast den Mund gesehen'
ma car tẹnga 'du hast den Topf gewaschen'
ma car nịyaụ 'du hast den Mund gewaschen'

b) *ma kọ nụrẹ* 'du hast die Frau gesehen'
ma kọ yịrị 'du hast das Ding gesehen'
ma car yịrị 'du hast das Ding gewaschen'.

Unter (9a) sind die Substantive zitiert, die nach (6) einen unterliegenden H auf der ersten Silbe aufweisen. Der Ausfall des H ist hier auf den T im Auslaut der Verbform zurückzuführen. Der tieftonige Suffixvokal der Verbform (10) fällt vor dem Objekt aus (10a); T ist unterliegend aber nach wie vor vorhanden und verbindet sich mit dem folgenden Vokal, dessen Verbindung mit dem H getilgt wird. Die Realisierung ist dann positionsbedingt NH.

39 Bei *sọm-a* fällt der Suffixvokal im Perfekt vor einem Objekt aus (s. III, 3.1).

(10) *ma carì* a) *ma car tẹnga* --> *ma car tẹnga*

T | T H | T H

Das KV- Verb *kọ* 'sehen' (11) zeigt, daß dieser Prozeß auch dann stattfindet, wenn das tontragende Segment nicht ausfällt.[40] Da eine Tonfolge oder ein Konturton (hier als NH+T realisiert) auf einem tontragenden Segment nur in Pausastellung möglich ist, wird auch hier der T frei und ersetzt den folgenden H (vgl. 9a).

(11) *ma kọ`* a) *ma kọ tẹnga* --> *ma kọ tẹnga*

T | T H | T H

Diese Tonregel kann als 'Hochtontilgung' bezeichnet und folgendermaßen formuliert werden: Ein freier Tiefton verbindet sich mit dem folgenden tontragenden Segment. Ist das folgende Segment unterliegend mit einem Hochton verbunden, wird diese Verbindung mit dem Hochton getilgt.

(12) Hochtontilgung: KVKV... --> KVKV...

T H | T H

Analog ist anzunehmen, daß auch der initiale NH der Beispiele (3a) auf einen unterliegenden freien T zurückzuführen ist, der am Anfang (d.h. in der Pause vor) jeder Äußerung steht und sich mit dem nachfolgenden tontragenden Segment verbindet. Wenn dieses unterliegend hochtonig markiert ist, wird diese Verbindung getilgt. Tieftöne und unterliegend tonlose Silben werden nicht verändert.

(13) [Pause] KVKV... --> [Pause] KVKV...

T H | T H

Ein weiterer Beleg für diesen Prozeß ist in der tonalen Realisierung der Verbform des Beispiels (10) enthalten. *ma* ist im Perfekt mit der Tonfolge H+T verbunden; die erste Stammsilbe des Verbs trägt einen H. Die unterliegende Töne sind somit hier:

(14) [Pause] *ma car-ì* --> [Pause] *ma car-ì*

T HT H T | T HT H T

Ausnahmen von dieser Regel (13) bilden die wenigen Lexeme, die im Waja in der Zitierform einen H auf dem ersten tontragenden Segment aufweisen. Diese lassen sich drei Gruppen zuordnen. Der ersten gehören Lexeme an, die wahrscheinlich mit dem anlautenden H entlehnt worden sind. (Die Unterschiede im Auslaut sind meist durch die Nominalklassensuffixe im Waja bedingt.)

40 *kọ* gehört zu einer kleinen Gruppe KV- Verben, bei denen das Suffix der def. Form mit dem Verbalstamm verschmolzen ist, der Ton des Suffixes verbindet sich somit auch mit dem Stammvokal.

(15) *wọ́nọ́*	'gestern'	(vgl. Kan.:	*wónò*)
jị́rẹ̀	'Wahrheit'	(vgl. Kan.:	*jírè*)
kẹ́lẹpị	'Kopftuch'	(vgl. Ha.:	*kállàbí*)
rénì	'heute'	(vgl. Ha.:	*rááná* 'day')
kwáà	'junger Mann'	(vgl. Kanuri:	*kwâ* 'Mann').

Zur zweiten Gruppe gehören die ebenfalls seltenen Lexeme, die alle zwei hochtonige Vokale im Anlaut aufweisen, und bei denen auch der folgende Ton - zumindest unterliegend - ein weiterer H ist.

(16) *láálụ́wẹ̀*	'Butter'	*bwáácị*	'Fruchtart'
kwáámị	'Fruchtart'	*pẹ́ẹ́tẹ*[41]	'rotbraune Person'.

Wie oben erwähnt wurde, weisen Vokalfolgen zwei tontragende Segmente auf. Geht man davon aus, daß der T der Pause den ersten H tilgt, so könnte (regressiv) eine Umkehrung dieses Prozesses stattfinden, die von einem (mehreren) folgenden H bewirkt wird. Andererseits zeigt der folgende Abschnitt (4.1.2), daß auch im Auslaut zwei aufeinanderfolgende Hochtöne (oder Hochtöne, die mit zwei tontragenden Segmenten verbunden sind (s. (1a) und (1b)) nicht abgesenkt werden. Auf diese Gesetzmäßigkeit ist das Ausbleiben der Hochtontilgung bei den folgenden Beispielen zurückzuführen.

(17) *nyọ́ọ́*	'umsonst, frei'	*tẹ́nyẹ́*	'wie?'
káná-	'jed-'	*káná-kọnọ nyángụ̀*	'jeder Tag'.

(18) *a bwâ ꜝ nyọ́ọ́* 'er starb umsonst'.

Im Beispiel (18) werden die Hochtöne von *nyọ́ọ́* (leicht) abgestuft als ꜝH realisiert, was durch das 'Downstep'-Symbol ausgedrückt ist (vgl. 4.2.1 unten).

In wenigen Fällen ist bei anlautender hochtoniger Vokalfolge, der aber ein T unmittelbar folgt, eine Absenkung der ersten Silbe (auf NH) festzustellen.

(19) 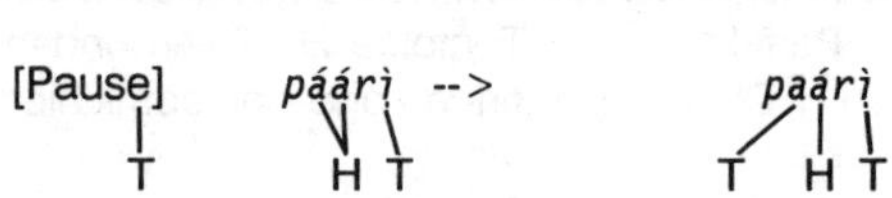

'Schuhe'.

Eine dritte Gruppe schließlich umfaßt eine kleine Zahl von einsilbigen (?) Partikeln und Pronomen, die unterliegend mit zwei Tönen, einem H und einem T, verbunden sind. Bei ihnen hätte die Tilgung des ersten Tons die Realisierung NH auf T fallend zur Folge. Dieser Prozeß ist in syntaktischen Bildungen belegt, wie z. B. das Subjektspronomen in dem Beispiel (14) zeigt. In isolierter Stellung wird häufig jedoch der Kontourcharakter des Tons einiger dieser Morpheme stärker betont. D.h. der Anlaut (der Tonfolge) geht über das 'normale NH-Niveau' hinaus und gleicht dann einem abgestuften Hochton (ꜝH), wie er nach einem 'Downstep' auftritt. Beispiele sind:

41 *pẹ́ẹ́-t-ẹ* enthält das hochtonige Infix *́-t-*, s. IV, 3.3.1.2.1).

(20)	yộ ~ yọ̀	'er, sie, es'	yô ~ yò	'wir' (Bergwaja: *yíyò*)
	nyộ	'da lang!'	*câ*	'was'?.

4.1.2 Tonale Veränderung des Auslauts in Pausastellung

Es wurde oben (4.1) darauf hingewiesen, daß die Tonstruktur der Lexeme aus der Zitierform nicht ermittelt werden kann. Ebenso wurde bereits gesagt, daß das Waja nur zwei Toneme besitzt. Die Minimalpaare (2) und (3) und andere zitierte Formen zeigen aber, daß im Auslaut an der Oberfläche drei verschiedene Töne vorkommen: H, T und NH. Fast alle bisher dargestellten Beispiele sind jedoch Verben und Substantive, bei denen jeweils tonmarkierte Suffixe an die Wortstämme angetreten sind, mit denen die Nominalklassenzugehörigkeit einerseits sowie die Verbform andererseits markiert wird. Bei Wortarten, die in ihrer Zitierform keine Suffixe aufweisen (Ideophone sind hier allerdings nicht berücksichtigt), können folgende Töne im Auslaut festgestellt werden:

(21a)	T:	*yụtụtụ̀*	'kalt'	*wulòk*	'heiß'
b)	NH:	*nọkọnọ*	'sechs'	*cọkọrọk*	'lang'.

(22a)	H+T:	*cọngộ*	'vor einer kleinen Weile'	(*câ*	'was?')
		gụrạcị̂k	'eng (Tür, Hütte)'	(*bộ*	'schon')
b)	H+H:	*nyọ́ọ́*	'frei, umsonst'	*tẹ́nyẹ́*	'wie?'.

Die tonetische Realisierung der Mehrzahl der Belege entspricht (21a) und (21b). Die Tonfolge H+T (22a) im Auslaut kommt in der Zitierform nur bei sehr wenigen Beispielen vor. Zu dieser Gruppe sind auch die Partikel zu zählen, die bereits unter (20) erwähnt wurden (deren anlautende Silbe gleichzeitig die auslautende ist). Unter (22b) wiederum sind zwei der Beispiele zitiert, die bereits unter (17) dargestellt wurden. Es ist kein Beispiel vorhanden, bei dem im Auslaut ein einzelner H auftritt. Ein H kommt bei diesen Wortarten in dieser Position nur dann vor, wenn zwei aufeinanderfolgende unterliegende H vorliegen (22b). Aus diesem Befund geht hervor, daß im Waja auch am Ende einer Äußerung (in Pausastellung) eine Tonveränderung stattfindet, bei der ein H, dem kein weiterer H vorausgeht, abgesenkt wird. Ein wesentlicher Unterschied zur Hochtontilgung im Anlaut besteht darin, daß in der Pausastellung im Auslaut 'echte Tieftöne' neben Nicht-Hochtönen vorkommen. Eine Hochtontilgung ist hier nicht anzunehmen, da ansonsten nur ein einziges Tonniveau auftreten würde. Es muß sich demnach um eine Absenkung eines H einerseits und der tiefen Realisierung eines unterliegenden T andererseits handeln. Des weiteren ist anzunehmen, daß tonlose Segmente ebenfalls tief realisiert werden. Wie dieser Prozeß zu erklären und graphisch darzustellen ist, ist noch unbekannt. Er kann jedoch an mehreren Bildungen im Waja nachgewiesen werden. Ein Beispiel für die Absenkung eines auslautenden H in Pausastellung stellt die Destinativerweiterung bei Verben dar. Das Suffix dieser Erweiterung lautet in der def. Form *-ná* ~ *-nó*. Der H wird aber in Pausa auf NH abgesenkt.

(23) *a kẹẹ-na* 'er hat (es) hineingejagt'
a kẹẹ-ná gụlá̰ì 'er hat (es) in den Busch gejagt'
a cum-no 'er hat (es) darauf geschmiedet'
a cum-nó swẹlẹ́ḭ̀ 'er hat (es) auf dem Stein geschmiedet'.

Weitere Belege für die Absenkung auslautender Hochtöne sind in den Nominalklassen 5 und 11 enthalten, bei denen jeweils ein hochtoniges Nominalsuffix (*-ṵ́* bzw. *-ḭ́*) vorliegt. Von wenigen Ausnahmen abgesehen, kommen in beiden Klassen nur Belege vor, die entweder zwei (unterliegende) Hochtöne im Auslaut aufweisen:

(24)	*bəndó-ú*	'Speicher'	*kusú-ḿ*	'Magen'
	gọngə̣́l-ḭ́	'Kolanuß'	*kwaám-ḭ́*	'Dattel'.

oder deren auslautender Ton in Isolation NH realisiert wird (s. IV, 3.3.3 und 3.3.6). Das Fehlen von auslautenden tonetischen Tieftönen in diesen beiden Klassen kann anderseits wiederum als Beleg dafür gewertet werden, daß der H dieser Nominalsuffixe eine Absenkung des Tons auf das Tieftonniveau nicht zuläßt.

Wie aus den Beispielen (22b) und (24) hervorgeht, werden auslautende H nicht abgesenkt, wenn die unmittelbar vorhergehende Silbe ebenfalls mit einem H verbunden ist. Dies kann mit Hilfe verschiedener Formen zweier KV- Verben veranschaulicht werden (25). Im Perfekt werden sie in Pausa (ohne nachfolgendes Objekt) tonetisch gleich realisiert (a). Das nachfolgende nominale Objekt zeigt aber an, daß eine der beiden Verbformen unterliegend hochtonig ist (b). Dieser tonale Unterschied wird schließlich auch auf der Oberfläche deutlich, wenn das hochtonige Suffix der Altrilokal/Ventiverweiterung (s. V, 5.4) antritt (c), wobei nur bei *kọ* das Erweiterungssuffix auch mit H realisiert wird.

(25a)	*a kọ °*	'er hat es gesehen'[42]	*a wo*	'er hat (hartes) gegessen'
b)	*a kọ néme*	'er hat Fleisch gesehen'	*a wo neme*	'er hat Fleisch gegessen'
c)	*a kọ́-ọ́*	'er hat es dort gesehen'	*a wo-o*	'er hat es dort gegessen'.

Die Beispiele (22)-(25) zeigen, daß ein auslautender H in Pausastellung auf zwei unterliegende Hochtöne zurückzuführen ist, und daß ein einzelner H in dieser Position NH realisiert wird.[43] Unklar ist dagegen noch die Analyse der Beispiele, die in Pausa tieftonig auslauten. Hier sind zwei verschiedene Annahmen möglich. Zum einen: ein tonemischer T wird auch tonetisch tief realisiert, zum anderen: eine unterliegend nicht tonmarkierte Silbe wird durch die Tonabsenkung in Pausa tieftonig realisiert. Der Unterschied zwischen diesen beiden Annahmen ist für die Frage, ob im Waja unterliegend tonlose Morpheme und Lexeme anzunehmen sind und ob der T, der wie unter 4.2.1 dargestellt nachfolgende Hochtöne beeinflußt, auch lexikalisch oder nur grammatikalisch ein markierter Ton ist, von größter Wichtigkeit.

42 Der unterliegende H dieser Verbform wird graphisch durch "°" angedeutet, vgl. 4.2.2 unten.
43 Der auslautende NH von *a wo* unter (25a) ist auf das Suffix der def. Verbform zurückzuführen.

4.1.3 Lexikalischer und grammatikalischer Ton

Im Waja zeichnet sich der grammatikalische Ton gegenüber dem lexikalischen durch eine größere Komplexität und 'stärkere' Markiertheit aus. Eine strenge Unterscheidung, welche der Töne jeweils dem grammatikalischen Bildungselement einerseits und welche dem Wortstamm andererseits zuzuordnen sind, ist aber insbesondere bei Substantiven und Verben momentan noch nicht befriedigend durchzuführen. Dazu sind die kombinatorischen Tonprozesse noch nicht ausreichend bekannt.

Während der anlautende Ton der überwiegend zweisilbigen Lexeme in der Regel als dem Wortstamm zugrunde liegender lexikalischer Ton zu interpretieren ist, kann bei zweisilbigen Verben und Substantiven der Ton der zweiten Silbe nur in Verbindung mit dem Ton des jeweiligen suffigierten Bildungselementes gesehen werden. Bei beiden Wortarten gibt es keine Form, in der in Pausa kein Suffix vorhanden ist. Im Anlaut eines Lexems wird, wie oben (4)-(9) gezeigt, nur zwischen H und NH differenziert. Da die Realisierung als NH auch dann anzunehmen ist, wenn Silben lexikalisch mit keinem Ton verbunden sind, läßt dieser Befund ebenso den Schluß zu, daß Wortstämme im Anlaut entweder mit H markiert oder tonlos sind. Oder aber man geht davon aus, daß H und T gleichrangig nebeneinander vorkommen und möglicherweise zusätzlich noch Wortstämme vorhanden sind, die im Anlaut unterliegend keinen Ton tragen, aber auf der Oberfläche wie solche mit anlautendem T realisiert werden.

Bei auslautenden Tönen ist hingegen, wie oben bereits dargestellt, bei Verben und Substantiven stets der Ton des grammatikalischen Bildungselementes mit zu berücksichtigen. Hier ist eine tonetische Unterscheidung auch zwischen NH und T gegeben. Es ist aber festzustellen, daß bei einer Reihe von tieftonig auslautenden Wörtern, ein initialer H nachfolgender Morpheme oder Lexeme entweder getilgt oder aber abgestuft wird (vgl. 'Downstep' 4.2.1). Hier ist offensichtlich ein tieftoniges (grammatikalisches) Merkmal gegeben, das, wenn es mit gleicher Wirkung (lexikalisch) im Anlaut von Wortstämmen auftreten würde, Lexeme mit der Tonstruktur T H nicht zulassen dürfte.

4.2 Tonveränderungen in syntaktischen Konstruktionen

Eine detaillierte Beschreibung des Zusammenwirkens von lexikalischem und grammatikalischem Ton innerhalb der Wortgrenzen ist, wie bereits ausgeführt, noch nicht möglich. Die im folgenden beschriebenen Tonveränderungen treten hauptsächlich in mehrgliedrigen syntaktischen Konstruktionen auf, wobei die Veränderung jeweils die Wortgrenze überschreitet.

4.2.1 'Downstep'

Ein 'Downstep' ($^!$), d.h. das Abstufen des Niveaus der folgenden H und NH (und T), wird im Waja zum einen durch einen freien oder freigesetzten T ausgelöst, dem unmittelbar ein H vorausgeht. Bei den folgenden Beispielen bewirkt die Tonfolge H+T der

Verbformen, die in Pausastellung auf der auslautenden Silbe realisiert wird, eine Abstufung der Töne der nachfolgenden Objekte. Nach einem Downstep wird NH tonetisch wie ein T realisiert. Da aber auslautende Tieftöne nach einem 'Downstep' immer noch etwas tiefer realisiert werden, wird die Abstufung graphisch durch "!" angezeigt.

(26)	*ŋ kộ*	'ich habe gesehen'
	ŋ kọ́ ! neme	'ich habe Fleisch gesehen'
	a jaaŋâ	'er hat probiert'
	a jaaŋá ! mwẹẹndị	'er hat Bauen probiert'
	a buloŋô	'er hat umgerührt'
	a buloŋó ! nyịịma	'er hat Milch umgerührt'.

Ein 'Downstep' erfolgt auch nach den folgenden Verbformen, deren Töne in Pausastellung H+T bzw. H+H+T realisiert werden und bei denen vor einem Objekt das Suffix abfällt.

(27)	*a dúmò*	'er hat gebissen'
	a dúm ! nẹrẹ̀	'er hat den Mann gebissen'
	a yáŋà	'er hat geröstet'
	a yáŋ ! neme	'er hat Fleisch geröstet'
	a pə̣́rá-ŋ̣à	'er fragte mehrmals; sie fragten' (Pl.)
	a pə̣́rá-!-yirò	'er fragte uns mehrmals; sie fragten uns'.

'Downstep' ist aber auch dann zu beobachten, wenn das in Pausastellung tieftonig realisierte Element nicht ausfällt.

(28)	*a gwásị̀*	'er hat gefürchtet'
	a gwásị́ ! baị	'er hat den Hund gefürchtet'
	a gámáŋà	'er hat gesammelt'
	a gámáŋà ! sowi	'er hat Holz gesammelt'.

Ein 'Downstep' tritt aber nicht auf, wenn der dem T vorausgehende Ton NH realisiert wird. In dieser Umgebung findet dann jedoch die Hochtontilgung (s. (12) oben) statt, die ebenfalls durch einen frei(gesetzt)en T ausgelöst wird. Im Unterschied zum 'Downstep' wird durch die Hochtontilgung aber nur ein unmittelbar folgender H abgesenkt.

(29)	*ma dumò*	'du hast gebissen'
	ma dum nẹrẹ̀	'du hast den Mann gebissen'
	ma gamaŋà	'du hast gesammelt'
	ma gamaŋa sowi	'du hast Holz gesammelt'.

4.2.2 Tonveränderungen durch einen freien Hochton

Einige Morpheme des Waja sind unterliegend mit einem H verbunden, der aber häufig nicht auf dem Morphem, sondern auf dem ersten folgenden tontragenden Segment realisiert wird, auch wenn eine Wortgrenze dazwischen liegt. Ein Beispiel für diesen Prozeß ist die Negationspartikel des Perfekts *-bụ*. Der unterliegende H ist durch "°" graphisch angedeutet.

(30)	*ma sọm-bụ °*	'du kennst nicht; hast nicht gekannt'
	ma sọm-bụ nṹrẹ	'du kennst die Frau nicht'.

Ein unterliegender H ist auch für die Bildungsmorpheme *-ị* und *-rẹ* (nach Nasal, */r/* und */l/ -dẹ ~ -dị*) der indefiniten Verbform anzunehmen, wenn sie in Pausastellung NH realisiert werden. Folgt ein Objekt, kommt der H zum Vorschein, der dann meist auf der ersten Silbe des nachfolgenden Objektes realisiert wird.

(31)	*mónd-i °*	'er vergißt' (indef)
	mónd-i láa	'er vergißt ein Haus' (vgl. *a mónd-ó laa* 'er hat ...')
	bụw-ị °	'er schlägt' (indef)
	bụụ báị	'er schlägt einen Hund' (vgl. *a bụụ baị* 'er hat ...')
	mọ-rẹ °	'er baut'
	mọr láa	'er baut ein Haus'.

In einigen Fällen kann der H dieser Bildungsmorpheme fakultativ auch auf dem Auslaut der Verbform realisiert werden.

(32)	*cuu-re °*	'er verkauft' (indef)
	cuuré neme ~ cuure néme	'er verkauft Fleisch'
	swar-dị °	'er breitet (zum Trocknen) aus'
	swardị́ kọwẹ ~ swardị kọ́wẹ	'er breitet das Tuch (zum Trocknen) aus'.

Ein vergleichbarer Tonprozeß ist auch in der 3. Pers. im Perfekt bei einigen KV(-) Verben zu beobachten, wenn auch hier die Herkunft des H unklar ist.

(33)	*a mọ láa*	'er hat ein Haus gebaut' (*a mwẹ́-ẹ̀* 'er hat gebaut')
	a ta báị	'er hat einen Hund gefangen' (*a tẹ́-ẹ̀* 'er hat gefangen').

4.2.3 Tonale Varianten

Die Beispiele (32) oben zeigen bereits jeweils alternative Realisierungen der Töne. Tonale Varianten sind auch bei Possessivkonstruktionen (34) und bei den lokativen Bildungen mit *a* (35)[44] belegt.

---

44 Siehe hierzu IV, 2.2. Von den möglichen Bedeutungen wird hier nur jeweils eine angegeben.

(34)	*kan tángị̀ ~ kan tangị́ị̀*	'Haus der Kühe; Stall'
	bẹn cọ́ọ́gị̀ ~ bẹn cọọgị́ị̀	'Zunge der Schlange'.
(35)	*a rə̣gaụ ~ a rə̣́gaụ*	'am Bogen'
	a bịyịgụ ~ a bị́yị́gụ	'im Termitenhügel'
	a bwalárị ~ a bwálárị	'an den Feuern'
	a kume ~ a kumê	'in der Nacht'.

III MORPHOPHONOLOGIE

1. LAUTVERÄNDERUNGEN bei KONSONANTEN

1.1 Labialisierung

Labialisierung ist im Waja mit gleichzeitiger Veränderung der Merkmale des folgenden Vokals verbunden. Da labialisierte Konsonanten nur im Stammanlaut stehen (s. II, 1.3), ist der morphophonologische Prozeß der Labialisierung auf stammanlautende Konsonanten beschränkt.

1.1.1 Labialisierung bei gleichzeitiger Palatalisierung des Vokals

Bei diesem Prozeß, wird gleichzeitig mit der Labialisierung des stammanlautenden Konsonanten der folgende Vokal palatalisiert (s. a. 2.1.1). Diese Lautveränderung findet nur bei Wortstämmen mit der Struktur KV- statt, bei denen der Vokal die Merkmale [hinten] und [rund] besitzt. Wird ein hoher vorderer Vokal (*-ị*) dem Stamm suffigiert, so wird der Stammvokal unter Beibehaltung des Öffnungsgrades nach vorne verlagert (palatalisiert), und seine Merkmale [hinten] und [rund] gehen auf den Konsonant über. Eine entsprechende Lautveränderung wird auch von verschiedenen - aber nicht allen - Suffixen mit anlautendem palatalen Halbvokal */y/* verursacht. Beispiele sind:

- das Nominalsuffix der Kl. 7: *-ị̀*:

(1)	(*gọ-ị̀* >) *gwẹ-ị̀* / *gọ-rọndị*	'Ortschaft, Dorf'
	(*du-i* >) *dwi-i* / *du-yoŋi* ~ *dwi-yoŋi*	'Kopf'
	(*nu-ì* >) *nwi-ì* / *nu-yoŋi* ~ *nwi-yoŋi*	'Zahn'.

Im Plural ist die Labialisierung, bedingt durch den Anlaut des Suffixes, optional.

- die Suffixvarianten *-yà* ~ *-yò* der definiten Verbform (bei KV- Verben):

(2)	*a dwị́-yà*	'er hat (es)[1] verlassen'
	a dụ láa	'er hat das Haus verlassen'
	a kwí-yò	'er hat (es) herausgezogen'
	a ku sị́ị	'er hat Gras herausgezogen'
	a mwẹ́-ẹ̀	'er hat (es) gebaut'
	a mọ láa	'er hat ein Haus gebaut'.

-yà ~ *-yò* tritt nur in Pausastellung auf. Bei Stammvokal */ọ/* verschmilzt es mit dem Stamm, wobei der Konsonant labialisiert und der Vokal palatalisiert wird.

1 Bei transitiven Verben ist ein unspezifiziertes Objekt inhärent in der Verbform enthalten.

- die Suffixvariante *´-yį̀* der indefiniten Verbform (s. V, 3.3.1.2):

(3) *kwẹ́ẹ́-yį̀* 'er sieht' (indef.) (*a kọ* ° 'er hat gesehen').

Die Promomen der 3. Pers. Sg. *-yọ-* und der 1. Pers. Pl. *-yir-*[2], die z. B. bei Possessivkonstruktionen gebraucht werden, lauten zwar auch mit /*y*/ an, Labialisierung tritt jedoch nur in wenigen Fällen fakultativ auf. Die Beispiele (4) zeigen selbständige Possessivpronomen, die sich auf Substantive verschiedener Klassen beziehen:

(4) *tọ-yẹ́-ị́ ~ twẹ-yẹ́-ị́* 'das Seinige' (Kl. 8, 10, 11)
dọ-yẹ́-ị̀ 'das Seinige' (Kl. 7)
kọ-yọ́-ụ̀ 'das Seinige' (Kl. 9)
to-yír-í 'das Unsrige' (Kl. 8, 10, 11).

Das dem Verbalstamm suffigierte Objektspronomen der 1. Pers. Pl. lautet ebenfalls *-yir-*. Auch hier ist keine Labialisierung festzustellen.

(5) *a kọ-yír-ò* 'er hat uns gesehen'.

1.1.2 Labialisierung bei gleichzeitiger Absenkung des Vokals

Diese Lautveränderung tritt fast ausschließlich bei einer kleinen Anzahl von Verben mit der Struktur KV_1V_1- auf, bei denen V_1 immer /*ọ*/ lautet. Die Labialisierung des anlautenden Konsonanten ist hier mit gleichzeitiger Absenkung von /*ọ*/ zu /*a*/ verbunden, wobei die Merkmale des Vokals ([hinten] und [rund]) auf den Konsonant übergehen. Das Verb (6) zeigt die Labialisierung in der def. Form in Pausa und in einigen syntaktischen Konstruktionen. Diese Lautveränderung ist wahrscheinlich auf das Intransitiv-Passivsuffix -(*ụ́*)*wà* der def. Form zurückzuführen (s. V, 5.), das überwiegend nur in Pausa segmental realisiert wird und hier mit dem Verbalstamm verschmolzen ist.[3]

(6) *bọọ-gụ̀* 'Sterben' *bọọ́-rẹ̀* (indef.)
a bwâ (~ *bwáà*) 'er ist gestorben' (def.)
a bwâ ꜝ *nyọ́ọ́* 'er ist umsonst gestorben'
a bọ́ọ́ cọ́ọ́gẹ̀ 'er ist an/wegen einer Schlange gestorben'.

Auch die Mehrzahl der Verben (7), die eine ähnliche Lautveränderung zeigen, könnten intransitiv-passivisch aufgefaßt sein. Bei ihnen werden jedoch die labialisierten Konsonanten als freie Varianten auch bei anderen Formen gebraucht. Nimmt man an, daß auch hier die Lautveränderungen durch den Einfluß von -(*ụ́*)*wà* hervorgerufen wurde, so wäre weiter anzunehmen, daß die Veränderung z.T. bereits lexikalisiert wurde, die labialisierte Variante also fakultiv auch als stammhaft behandelt werden kann.

2 Der Pronominalstamm *-yir-* wird immer mit weiten Vokalen realisiert (vgl. II, 2.4.3).
3 Vgl. die unter 2.2 (11)-(12) dargestellten Lautveränderungen.

(7) *lọọ-gụ̀* 'Größe, Anzahl, Standard Erreichen'
a lwáà ~ lọ́ọ̀ 'er hat die Größe erreicht' (def.)
a lọ́ọ́ ~ lwáá nẹrẹ̀ 'er hat die Größe eines Mannes erreicht'
yọọ-gụ̀ ~ ywaa-gụ̀ 'Werden, Wachsen'
a ywáà ~ yọ́ọ̀ 'er ist (etwas) geworden' (def.)
a yọ́ọ́ ~ ywáá nẹrẹ̀ 'er ist ein Mann geworden'
kọọ-gụ̀ ~ kwaa-gụ̀ 'Ablehnen, Hassen'
kọọ-yị ~ kwaa-yị (indef.).

Bei Verben mit transitiver Bedeutung ist Labialisierung bei gleicher Struktur und Vokalität nie - auch nicht als freie Variante - belegt.

(8) *kọọ-gụ̀* 'Mahlen' *kọ́ọ́-yị* (indef.)
a kọ́ọ́ 'sie hat gemahlen'
gọọ-gụ̀ 'Beenden, Enden' *a gọ́ọ̀* 'er hat beendet'
a gọ́ọ́-wà 'es ist beendet worden, es hat aufgehört' (Intr.).

Der Wechsel von /*ọ*/ nach nicht-labialisiertem Konsonant zu /*a*/ nach labialisiertem, tritt auch bei den Substantiven (9) auf. Diese Beispiele unterscheiden sich aber insofern von den vorhergehenden, als hier eine KVK- Struktur des Wortstammes gegeben ist.

(9) *ba-kwár-a* 'Kinder' (*kọr-kẹ-wa* 'Waisen')
ba-sọnọ̀ ~ ba-swanà / *ba-swana-à* '(Heirats)Vermittler'.

ba-sọnọ̀ ist m.E. von der indef. Form von *sọma* 'wissen, kennen' abgeleitet. Diese Form, die auch gewohnheitsmäßiges Tun ausdrückt, hat die Varianten *sọmị ~ sọnẹ*. Das Suffix des Singulars ist unklar (vgl. IV, 3.3.1.1 (14)), das des Plurals (Kl. 2) - bei dem nur die labialisierte Form vorkommt - hingegen ist eine regelmäßige Variante von *-wà*, wie sie bei vokalischem Stammauslaut auftritt (vgl. 2.2 (11)). Bei beiden Substantiven kann die Labialisierung, die jeweils mit einer Absenkung des Stammvokals verbunden ist, auf Suffixe mit /*a*/ zurückgeführt werden.

1.2 Palatalisierung

Die Suffixvariante der indef. Form *́-yị̀* (s. V, 3.3.1.2) führt bei dem Verb *cẹ'* zur Palatalisierung von /*c*/. Entsprechend ist auch die Realisierung des abgeleiteten Substantivs der Kl. 7 (Suffix *-ị̀*) palatalisiert. Die Aussprache der palatalisierten Formen kann allerdings variieren. Ein weiterer Beleg für Palatalisierung eines Konsonanten ist nicht bekannt.

(10) *cẹ'* 'sagen, sprechen'
cẹ́-yị̀ [cyẹ́-yị̀] ~ cẹ́ẹ́-yị̀ [cyẹ́ẹ́-yị̀] (indef.)
cẹ-yị̀ [cyẹ-yị̀ ~ cyẹ-ị̀] 'Rede, Ansprache'.

1.3 Assimilation bei Nasalen

1.3.1 Das präponierte Subjektspronomen der 1. Pers. Sg.

Das Subjektspronomen der 1. Pers. Sg. ist ein silbischer Nasal. Dieses Pronomen wird dem Verb präponiert, wobei die Artikulationsstelle des Nasals sich in der Regel an den Anlaut des Verbs assimiliert. Das Grundmuster ist hierbei:

[*m*] vor bilabialem Konsonant:

(11) *m móndo* 'ich habe vergessen'
m pẹ́ra 'ich habe gefragt'
m báa 'ich bin gekommen',

[*ŋ*] vor velarem Konsonant (einschließlich /*w*/) und /*a*/[4]:

(12) *ŋ kộ* 'ich habe gesehen'
ŋ gụ́rsa 'ich habe mich genähert'
ŋ wụ́lị̀ 'ich habe gegraben'
ŋ ángẹ̀ 'ich bin gegangen',

und [*n*] vor den übrigen Konsonanten mit der Varianten [*ny*] vor /*y*/ und [*ny*]:

(13) *n cị́yà* 'ich habe gegrüßt'
n swẹ́ẹ̀ 'ich habe gekickt'
n yáma ~ ny yáma 'ich habe gewartet'.

1.3.2 Der Wechsel von /*m*/ zu /*n*/

Die Mehrzahl der KVK- Verben, bilden die indef. Form mit dem Suffix -*ị* (vgl. V, 3.3). Bei einigen Verben, deren Stamm überwiegend auf /*m*/ auslautet, sind in der indef. Form - neben den 'regelmäßigen' Bildungen mit -*ị* - Varianten vorhanden, bei denen der Suffixvokal -*ẹ* lautet, wobei /*m*/ zu /*n*/ wird. Beispiele:

(14)	<u>def.</u>:		<u>indef.</u>:
	sọm-a	'wissen, kennen'	*sọm-ị* ° ~ *sọn-ẹ* °
	yam-à	'warten'	*yam-ị* ° ~ *yan-ẹ* °
	tụm-a	'schicken'	*tụm-ị* ° ~ *tụn-ẹ* °.

Wodurch diese Lautveränderung hervorgerufen wird, ist nicht ganz klar. Die Lautfolge [*mị*] ist in allen Positionen belegt. So lautet das Possessivsuffix der 1. Pers. Sg. bei den Kl. 1 und 3 stets -*mi*. Ebenso steht das Suffix der Kl. 6 -*ị̀* auch bei Substantiven, deren Wortstamm auf /*m*/ auslautet. Eine Lautveränderung tritt nicht auf. Beispiele:

(15) *sẹẹ-mi* 'meine Sachen'
ba-lam-à / ba-lam-ị̀ 'Raubvogelart'.

---

4 Vokalisch anlautende Verben sind nur für /*a*/ belegt.

Eine Erklärung für den Wechsel von /*m*/ zu /*n*/ der Beispiele (14) müßte somit beinhalten, daß bei der Bildung der indef. Form neben dem Suffix -*ị́* ein weiteres lautlich unterschiedliches Morphem vorliegt, das die Lautveränderung bei den Varianten bewirkt. Betrachtet man die Bildung der indef. Form bei Verben anderer Verbalklassen (vgl. V, 4.), so sind u.a. die folgenden Suffixvarianten festzustellen:

(16)	def.:		indef.:
	bị̀ (*bịy-ị̀* ?)	'schneiden'	*bị́-rẹ̀* (*bịy-ị́rẹ̀* ?)
	swar-ị́	'trocknen'	*swar-dẹ* ~ *swar-dị*
	swat-ị̀	'kastrieren'	*swat-ə̣́rẹ̀*.

Da die Varianten bei (14) alle einen Wechsel von bilabialem zu alveolarem Nasal sowie den Vokal -*ẹ* aufweisen, kann angenommen werden, daß diese Lautveränderung durch ein Suffix hervorgerufen wird, das lautlich mit den Suffixvarianten unter (16) in Beziehung steht, also ebenfalls das Merkmal [alveolar] besitzt.

Morphologisch und morphophonologisch besteht ein bemerkenswerter Zusammenhang zwischen der indef. Form und den Nominalklassensuffixen der Kl. 7. Von tonalen Unterschieden abgesehen, entsprechen sich die Mehrzahl der jeweiligen Suffixmorpheme einschließlich der Varianten. So ist z.B. auch die Ableitung des Verbs:

(17)	*tụm-a*	'schicken'	*tụm-ị́* ° ~ *tụn-ẹ* ° (indef.)
	tụn-ẹ / *tụm-a-ndị*	'Botschaft' (Kl. 7 / 8)	

im Singular in der Kl. 7. Es zeigt lautlich die gleichen Veränderungen wie die indef. Form. Im Plural (Kl. 8) kommt wieder das unterliegende Phonem des Wortstammes /*m*/ zum Vorschein. Im Unterschied zu den verbalen Formen (14), bei denen die Lautveränderung nur in Varianten auftritt, sind bei den Substantiven der Kl. 7 keine Varianten belegt, ja es ist nicht einmal ein einziges Beispiel vorhanden, das im Auslaut des Singulars einen bilabialen (oder alveolaren) Nasal mit folgendem Suffix -*ị̀* aufweist, obwohl das Suffix -*ị̀* das Konkordanzzeichen und eine der häufigsten Nominalsuffixvarianten dieser Klasse ist (vgl. IV, 3.3.4).

1.3.3 Der Wechsel von [*ŋ*] zu /*n*/

Im Zusammenhang mit der im voranstehenden Abschnitt beschriebenen Lautveränderung steht auch der Wechsel von [*ŋ*] zu /*n*/ bei der Bildung der indef. Form bei Pluralverben. Er tritt aber unter anderen Bedingungen auf. Im Unterschied zu den Beispielen (14), bei denen bei KV*m*- Verben Varianten mit der Folge [-*nẹ*] für die indef. Form vorkommen, sind bei KV*ŋ*- Verben keine vergleichbaren Formen belegt.

(18)	*cọŋ-à*	'einreiben'	*cọŋ-ị́* ° (indef.)
	yaŋ-à	'braten, rösten'	*yaŋ-ị́* ° (indef.).

Der Wechsel von [*ŋ*] zu /*n*/ ist aber bei allen Verben festzustellen, die mit dem Pluralsuffix -(V)*ŋ*- erweitert sind. Die indef. Formen dieser Pluralverben erlauben zwar bei der Qualität des Suffixvokals Varianten (*-ẹ* ~ *-ị*), nicht aber bei der Qualität des Nasals, der immer /*n*/ lautet. Diese Veränderung ist auch bei all den Verben belegt, die - wie das letztgenannte - strukturell einem Pluralverb gleichen (z.B. KVV-*ŋ*-), bei denen aber das nicht-erweiterte Verb unbekannt ist.

(19)	*gẹl-ẹŋ-à*	'zerbrechen' (Pl.)	*gẹl-ẹ́n-ẹ̀* ~ *gel-ẹ́n-ị̀* (indef.)
	wẹẹ-ŋ-à	'zerstreuen' (Pl.)	*wẹẹ́-n-ị̀* (indef.)
	cwaa-ŋ-à	'(aus)teilen'	*cwaá-n-ị̀* ~ *cwaá-n-ẹ̀* (indef.).

Die Lautfolge [*ŋi*] bzw.[*ŋị*] ist im Waja möglich. Eine der Suffixvarianten der Kl. 8 lautet *-ŋị* (s. IV, 3.3.4.1). Es kann somit auch hier davon ausgegangen werden, daß der Wechsel nicht auf den Einfluß des *-ị*, sondern ebenso wie unter 1.3.2 oben auf den Einfluß eines indef. Bildungsmorphems mit einen alveolaren Konsonanten zurückzuführen ist. Eine alternative Interpretation der Beispiele (19) wäre, für die indef. Form keine Veränderung der Qualität des Nasals, sondern einen def. / indef. Suffixwechsel *-ŋà* (~ *-ŋò*) / **-nẹ* ~ *-nị* bei Pluralverben anzunehmen. Ein Wechsel von [*ŋ*] zu /*n*/ tritt bei den pluralisch erweiterten Verben aber auch bei der Negation des Perfekts auf.

(20)	*a buloŋó ! nyịịma*	'sie haben Milch umgerührt' (Pl.)
	bulon-bu nyị́ịma	'sie haben Milch nicht umgerührt' (Pl.)
	a jaaŋá ! mwẹẹndị	'sie versuchten Bauen/Töpfern' (Pl.)
	jaanə̣-bụ °	'sie versuchten es nicht' (Pl.)
	a yáráŋà	'sie sind gefallen' (Pl.)
	yaran-bụ̀	'sie sind nicht gefallen' (Pl.).

Diese Lautveränderung kann als partielle Assimilation des Nasals [*ŋ*] an das /*b*/ des Negationssuffixes *-bụ* aufgefaßt werden. Vor *-bụ* findet Apokopie - nach einem Sonoranten - auch bei einigen nicht-erweiterten Verben statt (vgl. 3.). Die folgenden Beispiele sind zusätzlich mit dem Suffix der Altrilokals (s. V, 5.4) *-wẹ́* (die mit dem auslautenden Vokal verschmolzen ist) erweitert. Hier bleibt [*ŋ*] erhalten, wenn der folgende Suffixvokal nicht ausfällt oder zu [*ə̣*] reduziert wird.

(21)	*a yáráŋa-a*	'sie sind dort gefallen' (Pl.) (Altr.)
	yaraŋa-bụ °	'sie sind dort nicht gefallen' (Pl.) (Altr.).

1.4 Veränderungen bei pränasalierten Plosiven

1.4.1 Ausfall der Plosivität

Die Plosivität der pränasalierten Plosivlaute /*mb*/, /*nd*/ und /*ng*/ fällt in der Regel aus, wenn an den unmittelbar folgenden Vokal ein Suffix antritt, das mit /*mb*/, /*nd*/, /*ng*/ oder den Nasalen /*n*/ oder [*ŋ*] anlautet. Das Ergebnis dieser Lautveränderung ist ein einfacher Nasal, wobei die Artikulationstelle beibehalten wird. Beispiele sind:

- das Pluralsuffix *-ndị*:

(22) *kụmba-ŋ / kụma-ndị* 'Tontrommel'
kọnd-ọ̀ / kọn-ọ-ndị 'Exkremente'
jangá-ḿ / jaŋá-ndị 'Müdigkeit';

- die suffigierten Objektspronomen der 1. Pers. Sg. *-ngẹ* und der 2. Pers. Pl. *-mbẹr-*:

(23) *a mónó-ngé* 'er hat mich vergessen' *mondo* 'vergessen'
a mónó-mbə́r-ò 'er hat euch vergessen'
a nyị́ŋá-ngẹ́ 'er hat mich gefunden' *nyịnga* 'finden'
a túmó-mbə́r-ò 'er hat euch (die Sicht) verdeckt'
túmbó 'die Sicht verdecken';

- die Erweiterung *-na* des Objektspronomens der 1. Pers. Sg:

(24) *a tá-ŋə̣-na* 'er hat für mich gefangen'
a tá-ngẹ̀ 'er hat mich gefangen'
(vgl. *a tá-ngụ-wẹ* 'er hat für mich dort gefangen' (Altr.));

- die verbale Pluralerweiterung -(V)*ŋ*-:

(25) *tumbo*	'Sicht verdecken'	*tumo-ŋ-ò*	(Pl.)
kanga	'Hand aufhalten'	*kaŋa-ŋ-à*	(Pl.)
kwanda	'ein wenig nehmen'	*kwana-ŋ-à*	(Pl.) (def.)
		kwana-n-ẹ	(Pl.) (indef.).

Dieser Lautwandel tritt, wie die letztgenannte Form zeigt, auch in der indef. Form bei Pluralverben auf (vgl. 1.3.3). Suffigiertes */m/* bewirkt hingegen keine Veränderung.

(26) *kanga-mẹ̀* 'Backe' *kaŋa-ndị* (Pl.)
wandə̣-mà 'Dank' *wana-ŋà* 'danken'
a nyị́ngá-mẹ́nà 'er hat dich gefunden' (vgl. *a nyị́ŋá-ngẹ́* (23)).

Die Plosivität fällt nicht aus, wenn zwischen dem pränasalierten Plosiv und dem Suffix ein weiterer Konsonant steht.

(27) *gumbulo-ŋò* 'rollen' (Pl.)
tọmbọrọ-m / tọmbọrọ-ndị 'Schienbein'
də̣mbala-m / də̣mbala-ndị 'Kaurimuschel'.

Auch bei den folgenden Beispielen fällt der Plosiv (bzw. die Plosivität) nicht aus, wenn eines der unter (22)-(25) genannten Suffixe antritt.

(28) *bagụrə̣mbá-ị̀ / bagụrə̣mbá-ndị* 'Strohhut'
candụ / candụ-ndị 'Sitz, Stuhl'

kwamba	'aufschütten'	*kwamba-ŋà* (Pl.)
lamba	'(Haus)Tiere rufen'	*lamba-ŋà* (Pl.).

An anderer Stelle (s. II, 1.4) wurde bereits darauf hingewiesen, daß die Lautfolge Nasal+homorganer stimmhafter Plosiv nicht immer monophonematisch sein muß und somit auch Wortstämme mit der Struktur (-)KVN.KV(-) vorkommen können, bei denen diese Lautfolge vorliegt. Das Nichtauftreten der Lautveränderung bei den Lexemen unter (28) könnte darauf zurückgeführt werden, daß hier keine monophonematischen pränasalierten Plosive enthalten sind, sondern Konsonantenfolgen. Sie verhalten sich nämlich wie andere Wortstämme mit der Struktur KVN.KV-. Vgl.:

(29)	*dọmpó-ụ́ / dọmpọ́-ndị*	'Haumesser, Schwert'	
	nyịmta	'verschwinden'	*nyịmta-ŋà* (Pl.).

Inlautendes */nj/* kommt in Wortstämmen kaum vor; der einzige Verbalstamm mit */nj/* (30) zeigt - zumindest als Variante - eine entsprechende Lautveränderung vor der Pluralerweiterung -(V)*ŋ*- (vgl. (25) oben). Bei dem Substantiv (31) ist hingegen in der Pluralform vor dem Suffix *-ndị* keine Veränderung festzustellen.

(30)	*gonjo*	'umbiegen'	*gonjo-ŋò ~ gonyo-ŋò* (Pl.).
(31)	*canjị-mẹ̀ / canjị-ndị̀*	'Chamäleon'.	

1.4.2 Reduktion der Nasalität

Das Suffix *-ndị* kommt als Variante in mehreren Nominalklassen, die meist Plurale enthalten, vor. *-ndị* kann auch nach einem Nasal stehen und wird als (langsam gesprochene) Variante in dieser Position in der Regel auch so realisiert. Häufig (besonders bei schnellerer Aussprache) verschmilzt jedoch die Nasalität des pränasalierten Plosivs */nd/* mit der des vorausgehenden Nasal des Wortstammes.

(32)	*ba-pún-e / ba-pún-ndi ~ ba-púndi*	'Wunde am Zeh'
	ba-nyám-ẹ / ba-nyám-ndị ~ ba-nyámdị	'Regenbogen'
	yaŋ-ẹ̀ / yaŋ-ndị ~ yaŋdị	'Affe'.

Unklar ist deshalb, ob bei einigen mehrsilbigen Wortstämmen der Kl. 3 der Nasal des Singularauslautes als Suffix oder stammhaft aufzufassen ist. In letzterem Fall ist bei den folgenden Beispielen partielle Assimilation des Nasals an den Anlaut des Suffixes und anschließende Reduktion der Nasalität wie bei (32) anzunehmen.

(33)	*tẹlẹ́ḿ / tẹlẹ́ḿ-dị ~ tẹlẹ́-ndị*	'Giraffe' (vgl. Tan.: *tẹlẹm*)
	mẹsa-m / mẹsa-ndi	'Löwe'
	gọndọ-ŋ / gọnọ-ndị	'Krokodil'.

1.5 Veränderungen bei stammauslautendem /*l*/ bei Substantiven

Bei einer Gruppe von Substantiven, deren Wortstamm auf /*l*/ auslautet, tritt bei der Pluralbildung eine Veränderung des Stammauslautes auf. Bei mehrsilbigen Substantiven ist ein Wechsel von /*l*/ zum einschlägigen Allophon von /*r*/ ([*ɾ*]) zu beobachten.

(34) *kwambal-ẹ* / [*kwamba-ɾ-ị*] — 'Ziege'
kondol-e / [*kondo-ɾ-î*] — 'Erdnuß'
nyakal-ụ / [*nyaka-ɾ-ị*] — 'Herz, Solarplexus'.

Bei zweisilbigen Substantiven mit der Struktur KV*l*- hingegen, wird der Plural mit einer Lautfolge gesprochen, der möglicherweise ein alveolarer Approximant mit nachfolgendem einschlägigem Vibranten [*ɾ*], oder ein gelängter einschlägiger Vibrant zugrunde liegt. Der auditive Eindruck gleicht einer Vokallänge mit nachfolgendem einschlägigen [*ɾ*].

(35) *cul-o* / [*cuuɾi*] — 'Griff, Stiel'
kẹl-ụ / [*kẹẹɾị*] — 'unbearbeitetes Land'
kọl-ọ̀ / [*kọọɾị*] — 'Trommel,Tanz'
kwal-ụ / [*kwaaɾị*] — 'Seite'
mə̣l-à / [*mə̣ə̣ɾị*] — 'Jahr'.

Die Mehrzahl der Substantive, die diese Lautveränderung zeigen, sind im Singular in den Kl. 3, 3a und 5 enthalten. Die Plurale der Kl. 3 und 5 werden in der Regel mit dem Suffix *-ndị* (Kl. 4) und die der Kl. 3a mit *-ị̀* (Kl. 6) gebildet. Eine 'regelmäßige Pluralbildung' liegt nur bei wenigen dieser Substantive in Varianten vor (vgl. (35)):

(36) *cul-o* / *cul-ndi* — 'Griff, Stiel'
kẹl-ụ / *kẹl-ndị* — 'unbearbeitetes Land'.

Aus den Pluralvarianten (36) kann man entnehmen, daß die Suffigierung von *-ndị* nicht als Ursache dieser Lautveränderung in Betracht zu ziehen ist. Ebenso auszuschließen ist das Suffix *-ị̀* der Kl. 6. Abzuleiten ist dies zum einen aus der indef. Form der Verben (37), die ebenfalls durch Suffigierung von *-ị* gebildet werden. Sie zeigen deutlich, daß die Lautfolge [*lị*] im Auslaut in gleicher phonetischer Umgebung (vgl. (35)) durchaus zulässig ist.

(37) *cul-ó*	'(hin)absteigen'	*cul-i* ° (indef.)
kẹl-a	'herumlungern'	*kẹ́l-ị* ° (indef.)
gongul-o	'krümmen'	*gongul-i* ° (indef.).

Zum anderen kommen auch in den gleichen Klassenpaaren einige Substantive mit stammauslautendem /*l*/ vor, bei denen keine Lautveränderung auftritt. Beispiele:

(38) *cọl-à* / *cọl-ị̀* — 'Wanderheuschrecke'
pẹl-à / *pẹl-ị̀* — 'impotentes Haustier'.

Das Pluralsuffix der Beispiele (38) und das der Substantive (34)-(35), bei denen die Lautveränderung auftritt, unterscheidet sich aber auch tonal. Dies ist ein weiterer Hinweis, daß es sich hier nicht um das gleiche Suffixmorphem handeln kann. Im Nominalklassensystem des Waja kommt ein Suffix *-rị̄* als Nominalsuffix der Pluralklasse 10 vor. *-rị̄* tritt außerdem noch in der Kl. 11 bei einer kleinen Anzahl von Belegen auf. Beide Klassen sind allerdings mit anderen Konkordanzzeichen verbunden.[5] Der Kl. 11 gehören einige Substantive an, deren Wortstämme auch in anderen Klassen vorkommen. Dies ist auch bei den folgenden Substantiven anzunehmen:

(39) *tal-rị̄* [*taaɾị̄*]	'(das) Fremdgehen' (Kl. 11)
(vgl.: *tal-ẹ̄*	'Person, die fremdgeht' (Kl. 1))
pwal-rị̄ [*pwaaɾị̄*]	'Feige' (Kl. 11)
(vgl.: *pwal-gụ̀*	'Feigenbaum' (Kl. 9)),

bei denen in der Kl. 11 die gleiche Lautveränderung auftritt, wie sie bei (35) festzustellen ist. Bei (39) kann davon ausgegangen werden, daß die Suffixvariante der Kl. 11 *-rị̄* die Veränderung bewirkt hat. Entsprechend ist anzunehmen, daß die lautlichen Veränderungen in den Pluralformen (35) und wahrscheinlich auch (34) durch ein Suffix *-rị̄* hervorgerufen wurde. Allerdings bildet *-rị̄* den Plural sonst nur bei einem einzigen Substantiv der Kl. 5, dessen Wortstamm *nicht* auf /*l*/ auslautet:

(40) *wa-ị̄ / wa-rị̄*	'Arm, Hand' (Kl. 5/?)[6].

Die Lautveränderung und ihre Gesetzmäßigkeit ist demnach wie folgt zu beschreiben: Tritt (bei Substantiven) ein Suffix *-rị̄* an einen Wortstamm, der auf /*l*/ auslautet, assimiliert /*l*/ an den Vibranten /*r*/ des Suffixes, der einschlägig [*ɾ*] realisiert wird. Hierdurch erscheint der vorausgehende Vokal gedehnt.[7] Bei dreisilbigen Wortstämmen (34) tritt im Plural keine Länge bzw. Dehnung auf, der Vibrant wird allerdings auch hier einschlägig realisiert. Somit ist anzunehmen, daß hier ursprünglich derselbe Prozeß stattgefunden hat wie bei den Pluralen der zweisilbigen Lexeme (35), der assimilierte Lateral jedoch ausgefallen sein muß, bzw. die Dehnung durch die Quantität der Silbenstruktur eine Verkürzung erfahren hat. Die Einschränkung, nach der Vokallängen nur nach dem ersten Konsonant eines Wortstammes im Inlaut und ansonsten nur im Auslaut stehen können (s. II, 2.3), gilt demnach auch hier. Nur nach dem ersten Konsonant des Wortstammes tritt die Dehnung auf; bei den mehrsilbigen Beispielen, ist sie nicht festzustellen

5 Die Konkordanzaffixe der Kl. 10 und 11 lauten *tụ́-* und *-ị́*, die der Kl. 4 und 6 *sụ́-* und *-ị̀*.

6 Der Plural wird in der Konkordanz wie ein Substantiv der Kl. 4 oder 6 behandelt. Beide Klassen haben die gleichen Konkordanzmorpheme, werden aber am Substantiv durch die Suffixe *-ndị̄* (Kl. 4) und *-ị̀* (Kl. 6) unterschieden. Diese Unterscheidung kann weder bei diesem noch bei den anderen Belegen mit Suffix *-rị̄* erfolgen. Die Substantive der Kl. 5 und 3 bilden aber in der Regel den Plural mit *-ndị̄*. Vgl. IV, 3.

7 Im Bergwaja bleibt in den Pluralen der Lateral erhalten, wird aber geminiert. Vgl. *mọ̄l-a / mọ̄l-lị̄* 'Jahr'. Hier ist eine Assimilierung des /*r*/ an den Lateral anzunehmen. Die Entsprechung ist regelmäßig. Vgl. Bergwaja: *cul-li* 'Griffe'; *kọ̄l-lị̄* 'Trommeln'; *kwal-lị̄* 'Seiten'.

Die Beispiele (41) zeigen aber, daß ein Unterschied zu einer Vokallänge (d.h. einer Folge zweier gleicher Vokale, vgl. II, 2.3) insofern besteht, als ein zentraler Vokal [ə̣], als kurzes zentralisiertes Allophon eines hohen Vokalphonems aufzufassen ist. Eine Länge sollte also das unterliegende Vokalphonem zum Vorschein bringen. Die Artikulation der Beispiele (41) läßt aber erkennen, daß hier nur phonetisch eine 'Vokaldehnung' gegeben ist, die Schreibung mit /l/ + /r/ erscheint daher gerechtfertigt. Sie entspricht der angenommenen phonematischen Struktur der Substantive (39) sowie der Pluralformen der zweisilbigen Substantive (35) und (41).

(41)	*mə̣l-à / mə̣l-rị [mə̣ə̣ṛị]*	'Jahr'
	tl-à / tə̣l-rị [tə̣ə̣ṛị]	'Schleuder'.[8]

Wie bereits angedeutet wurde, kommen einige weitere Beispiele, die ebenfalls eine Lautveränderung des stammauslautenden /l/ aufweisen, in anderen Nominalklassen vor. Auf den ersten Blick scheint die Pluralform dieser Beispiel auf andere als die oben dargestellten Gesetzmäßigkeiten hinzuweisen.

(42)	*swẹl-ị̀ / [swaa-ɾə̣-ŋị]*	'Stein'
	gal-ị̀ / [gaa-ɾə̣-ŋị]	'Eidechse'
	gọmtọl-ẹ / [gọmtọ-ɾọ-ŋị]	'Bulle, Ochse'.

Diese drei Substantive gehören im Singular der Kl. 7 an. Wie an anderer Stelle detaillierter ausgeführt ist (s. IV, 3.3.4), ist für den Plural dieser Klasse die Erstarrung alter Nominalsuffixe anzunehmen. Eines dieser Suffixe hat wahrscheinlich die lautliche Form -*r*V gehabt. Es ist heute nicht mehr operativ, aber bei einigen Substantiven als Bestandteil der Pluralform noch vorhanden. Das 'neue' Nominalsuffix *-ŋị* oder *-ndị* wird dann jeweils diesen 'alten Pluralzeichen' suffigiert.

(43)	*lẹ-ị̀ ~ la-ị̀ / la-ra-ndị*	'Hoden'
	gwẹ-ị (< gọ-ị̀) / gọ-rọ-ndị	'Stadt, Ortschaft'.

Die Lautveränderung in den Pluralformen (42) entspricht insofern dem Prozeß, wie er für die Beispiele (34)-(35) oben beschrieben wurde, als auch hier das Suffix, das die Veränderung bewirkt, mit /r/ anlautet. Ebenso tritt bei den zweisilbigen Wortstämmen (42) eine Vokaldehnung auf, bei dem dreisilbigen Wortstamm jedoch nicht. Die zusätzliche Veränderung der Vokalqualität bei 'Stein' kann aber nicht erklärt werden.[9]

Ein weiteres Substantiv zeigt ebenfalls einen Wechsel von /l/ zu [ɾ]. Abgesehen von der 'Regelmäßigkeit', daß bei mehrsilbigen Lexemen keine Vokaldehnung auftritt (vgl. (34)), kann die Realisierung des Plurals, der der Kl. 2 angehört, nicht gedeutet werden. Das Suffix der Kl. 2 lautet *-wà*.

(44)	*mə̣sàl / [mə̣sa-ɾ-aà]*	'traditioneller Titel'.

---

8 Zur Artikulation des Singulars s. II, 1.4.2.

9 Für den Bergdialekt von Degri wurde für 'Stein': *swịlị̀ / swaalị* notiert.

Eine Lautveränderung bei stammauslautendem /l/ ist im Verbalsystem nicht belegt. Die indef. Form wird bei einigen Verben mit den Suffixen *-rị* ~ *-(ị)rẹ* gebildet. Die Varianten nach /l/ lauten jedoch (wie nach Nasal und /r/) *-dị* ~ *-dẹ* (s. 1.6.2).

1.6 Veränderungen bei /r/

1.6.1 Ausfall von /r/ vor -*wà*

Das Konkordanzsuffix der Kl. 2 und 12 -*wà* verschmilzt bei Possessivkonstruktionen mit den Pronomen der 1. und 2. Pers. Pl. -*yir*- und -*mbər*-, wobei /r/ ausfällt.

(45)	*nụwá-yú-wà*	'unsere Leute'	*tịịma-yú-wà*	'unser Blut'
	(vgl. *laa-yír-ú*	'unser Haus'	*yịrị-yír-í*	'unsere Sache')
	nụwá-mbá-à	'eure Leute'	*tịịma-mbá-à*	'euer Blut'
	(vgl. *laa-mbə̣́r-ụ́*	'euer Haus'	*yịrị-mbə̣́r-ị́*	'eure Sache').

Der Plural des folgenden Substantivs, der nach der Kl. 2 mit dem Suffix -*wà* gebildet wird, weist eine vergleichbare Lautveränderung auf.

(46) *nẹr-ẹ̀ / nụ-wa* 'Mensch, Mann'.

1.6.2 Wechsel von /r/ zu /d/

Ein Wechsel von /r/ zu /d/ ist bei der Bildung der indefiniten Verbform (indef.) (47), einer Suffixvarianten der Nominalklasse 7 (48) sowie der suffigierten Fragepartikel *rụ̀* (49) zu beobachten. Die phonologischen Gegebenheiten sind jeweils gleich. Nach einem Wortstamm der auf /r/, /l/ oder einem Nasal auslautet, wird das Suffix, das in andererer Umgebung mit /r/ anlautet, mit /d/ realisiert. Beispiele:

(47)	*yik-ə-re*	'herausnehmen' (indef.)
	mwar-dẹ	'abschneiden' (indef.)
	dəl-de	'eine Last anheben' (indef.).
(48)	*bọọ-rẹ̀*	'Tod' (Kl. 7) (*bọọ-gụ̀* 'Sterben' (VN))
	mə̣ŋ-dẹ̀	'Schweiß' (Kl. 7) (*mə̣ŋ-wà* 'schwitzen')
	ba-swár-dẹ̀	'Holzwerkzeug' (Kl. 7) (*swar-a* 'schnitzen').
(49)	*a báá rụ̀*	'er ist gekommen? = ist er gekommen?'[10]
	ma bam̃ dụ̀	'bist du gekommen?'
	ma kọ gun dù	'hast du Ziegen gesehen?'.

10 Bei der Fragepartikel ist die disjunkte Schreibweise vorzuziehen, auch wenn die Verbindung mit dem jeweils letzten Wort als eng anzusehen ist, was ja auch durch den Lautwandel deutlich wird.

2. LAUTVERÄNDERUNGEN bei VOKALEN

Eine Veränderung der Qualität bei Vokalen resultiert überwiegend daraus, daß an den auslautenden Vokal eines Wortes ein lautlich verschiedener Vokal suffigiert wird.[11] Die Veränderung findet in der Regel nur bei dem Vokal statt, an den das Suffix antritt.

2.1 Veränderung der Vokalqualität durch hohe Suffixvokale

Wird einem vokalisch auslautenden Wort ein Morphem, dem ein hoher Vokal zugrunde liegt, suffigiert, so lassen sich bei nicht-hohen Vokalen die folgenden Lautveränderungen beobachten:

(1)	*/ọ/ + -/ị/ > ẹị*	*/o/ + -/i/ > ei*
	/ẹ/ + -/ụ/ > ọụ	*/e/ + -/u/ > ou*
	/a/ + -/ị/ > ẹị ~ aị,	

von denen die letztgenannte häufig nur in Varianten vorkommt. Beispiele:

(2)	*kunéì* (< *kunó-ì* / *kunó-ŋi*	'Schenkel'
	dọ-yẹ́-ị̀ (< *dọ-yọ́-ị̀*)	'der, die, das Seinige' (Kl. 7)
	deróú (< *deré-ú*) / *deré-ndi*	'Narbe'
	cẹrọ́ụ́ (< *cẹrẹ́-ụ́*) / *cẹrẹ́-ndị*	'Brache'
	gụla-ì ~ gụlẹ-ì / *gụla-ŋị*	'Busch'
	wa-ị / *wa-rị*	'Arm, Hand'.

Ein auslautender hoher Vokal assimiliert sich an die Qualität eines folgenden hohen Suffixvokals, wenn dessen Qualität unterschiedlich ist. Werden beide Vokal der so entstandenen Vokalfolge tonal gleich realisiert, wird die Länge meist reduziert.

(3)	*/ụ/ + -/ị/ > ịị ~ ị*	*/u/ + -/i/ > ii ~ i*
	/ị/ + -/ụ/ > ụụ ~ ụ	*/i/ + -/u/ > uu ~ u.*

Beispiele:

(4)	*dundi gúndì* (< *gúndù-ì*)	'Topf des Wassers'
	yụụ-mú (< *yụụ-mí-ú*)	'meine Matte'
	sou tángụ̀ (< *tángị-ụ̀*)	'Baum der Rinder'
	kań tangị́ị̀ ~ kan tángị̀	'Raum der Rinder, = Rinderstall'
	yịr tụ sọ́m-bị́ (< *sọ́m-bụ́-ị́*)	'das Ding, das (er) nicht kennt'[12].

Bei KV- Wortstämmen mit auslautendem */u/* oder */ụ/* löst Suffigierung von *-ị́* zusätzlich Labialisierung des anlautenden Konsonanten aus (s. 1.1.1).

---

11 Lautveränderungen, die die Vokalklasse der (Affix)Vokale betreffen, sind unter II, 2.4 behandelt.

12 Das Subjektspronomen der 3. Pers. Sg. lautet in der Negation des Perfekts ø. *yịrị* 'Ding, Sache' hat die Konkordanzaffixe *tụ́-* und *-ị́*.

Tritt ein hoher Suffixvokal an eine Vokalfolge an, so wird entweder der auslautende Vokal der Folge zu einem Halbvokal:

(5)	*mịy-ụ / mịị́-rị*	'Stimme'
	bọw-ụ̀ (< bọọ-ụ̀) / bọọ-rị	'Loch'
	kwẹy-ụ / kwẹẹ-ndị	'Dach des Speichers'
	gundu yọ́w-ụ̀ (< yọ́ụ-ụ̀)	'Wasser des Flußes'

oder das Suffix wird mit einem Halbvokal angefügt:

(6)	*swaa-wụ / swaá-rị*	'Schwanz'
	naa-yị	'trinken' (indef.)
	kọ́ọ́-yị	'mahlen' (indef.)
	bwala láá-wụ̀ (< láá-ụ̀)	'Feuer des Hauses'.

2.2 Veränderung der Vokalqualität durch Suffixe, die mit einem Halbvokal anlauten

Vokalveränderungen werden in einigen Fällen auch von Suffixen ausgelöst, die mit einem Halbvokal anlauten. Bei KV- Wortstämmen, bei denen V ein hinterer Vokal ist, kann durch Suffixe mit anlautendem /*y*/ zusätzlich Labialisierung ausgelöst werden (Beispiele sind im Abschnitt 1.1.1 oben enthalten).

Bei KV- Verben mit Stammvokal /*a*/ verschmilzt das Suffix der def. Form -*ya* mit dem Verbalstamm, wobei der Stammvokal /*a*/ angehoben und gleichzeitig nach vorne verschoben (palatalisiert) wird. -*ya* wird nur in Pausastellung suffigiert.

(7)	*a pẹẹ (< pa-ya)*	'er hat gestampft'
	a pa nááwụ̀	'er hat mit dem Fuß gestampft'
	a tẹ́ẹ̀ (< tá-yà)	'er hat (es) gefangen'
	a tá-ngẹ̀	'er hat mich gefangen'.

Tritt die Altrilokal-/Ventiverweiterung (Altr.) -*wẹ́* (s. V, 5.4) an ein KV- Verb mit hohem Stammvokal an, wird der Vokal stets hinten realisiert.

(8)	*a bí-yò*	'sie hat (es) geboren'
	a bə búya	'sie hat ein Kind geboren'
	a bú-wé	'sie hat (es) dort geboren' (Altr.)
	a pị́-yà	'sie hat (es) gepflanzt'
	a pə jámà	'sie hat Hirse gepflanzt'
	a pụ́-wẹ́	'sie hat (es) dort gepflanzt' (Altr.).

Nach nicht-hohen Vokalen assimiliert -*wẹ́* an den auslautenden Vokal:

(9) *a kọ °* 'er hat gesehen' *a kọ́-ọ́* (Altr.)
a jẹ ° 'er hat gegessen' *a jẹ́-ẹ́* (Altr.)
a ta báị 'er hat einen Hund gefangen' *a ta-a baị* (Altr.).

Die Intransitiv-/Passiverweiterung (Intr.) -*(ụ́)wà* (s. V, 5.5) kann bei einigen KVV-Verben als Ursache für die Absenkung der Stammvokale von /*ọ*/ zu /*a*/ angesehen werden. Dieser Prozeß, bei dem zusätzlich der anlautende Konsonant labialisiert wird, wurde bereits unter 1.1.2 dargestellt. Bei KV- Verben mit hohem Vokal wird durch Suffigierung dieser Erweiterung der Vokal hinten realisiert (vgl. (8)). (Zur Geminierung von /*w*/, die nur bei KV- Verben auftritt, vgl. auch II, 1.1.3.2).

(10) *a bú-w-wà* 'er ist geboren worden'
a pụ́-w-wà 'es ist gepflanzt worden'.

Tritt das Suffix der Pluralklasse 2 -*wà* an ein Substantiv an, das auf einen nicht-hohen Vokal auslautet, verschmilzt -*wà* mit dem auslautenden Vokal, wobei /*w*/ ausfällt und der Vokal abgesenkt wird.

(11) *ba-gụlà / ba-gụla-à* 'Jäger'
wụtụkọlọ / wụtụkọla-a 'Witwe'
kerəmò / kerəma-à 'blinde Person'
kẹwẹ ~ kẹwa / kẹwa-a 'Sklave'.

Das Konkordanzsuffix der Kl. 2 und 12 lautet ebenfalls -*wà*. Bei den Possessivkonstruktionen (12) verschmilzt -*wà* entsprechend den Beispielen (11) mit dem auslautenden Vokal der Pronominalstämme, wobei /*ọ*/ jeweils abgesenkt wird:

(12) *tịị-mà* 'Blut'
tịị-ma-má-à (< -*mọ́-wà*) 'dein Blut'
tịị-ma-yá-à (< -*yọ́-wà*) 'sein Blut'.

Die Form, die mit dem Pronomen der 1. Pers. Sg. gebildet ist, zeigt die gleiche Vokalveränderung wie sie bei den Beispielen (8) und (10) auftritt:

(13) *tịị-ma-mú-wà* (< -*mí-wà*) 'mein Blut'.

3. VOKALELISION

Im Waja kann der auslautende Vokal eines Wortes ausfallen, wenn der Vokal nicht in Pausa steht und er
- entweder nach der Struktur (..)KVK_2-, bei der K_2 ein Sonorant ist, steht;
- oder einem weiteren Vokal mit unterschiedlicher Qualität folgt.

Da Wortbildungselemente überwiegend suffigiert werden, sind hauptsächlich Suffixvokale hiervon betroffen.

3.1 Vokalelision nach konsonantischen Sonoranten

Elision kann vor Morphem- und vor Wortgrenzen stattfinden. Im letzteren Fall muß zum folgenden Wort aber eine enge syntaktische Beziehung gegeben sein; so können Suffixvokale bei Verben vor Objekten, bei Substantiven vor Attributen und - in der Stellung als Subjekt - vor dem Verb ausfallen. Der Ton, der auf dem ausgefallenen Vokal realisiert wurde, bleibt erhalten. Er kann als freier Ton die nachfolgende Silbe beeinflussen (s. II, 4.2)

(1)	*a dúm-ò*	'er hat gebissen'
	dum-bù	'er hat nicht gebissen'
	cọọgẹ̀ a dúm ! baị	'die Schlange hat den Hund gebissen'
	wutə́r-è	'Wind'
	wutə́r ! báá	'der Wind ist gekommen',

oder er geht auf den vorausgehenden Sonoranten über. Der letztere Fall ist die Ursache für die Mehrzahl aller silbischen tontragenden Sonoranten innerhalb der Sprache.

(2)	*a wum-í*	'hochheben'
	a wuḿ yụụ	'er hat die Matte hochgehoben'
	tanga-mi	'meine Kuh'
	tanga-ḿ báá	'meine Kuh ist gekommen'
	gul̩-e	'Stück'
	guĺ-mi	'mein Stück'.

Nicht jeder (Suffix)Vokal, auf den die bisher beschriebenen Bedingungen zutreffen, kann aber gleichermaßen ausfallen; Unterschiede sind hinsichtlich der Qualität einerseits, der tonalen Realisierung andererseits sowie der Wortart, bei der er auftritt, festzustellen. Während vordere Suffixvokale unter den genannten Bedingungen in der Regel elidiert werden:

(3)	*a gẹ́l-ị̀*	'er hat (es) gebrochen'
	gẹl-bụ̀	'er hat (es) nicht gebrochen'
	a gẹ́l ! gọngə̣́lị́	'er hat Kolanüsse gebrochen'

nẹr-ẹ̀	'Mensch, Mann'
nẹr wụnà	'dieser Mann'
kan-ẹ	'Hütte, Raum'
kan cwíyéí	'Hühnerhaus'
al-ị	'Suppe, Sauce'
al tə̣ tə̣ŋ	'Suppe von Wohlgeschmack'
bə-re	'gebären' (indef.)
puure yáá bər kwámbalẹ	'Schaf gebiert keine Ziege',

fallen /ọ/ und /o/ und /a/ nur unter zusätzlichen Bedingungen aus. Bei Substantiven werden sie im allgemeinen nicht elidiert.

(4)	*gun-ò (/ gun-ì)*	'Ziege'
	gun-o wụnà	'diese Ziege' (vgl. *gun sə̣nà* (Pl.))
	gun-o-mi	'meine Ziege'
	cụn-a (/ cụn-di)	'Axt'
	cụn-a-mi	'meine Axt'
	cụn-a pọ́ọ̀	'Axtsorte'
	cul-o (/ cul-ri)	'Griff, Stiel'
	cul-ó lakị-míì	'der Griff meiner Hacke'
	kọsə̣́l-ọ̀ (/ kọsə̣́l-ị̀)	'Gefäß zum Spinnen'
	kọsə̣́l-ọ-mi	'mein Spinngefäß'.

Einzige Ausnahme bildet das Lexem, mit dem das Mehrfache von Zehn bei Zahlwörtern gebildet wird. In der Zusammensetzung mit den Grundzahlen fällt vor einigen Zahlen der auslautende Vokal /a/, vermutlich das Suffix, aus:

(5)	*kụná rọ́p*	'Zwanzig'
	kụná kúnoŋ	'Dreißig'
	kụn nị́ị	'Vierzig'
	kụn tọ́ọ́rọ	'Neunzig'.

Im Gegensatz zu der Situation bei Substantiven werden bei Verben Suffixvokale /a/ und /o/ unter bestimmten Voraussetzungen apokopiert. So kann bei einfachen (= nicht-erweiterten) Verben das Suffix der def. Form (*-a* ~ *-o*) vor einem weiteren Suffix oder einem Objekt ausfallen, wenn es in Pausa tieftonig realisiert würde und die eingangs dargestellten Bedingungen gegeben sind. Unter (6) sind einige einfache Verben dargestellt, für die aus der Form des Verbalnomens (VN) die Struktur KVK- abzuleiten ist. In der def. Form, hier in der Form der 3. Pers. Sg. Perfekt angegeben, ist in Pausastellung jeweils das entsprechende Suffix vorhanden. Die Negation des Perfekts wird mit dem Suffix *-bụ* gebildet und hat in der 3. Pers. Sg. das Subjektspronomen ø. In der Negation fällt das Suffix vor *-bụ* aus, wenn es im def. in Pausastellung einen Tiefton (T) trägt. Hochtonig (H) und nicht-hochtonig (NH) realisierte Suffixe bleiben hingegen in der Regel erhalten.

(6a)	def.:	Negation:	VN:	
H:	*a cẹ́n-á*	*cẹna-bụ* °	*cẹn-gụ̀*	'feindselig werden'
	a káŋ-á	*kaŋa-bụ* °	*kaŋ-gụ̀*	'bedecken, zu-'
	a dọ́m-á	*dọma-bụ* °	*dọm-gụ̀*	'sich sorgen'
	a jul-ó	*juló-bu* °	*jul-gù*	'absteigen'
	a yar-á	*yará-bụ* °	*yar-gụ̀*	'landen'.

(6b)				
NH:	*a par-a*	*para-bụ* °	*par-gụ̀*	'gießen'
	a cịm-a	*cịma-bụ* °	*cịm-gụ̀*	'festhalten'
	a ciŋ-o	*ciŋo-bu* °	*ciŋ-gù*	'niederdrücken'
	a cel-o	*celo-bu* °	*cel-gù*	'bitten, betteln'.

(6c)				
T:	*a tẹ́n-à*	*tẹn-bụ̀*	*tẹn-gụ̀*	'kaufen'
	a pọ́ŋ-à	*pọŋ-bụ̀*	*pọŋ-gụ̀*	'folgen'
	a dúm-ò	*dum-bù*	*dum-gù*	'beißen'
	a yár-à	*yar-bụ̀*	*yar-gụ̀*	'fallen'.

Ausnahmen, bei denen jeweils das Suffix NH realisiert wird, aber in der Negation ausfällt, sind:

(7)	def.:	Negation:	VN:	
	a rụm-a	*rụm-bụ* °	*rụm-gụ̀*	'stinken, riechen'
	a tụm-a	*tụm-bụ* °	*tụm-gụ̀*	'senden, schicken'
	a sọm-a	*sọm-bụ* °	*sọm-gụ̀*	'kennen, wissen'.

Diese drei Verben, die alle auf /*m*/ auslauten, zeigen auch bei der Bildung der indef. Form morphologische Gemeinsamkeiten mit einigen der Verben (6c). Der Stammauslaut /*m*/ kann aber nicht das einzig entscheidende Merkmal sein, das diese drei von den übrigen Verben unter (6b) abhebt, da noch weitere Verben mit auslautendem /*m*/ belegt sind, bei denen - wie unter (6b) - das Suffix vor *-bụ* erhalten bleibt:

(8)	def.:	Negation:	VN:	
	a sum-o	*sumo-bu* °	*sum-gù*	'zudecken'
	a yam-a	*yama-bụ* °	*yam-gụ̀*	'auspressen'.

Vor einem Objekt fällt das Suffix *-a* ~ *-o* unter den gleichen Voraussetzungen wie vor *-bụ* (6)-(7) aus. Beispiele:

(9)		
	a káŋá laayọ́ụ́	'er bedeckte sein Haus' (vgl. 6a)
	a juló sowu	'er ist vom Baum gestiegen' (vgl. 6a)
	a para párị	'es hat Eier gelegt' (vgl. 6b)
	a sọm ńẹ́rẹ̀	'er kennt den Mann' (vgl. (7)
	a dúm ! nẹrẹ̀	'er hat den Mann gebissen' (vgl. 6c)
	a tẹ́n ! yụụ	'er hat eine Matte gekauft' (vgl. 6c).

Bei den mit dem Pluralmorphem -Vŋ- erweiterten Verben fällt das Suffix *-a ~ -o* vor *-bụ* zwar immer aus (10), bleibt aber vor einem Objekt - unabhängig vom Ton - in der Regel erhalten (11).

(10) <u>def.</u>:	<u>Negation</u>:[13]	
a buloŋ-ô	*bulon-bu* °	'umrühren'
a gámáŋ-à	*gaman-bụ̀*	'einsammeln'.

(11)	*a bulo-ŋ-ó ! nyịịma*	'er hat die Milch umgerührt'
	a gámá-ŋ-à ! sowi	'er hat Holz gesammelt'.

Objektspronomen werden dem Verbalstamm suffigiert. Das Suffix *-a ~ -o* der def. Form tritt ans Ende der Konstruktion. Während *-a ~ -o* bei direkten Objektspronomen (12) in der Regel tieftonig realisiert wird, wird es nach indirekten Objektspronomen (13) normalerweise NH gesprochen. Ausfallen kann es in beiden Fällen gleichermaßen, z.B. vor einem Suffix oder einem weiteren Objekt, wenn auch die eingangs genannten Bedingungen gegeben sind.

(12)	*a sụ́ká-mə̣n-à*	'er hat dich gestoßen'
	sụka-mə̣n-bụ̀	'er hat dich nicht gestoßen'
	a sụ́ká-yír-ò[14]	'er hat uns gestoßen'
	sụka-yír-bù	'er hat uns nicht gestoßen'.

(13)	*a cúm-ŋən-o*	'er hat mir/für mich geschmiedet'
	a cúm-ŋən kẹ́nẹ̀	'er hat mir Eisen geschmiedet'
	a bụụ-ŋə̣n-a	'er hat für mich geschlagen'
	a bụụ-ŋə̣n mộ	'er hat dich für mich geschlagen'.

Die bisherige Darstellung hat gezeigt, daß Vokalelision bei */o/*, */ọ/* und */a/* viel stärker konditioniert ist, als bei den vorderen Vokalen. Bleibt das Verhalten der hohen hinteren Vokale hinsichtlich dieser Frage darzustellen. Vokalsuffixe *-ụ* (bzw. *-ụ́*, *-ụ̀*) kommen nur im Nominal(klassen)system vor. Die Belege zeigen, daß *-ụ* häufig ausfällt und sein Verhalten überwiegend dem der vorderen Vokale entspricht.

(14)	*kwal Yámbáụ́*	'Seite Gottes'	*kwal-ụ*	'Seite; Hüfte'
	lẹm cwíyóú	'Hühnerfeder'	*lẹm-ụ*	'Netz; Feder'
	ciŋ dọŋba kə̣nà	'dieser Berg von Dong'	*ciŋ-u*	'Berg'
	bwala kanụ́ụ̀	'Feuer der Hütte'	*bwala-ụ̀*	'Feuer'
	jwal-ụ-mû	'mein Stab'	*jwal-ụ̀*	'Stab.

Allerdings kann bei einigen Beispielen aufgrund des Singular- / Pluralsuffixwechsels - im Gegensatz zu der Situation bei den anderen Vokalen - nicht beurteilt werden,

---

13 Zur Lautveränderung des Nasals s. 1.3.3.

14 Der Pronominalstamm *-yír-* wird immer mit weiten Vokalen realisiert (vgl. II, 2.4.3).

ob der auslautende Vokal Suffix oder Stammvokal ist, so daß eine genauere Darstellung der Bedingungen, unter denen Apokopie bei hohen hinteren Vokalen auftritt, momentan noch nicht möglich ist.

3.2 Ausfall des auslautenden Vokals einer Vokalfolge

Der auslautende Vokal einer Vokalfolge unterschiedlicher Vokalqualitäten (Diphthong) kann ausfallen, wenn ein weiteres Morphem oder - z.B. bei einer Possessivkonstruktion - ein weiteres Wort folgt. Wie unter II, 2.3.2 dargestellt, sind auslautende Diphthonge überwiegend durch den Antritt eines hohen Suffixvokals an einen nicht-hohen Vokal bedingt. Dieser Suffixvokal fällt vor einem Possessivpronomen in der Regel wieder ab.

(15)	*wụrẹ-ị̀ ~ wụra-ị̀*)	'Arbeit'	*wụra-míì*	'meine- '
	bəndó-ú	'Speicher'	*bəndó-mú(ú)*	'mein- '
	bwala-ụ̀	'Feuer'	*bwala-múù*	'mein- '
	bwala kanụ́ụ̀	'Feuer des Raumes'		
	pwala dúrúmbolòm	'der Mond (ist) rund' (*pwala-ụ* 'Mond').		

In anderen Konstruktionen kann die Vokalfolge aber auch erhalten bleiben.

(16)	*bəndóú wụ mə̣́lgaụ*	'alter Speicher'
	kulóu balambaụ	'Schatten der Oberhäupter, Sonnenschirm'
	diyou sowú	'auf dem Baum (= Oberseite des Baumes)'.

4. VOKALEPENTHESE

Bei der Bildung der verschiedenen grammatischen Formen ist häufig zu beobachten, daß vor einem konsonantisch anlautenden Suffix ein Vokal eingefügt wird. Hierdurch werden zum einen in der Sprache nicht zulässige Konsonantenfolgen vermieden, die durch einen hohen meist zentralisierten Vokal aufgelöst werden.

(1)	*booc-u / booc-ə-ri*	'Nase'
	swat-ə̣-gụ̀	'Kastrieren'
	tuk-ə-gù	'Verstecken'
	twiig-è / twiig-ə-ndi	'Holzkohle'
	ciŋ-u / ciŋ-ə-ri	'Berg'
	mər-ì / mər-ə-ŋi	'Muskel'.

Zum anderen scheint Vokalepenthese aber auch ein allgemeineres Merkmal der Pluralbildung bei Substantiven zu sein. Unter (2) tritt jeweils vor dem Pluralsuffix ein (epenthetischer) Vokal auf. Er folgt in der Qualität dem Stammvokal, wobei an Stelle eines hohen Vokal jeweils der entsprechende Vokal mittleren Öffnungsgrades gebraucht wird.

(2)	*kan-ẹ / kan-a-ndị*	'Raum, Zimmer'.
	kẹn-ẹ̀ / kẹn-ẹ-ndị	'Eisen; Geld'
	cin-è / cin-e-ndi	'Schuld; Wirbelwind'
	bun-e / bun-o-ndi	'Wunde'
	par-ẹ̀ / par-a-ndị	'Sumpf; See'

Die beiden folgenden Beispiele zeigen in den Pluralvarianten Belege für beide Arten der Vokalepenthese.

(3)	*kọr-ẹ / kọr-ə̣-ŋị ~ kọr-ọ-ndị*	'Huf'
	dər-e / dər-ə-ŋi ~ dər-e-ndi	'Dreck'.

IV MORPHOLOGIE DES NOMENS

1. EINLEITUNG

Das Waja besitzt ein Nominalklassensystem und gehört damit zu dem Sprachentypus der Klassensprachen. Dieser ist nach dem Lexikon der Afrikanistik (1983)[1]:

> "... dadurch gekennzeichnet, daß die Nomina durch bestimmte Affixe ... in mehrere Kategorien bzw. formale Gruppen eingeteilt werden. ... Mit den Nominalklassen verbinden sich Unterscheidungen im Numerus (Singular, Plural, Dual, Kollektiv, Individualis) und auch semantische Unterschiede (Personen, Sachen, Tiere, ... Abstrakta, räumliche Positionen usw.). Klassenaffixe werden entweder präfigiert ... oder suffigiert. ... Im Satz abhängige Wörter stehen in Konkordanz zur Klasse des herrschenden Nomens. Diese wird entweder durch Wiederholung der Klassenaffixe des herrschenden Nomens an den abhängigen Wörtern oder durch eigene Konkordanzaffixe ausgedrückt." (1983: 129-30).

Nach der gleichen Quelle ist die Konkordanz ein:

> "... syntaktisches Bildungsprinzip, demzufolge abhängige Wörter im Satz ihre syntaktische Zugehörigkeit zum herrschenden Nomen durch die Wahl bestimmter Affixe ..., die in Numerus und Genus oder Nominalklasse dem herrschenden Nomen entsprechen, anzeigen." (1983: 134).

Im Waja wird die Klassenzugehörigkeit am Substantiv - diese Bezeichnung wird hier bevorzugt - durch Suffixe markiert. Konkordanz wird, je nach Bildung, entweder durch Präfixe oder Suffixe oder auch gleichzeitig durch Präfixe und Suffixe angezeigt. Legt man die Unterschiede der Nominalsuffixe (unter Berücksichtigung phonologischer Varianten) zugrunde, so ist die Anzahl der Nominalklassen weitaus höher, als durch unterschiedliche Konkordanzaffixe ermittelt werden können. Man kann davon ausgehen, daß im Waja - wie auch in anderen Klassensprachen - das Klassensystem modifiziert ist und einzelne Klassen, die zu einem früheren Zeitpunkt durch unterschiedliche Nominal- <u>und</u> Konkordanzaffixe differenziert wurden, in der Konkordanz zusammengefallen sind. De Wolf (1971) stellt für das Benue-Congo in seiner Schlußbetrachtung fest:

> "A second question, namely whether Greenberg's statement [Greenberg (1966: 9)] that "the drift in Niger-Congo has been in the direction of the simplification of the nominal classification system" applies to Benue-Congo as well, can equally be answered affirmatively, since this simplification virtually always materializes as far as the number of classes is concerned..." (1971: 188).

---

1 Jungraithmayr, H. und W. J. G. Möhlig (Hrsg.). 1983. Lexikon der Afrikanistik.

Zu einem differenzierteren, aber in die gleiche Richtung weisenden Ergebnis, kommt Miehe (1991) in ihrer umfangreichen Untersuchung der Nominalklassensysteme des Benue-Congo und Kwa:

> "Innerhalb des Gesamtsystems des Zusammenspiels von Nominalpräfixen und der Konkordanz scheinen die Präferenzen bei den Entwicklungsprozessen unterschiedlich gelagert zu sein. Der Abbau von morphosyntaktischen Funktionen bedingt logischerweise auch den Abbau von Konkordanzformen. ... Fallen Nominalpräfixe zusammen, können sie dennoch durch verschiedene Konkordanzzeichen weiter differenzierbar bleiben. ... Es ist auch der umgekehrte Prozeß zu beobachten, daß ursprünglich verschiedene Konkordanzzeichen zusammengefallen sind, d.h. ein Konkordanzzeichen vorherrschend wurde. Dieser Prozeß ist offenbar häufig in den Pluralklassen abgelaufen ..."(1991: 358).

Für die Benue-Congosprachen liegen 'Protosysteme' - durch die vergleichenden Arbeiten u.a. von Meinhof (1906), Meeussen (1967), Guthrie (1967-71) und De Wolf (1971) - bereits vor, an Hand derer der Abbau bzw. der Zusammenfall einzelner Nominalklassen ermittelt werden kann. Ein vergleichbares 'Bezugssystem' ist bislang für das Waja noch nicht gegeben.[2] Nominalklassensysteme mit Konkordanz sind im Trans-Benue bisher nur von den Sprachen der 'Wajagruppe' und dem Longuda belegt (vgl. Jungraithmayr (1968/69)), von denen das Waja neben dem Longuda noch die meisten Klassen und Klassenpaare aufweist. Das Sprachmaterial von Meek (1931) für die Sprachen der Yungurgruppe - nach Bennett (1983) ebenfalls dem Trans-Benue zuzurechnen - zeigt bei einigen Substantiven einen Singular- / Pluralsuffixwechsel, der auf Nominalklassen schließen läßt. Aus Meeks Material geht jedoch nicht hervor, ob in diesen Sprachen auch Konkordanz vorhanden ist.

2 Vgl. hierzu I, 3.9 der Einleitung.

2. Das SUBSTANTIV

Jedes Substantiv des Waja gehört einer bestimmten Nominalklasse an. Diese Zugehörigkeit wird morphologisch durch ein dem Substantiv suffigiertes Klassenzeichen, markiert. Einige Wortstämme kommen in mehreren Klassen vor, wobei die Bedeutung jeweils der Semantik der Klasse entsprechend variiert. Mittels der nominalen Klassenzeichen erfolgen auch deverbale Ableitungen. Beispiele:

(1)	*kuw-è*	'Dieb' (Kl. 1)	*kuu-wi*	'Diebstahl' (Kl. 11)
	kum-í	'Kapokfrucht' (Kl. 11)	*kum-óù*	'Kapokbaum' (Kl. 9)
	nyị̀n-mà	'Bier' (Kl. 12)	*nyị̀n-ẹ̀*	'Biertopf' (Kl. 7)
	tọr-mà	'Urin' (Kl. 12)	*tọr-ị̀*	'urinieren'.

Diese Bildungen stehen in unmittelbaren Zusammenhang mit dem Nominalklassensystem. Sie werden im Rahmen der Darstellung der einzelnen Klassen behandelt. Darüber hinaus kommen bei Substantiven auch Wortbildungsprozesse vor, die keinen direkten Bezug zum Klassensystem aufweisen. Hierbei handelt es sich um Bildungen mit Präfixen sowie Wortzusammensetzungen. Substantivbildungen mit Präfixen sind im Waja allerdings selten. Neben dem mit relativ vielen Beispielen belegten *ba-* , ist nur die Diminuitivbildung mit *bọọ-* bekannt (s. 2.3). Die Lokativbildung mit *a* (2.2) kann zum momentanen Forschungsstand noch nicht eindeutig analysiert werden.

2.1 Das Präfix *ba-*

Eine Anzahl von Substantiven weist ein Präfix *ba-* auf, das numerusunabhängig ist und nicht im Zusammenhang mit dem Nominalklassensystem steht. Substantive mit *ba-* kommen in mehreren Klassen vor. Die Mehrzahl ist in den Klassenpaaren 1/2, 1/2a, 3/4 und 3a/6 enthalten.

(2)	*ba-kwịyà / ba-kwịya-à*	'Schmied'	1/2
	ba-pal-tẹ / ba-pal-mba	'Altersgenosse'	1/2a
	ba-wúrú-ŋe / ba-wúrú-ndi	'Finger'	3/4
	ba-tụm-áà / ba-tụm-ị́ị̀	'Fledermaus'	3a/6.

Vereinzelt sind Belege mit *ba-* auch in anderen Klassenpaaren zu finden. Beispiele:

(3)	*ba-cin-óú / ba-cin̍-di*	'Erzählung'	5/4
	ba-wéì / ba-wéy-iŋi	"spirit of a person" (s. I, 2.6)	7/8
	ba-nyáá-wụ / ba-nyáá-rị	'Lippe'	9/10
	ba-cír-ou / ba-cír-i	'Hochstand'	9/6.

Die Etymologie von *ba-* ist unklar. Die semantische Kategorie mit der größten Zahl von Belegen sind Tierbezeichnungen, von denen einige entlehnt sein könnten.

(4) *ba-gesò* 'Pavian' *ba-però* 'Geier'
ba-kọọrọ 'Esel' (vgl. Tan.: *la-ŋọrọ*[3])
ba-láálà 'Spinne' (vgl. Tan.: *laala*)
ba-molo 'Turteltaube' (vgl. Tan.: *mbole*).

Weniger häufig kommt *ba-* bei Pflanzenbezeichnungen, Artefakten und Naturerscheinungen vor. Auch hier sind einige Lexeme zu finden, die entlehnt sein könnten.

(5) *ba-gụ́sụ́nẹ* 'Suppenpflanze' *ba-sụ́lị̀* 'Gurkenart'
ba-jwálẹ̀ 'Stern; Glas'
ba-nyamẹ 'Regenbogen' (vgl. Tan.: *yam-yam*)
ba-gụrəmbáị́ 'Strohhut' (vgl. Kan.: *gúrmbà*)
ba-galambáụ̀ 'große Axt' (vgl. Tan.: *kalambị̀*).

Bei einigen dieser Lexeme (Entlehnungen?) kann *ba-* fakultativ gebraucht werden. Die beiden letztgenannten Substantive unter (5) sind auch ohne Präfix belegt.

(6) *ba-galambáụ̀* ~ *galambáụ̀* 'große Axt'
ba-gụrəmbáị́ ~ *gụrəmbáị́* 'Strohhut'.

2.1.1 Ableitungen mit *ba-*

Mit *ba-* können von Substantiven oder Verben Personenbezeichnungen abgeleitet werden. Beispiele sind:

(7) *ba-gụlà* 'Jäger' *gụla-ị̀* 'Busch, Wildnis'
ba-pal-tẹ 'Altersgenosse' *pal-ụ̀* 'Altersgruppe'
ba-cẹn-tẹ 'Feind' *cẹn-a* 'feindselig sein'
ba-gəra-tẹ 'älterer Bruder' *gərá* 'wachsen'
ba-léé-me ~ *ba-léé-ndi* 'Lügner' *leé-ndi* 'Lüge'.

Deverbal sind auch die Beispiele (8) abgeleitet, die jedoch keine Personen, sondern die entsprechenden Werkzeuge bezeichnen. Von Personenbezeichnungen wiederum sind die Substantive unter (9) abgeleitet. Der semantische Bezug ist jeweils deutlich, eine gemeinsame Interpretation dieser Bildungen fällt jedoch schwer.

(8) *ba-swár-dẹ̀* 'Holzwerkzeug' *swara* 'schnitzen'
ba-capá 'Beil' *capa* '(Feuer)Holz hacken'.

(9) *ba-njíì* 'Klitoris' *njíí-te* '(eigene) Mutter'
ba-njáà 'alte Person' *njáá-tẹ* 'Mutter, Tante'.

3 *la-* ist ein Präfix im Tangale, das bei vielen Tierbezeichnungen aber auch bei Substantiven anderer Kategorien präfigiert ist.

2.2 Lokative Bildungen mit *a* (*a*- ?)

Das Waja besitzt innerhalb des Nominalklassensystems eine Lokativklasse (s. 3.3.10). Präzise Ortsangaben werden jedoch in der Regel durch eine Nomen-Nomen Konstruktion gebildet, wobei das vorausgehende Substantiv (das Nomen Regens oder Possessum) semantisch eine abstrakte Lokalangabe (z.B. 'Unterseite', 'Umgebung') oder einen Körperteil (z.B. 'Rücken', 'Kopf') bezeichnet. Dem nachfolgenden Substantiv (dem Nomen Rectum oder Possessor) wird, wie in anderen Nomen-Nomen Konstruktionen, das Klassensuffix des Regens suffigiert. Beispiele:

(10) *wọ́ọ́ kuu nemú* 'es ist unter dem Fleisch' (*kuu* 'Unterseite'; *neme* 'Fleisch')
wọ́ọ́ dwii lááyị̀ 'es ist auf dem Haus' (*dwii* 'Kopf'; *laa* 'Haus')
wọ́ọ́ gọ́rọ́ kanụ́ụ̀ 'es ist hinter dem Raum' (*gọrọụ̀* 'Rücken'; *kanẹ* 'Raum').

Darüber hinaus gibt es im Waja noch eine allgemeine oder neutrale Lokativbildung mit *a*, bei der *a* dem Kontext entsprechend mit 'in, an, auf' wiedergegeben werden kann. Die Analyse dieser Konstruktion ist schwierig. Zum einen kann *a* als Präposition angesehen werden. Eine weitere Möglichkeit ist, *a* als präfigierten Bestandteil einer bilateralen Affigierung aufzufassen. Außer dem präponierten *a* ist nämlich bei diesen Bildungen noch eine tonale Veränderung am Auslaut der Substantive festzustellen, die dadurch erklärt werden kann, daß ein tonales Morphem (ein freier Ton) dem Substantiv suffigiert wird. Die Beispiele unter (11) zeigen jeweils in der Lokativbildung einen auslautenden Hochton (H). Sie gehören Nominalklassen an, deren Suffixe hochtonig sind. Der auslautende H kommt in der lokativen Bildung zum Vorschein.

(11) *a nị́yáụ́* 'im Mund' (*nịyaụ* 'Mund' (Kl. 5))
a sị́ị́ 'im Gras' (*sịị* 'Gras' (Kl. 11))
a pẹ́sụ́ 'im Sitzen; auf dem Sitz' (*pẹsụ* 'Sitz; Sitzen'(VN) (Kl. 5)).

Bei den lokativen Konstruktionen (12) wird die letzte Silbe mit einem NH realisiert, wohingegen das Substantiv in Pausa auf einen T auslautet.

(12) *a jama* 'in der Hirse' (*jamà* 'Hirse' (Kl. 12))
a guno 'an der Ziege' (*gunò* 'Ziege' (Kl. 3a)).

Der Auslaut der Bildungen (13) zeigt die Tonfolge H+T (bzw. einen Fallton).

(13) *a bwaláụ̀* 'im Feuer' (*bwalaụ̀* 'Feuer' (Kl. 9))
a gunî 'an den Ziegen' (*gunì* 'Ziegen' (Kl. 6))
a lakị̂ 'an der Hacke' (*lakị̀* 'Hacke' (Kl. 7)).

Obwohl weder die Konkordanzmorpheme der Lokativklasse noch die anderer Klassen segmental sichtbar werden, könnte eine bilaterale Affigierung - mit einem Präfix *a*- und einem suffigierten Ton - gegeben sein, wie sie z.B. auch bei Konstruktionen mit den Konkordanzaffixen auftritt (vgl. 4.). Die tonalen Veränderungen der Beispiele (12) und (13) gleichen z.T. nämlich denen, die bei verschiedenen konkordanten

Bildungen der Kl. 1 und 3 zu beobachten sind. Das suffigierte Konkordanzzeichen dieser Klassen *-ẹ* fällt häufig segmental aus und wird nur tonal (H ?) realisiert bzw. assimiliert sich an den vokalischen Auslaut (s. 4.). Die folgenden Beispiele zeigen Nomen-Nomen Konstruktionen, bei denen das Nomen Regens der Kl. 1 oder 3 angehört.

(14)	*taagẹ guno*	'Hirte der (einer) Ziege'
	taagẹ gunî ~ guníì	'Hirte der Ziegen'
	kuu jama	'Dieb der Hirse'
	culó lakị̂ ~ lakị́ị̀	'Stiel der Hacke'.

Die tonale Realisierung des Nomen Rectum entspricht jeweils der der lokativen Formen (12) und (13). (Zu (11) liegt kein vergleichbares Beispiel vor.)

Geht der lokativen Bildung ein weiteres Satzglied voraus, fällt *a* in der Regel aus, die tonale Realisierung des Substantivs bleibt aber erhalten.

(15)	*wọ́ọ́ kukúmà ~ wọ́ọ́ a kukúmà*	'es ist im Gehirn'
	tọ́ọ́ nyịịma ~ tọ́ọ́ a nyịịma	'es ist in der Milch'
	wọ́ọ́ nị́yáụ́	'es ist im Mund'.
	a bwaláụ̀	'am Feuer'
	parnị nyị́ịmá bwaláụ̀	'sie gießt gewöhnlich Milch ins Feuer'
	ŋ wọ́ọ́ bwaláụ̀	'ich bin am Feuer (beim Kochen)'
	a gundû	'im Wasser'
	ŋ gundû ~ ŋ wọ́ọ́ gundû	'ich bin im Wasser'
	ma gundû ~ ma wọ́ọ́ gundû	'du bist im Wasser'.

Die Beispiele zeigen, daß auch andere Subjektspronomen unmittelbar vor dem tonal modifizierten Substantiv stehen können. Eine weitere mögliche Interpretation von *a* ist somit, daß es sich um das Pronomen der 3. Pers. Sg. handelt. Berücksichtigt man weiter die Form der lokativen Bildungen mit Substantiven, die als Verbalnomen von Verben abgeleitet sind, so stellt man fest, daß die Bildungsweise, einschließlich der tonalen Veränderung am Substantiv, der des Progressivs gleicht.

(16)	*pẹsụ*	'Sitz; Sitzen' (VN)		
	a pẹ́sụ́	'im Sitzen; auf dem Sitz; er sitzt (gerade)'		
	m pẹ́sụ́	'ich sitze (gerade); ich bin auf dem Sitz'		
	sọŋ-mà	'Reise'(VN)		
	a sọŋma	'(er ist) auf Reisen'	*n sọŋma*	'ich bin auf Reisen'
	sịị	'Gras'		
	a sị́ị́	'(sie ist) im Gras'	*n sị́ị́*	'ich bin im Gras'.

Zusammenfassend läßt sich feststellen, daß die Lokativbildungen mit *a* (oder *a-*) und einem suffigierten Ton sowohl der Bildungsweise des Progressivs als auch den konkordanten Bildungen mit affigierten Klassenmorphemen gleicht, wobei anzunehmen wäre, daß hier möglicherweise der Überrest einer Lokativklasse, deren Suffixmorphem nur noch tonal vorhanden ist, gegeben sein könnte. Dies würde die Interpretation von *a*, das keinem der Konkordanzaffixe des Waja entspricht, als Präfix rechtfertigen. Eine Präposition *a* wiederum könnte erst in der jüngeren Vergangenheit in die Sprache aufgenommen worden sein und ein älteres Morphem ersetzt haben.[4]

Da die tonale Realisierung der Substantive in lokativen Bildungen in der Regel unverändert bleibt, ist anzunehmen, daß, obwohl *a* segmental fast nur in Isolation realisiert wird, sein Ton stets erhalten bleibt.

2.3 Wortzusammensetzungen

Eine kleinere Anzahl mehrsilbiger Substantive im Waja ist zusammengesetzt. Die Zusammensetzung besteht in den folgenden Beispielen aus zwei Substantiven.

(17) *wiisóú* 'Harz' (Kl. 5) (*wiye* 'Träne' (Kl. 3); *sou* 'Baum, Holz' (Kl. 9))
ba-cuukúmè 'Eule' (Kl. 3) (*cuu* 'Rennen' (Kl. 9); *kumè* 'Nacht' (Kl. 3))
laabwịya 'Heirat' (Kl. 3) (*laa* 'Haus' (Kl. 5); *bwịya-tẹ̀* 'Ehemann' (Kl. 1) (vgl. auch: *ba-bụya* 'Kind')).

ba-wéíkəlé-ì / *ba-wéíkəlé-ŋi* 'Schatten, Schemen' (Kl. 7) (*ba-wéì* "spirit of a person" (Kl. 7); *kuló-ù* 'Schatten' (Kl. 9))
gulsóú / *gulsóó-ndi* 'Stück Holz' (Kl. 5) (*gul-e* 'Stück' (Kl. 3); *sou* 'Baum, Holz' (Kl. 9)).

Das letztgenannte Beispiel ist in einer Varianten als Possessivkonstruktion belegt. Dies geht vor allem aus der Pluralbildung hervor, die im zweiten Fall (18) der Bildung weiterer Possessivkonstruktionen entspricht. Possessivkonstruktion liegen bei der Mehrzahl aller Nomen-Nomen Verbindungen vor.

(18) *gul sóú* / *gul-ri sów-i* 'Stück Holz'
gəŋ yọw-ụ / *gəŋ-ri yọw-ị́* 'Rand des Flußes, Ufer'
sou tẹ́na-ụ̀ / *sou-ri tẹ́na-ị* 'Holz des Mörsers, Stampfer'.

Von Possessivkonstruktion unterscheiden sich die Beispiele (17) dadurch, daß das Pluralsuffix an das Ende des zusammengesetzten Wortes antritt, während bei (18) ein Suffix jedem der beteiligten Substantive angefügt wird. Ein weitere Unterschied ist, daß eine Zusammensetzung einer anderen Nominalklasse zugeordnet sein kann, als die an der Bildung beteiligten Substantive. Letzteres ist auch bei den VN (19) der Fall, die mit dem (einzigen) Substantiv der Kl. 13 *pị* 'Ort, Platz' und dem Verbalstamm des jeweiligen Verbs zusammengesetzt sind:[5]

(19) *pətụ* (< *pị-tị-ụ́*) 'Stehen, Stand' (Kl. 5) (*tə-m tị́-yáụ́* 'stell dich!; stehe!')
pəsụ (< *pị-sị-ụ́*) 'Sitzen, Sitz' (Kl. 5) (*sə-m sị́-yáụ́* 'setz dich!').

4 *a* gleicht der Präposition des Hausa: *à* 'in, an, auf'.
5 Diese Bildung der VN ist nur bei drei Verben belegt, die alle zur Verbalklasse V gehören (s. V, 4.5).

Zusammensetzungen, bei denen weitere Verbalstämme beteiligt sind, sind im Waja m.E. ebenfalls vorhanden. Es sind bisher aber keine eindeutigen Beispiele bekannt. Bei den Substantiven (20) kann jeweils nur ein Bestandteil identifiziert werden.

(20)	*kwasə̣́lì̧*	'Knoten in einem Tuch' (*kwa-* 'verknoten'; *sə̣lì̧* '(?)')
	kwambərə́nè	'Spindel' (*kwam-* '(?)'; *bər-o* 'weben')
	partá-í̧	'Schild' (*par-* '(?)'; *tai̧* 'Oberarm').

2.3.1 Diminutivbildung mit *bọọ-*

Von Substantiven können mit Hilfe von *bọọ-* Diminutive gebildet werden.

(21)	*bọọ-laa*	'kleines Haus'	*bọọ-sou*	'kleiner Baum'
	bọọ-lákì̧	'kleine Hacke'	*bọọ-tẹ́ngá*	'kleiner Topf'
	bọọ-gẹ́ì̧	'Frucht der *gẹì̧*-Palme'.		

Da die Vokale von *bọọ-* nicht den Regeln der Vokalharmonie unterliegen, ist hier kein Präfix sondern eine Zusammensetzung mit einem weiteren Wortstamm anzunehmen, der aber nur in diesen Zusammensetzungen belegt ist. Diese Bildung entspricht der mit *bọl-* (22), das nur (bei Menschen?) in Possesivkonstruktionen gebraucht wird (vgl. 3.3.1.1 (19)). Die lautliche und semantische Ähnlichkeit ist bemerkenswert.

(22)	*bọl-*	'Kind von...'	*bọl-Sánda*	'Kind des Sanda'
	(vgl. *bọọ-gúnò*	'Ziegenkitz'	*bọọ-tánga*	'Kalb').

2.3.2 Reduplikation

Eine besondere Form der Wortzusammensetzung ist die Reduplikation des Wortstammes. Sie kommt nur bei einer kleinen Anzahl von Substantiven vor. Die Belege zeigen, daß KVK-, KVV- und KV- Stämme redupliziert werden, wobei die zugrundeliegenden einfachen Wortstämme meist nicht bekannt sind.

(23)	*ba-kẹnkẹ́n*	'Schildkröte'	*kwẹnkwẹ́n-ẹ*	'Basalt'
	twị̧ị̧twị̧ị̧	'Wurmart'	*ba-peepee*	'kleine Schachtel'
	bẹbẹ-rị̧	'Magie'	*sụsụ-ndị̧*	'Täuschung'.

2.4 Pluralbildung

In der Regel kann bei Klassensprachen davon ausgegangen werden, daß bei der Pluralbildung das Affix der Singularklasse durch das Affix der Pluralklasse ersetzt wird. Ebenso entsprechen sich Singular- und Pluralformen der Substantive im allgemeinen in der Anzahl der Silben, d.h., daß die Struktur der Affixe im Singular und Plural nicht grundsätzlich verschieden ist. Dies kann auch im Waja bei einer Anzahl von Substantiven beobachtet werden. Verschiedene Prozesse haben jedoch dazu geführt, daß in der heutigen Sprachform die Plurale überwiegend mehr Silben aufweisen als die Singulare. Den nominalen Klassensuffixen liegen im Waja die folgenden Strukturen zugrunde: -V, -KV und -N(V). Beispiele:

(24)	*nẹr-ẹ̀ / nụ-wa*	'Mann, Mensch'
	gun-ò / gun-ì	'Ziege'
	ku-u / ku-ri	'Knochen'
	nu-ŋè / nu-ndì	'Auge'
	kaa-tệ / kaa-mba	'Nebenfrau'
	kwaa-rẹ̀ / kwaa-ndị	'Haufen'
	dọ-nẹ / dọ-ŋị	'Köcher'
	kusú-ḿ / kusú-ndi	'Magen'
	gọ-nẹ̀ / gọ-mà	'Samen'.

Diese Beispiele zeigen deutlich den Singular- / Pluralsuffixwechsel, wobei die Silbenzahl der Pluralform der des Singulars entspricht. Diese entsprechen dem oben angesprochenen 'Normalfall' von Pluralbildungen in Klassensprachen. Ihnen steht im Waja jedoch eine weitaus größere Anzahl von Belegen gegenüber, bei denen der Plural mehr Silben aufweist als der Singular. Als Ursache hierfür sind verschiedene sprachhistorische Prozesse zu nennen, die im folgenden erörtert werden sollen.

Die beiden Strukturtypen der Suffixe sind unterschiedlich verteilt. In den Singularklassen überwiegen Vokalsuffixe (-V), die Pluralklassen hingegen weisen mehrheitlich -KV Suffixe auf. Einige der singularischen Vokalsuffixe sind durch den Ausfall des konsonantischen Bestandteils aus früheren -KV Suffixen entstanden. Beispiele dafür sind insbesondere in den Klassen zu finden, deren Konkordanzpräfixe den anzunehmenden 'alten' Suffixkonsonanten bewahrt haben:

- Kl. 7: Konkordanzpräfix *dṵ́-*:

(25)	*dwi-i* (< *du-i*)	'Kopf'	(vgl. Tula: *du-r*)
	nị-ị̀	'Leber'	(vgl. Tula: *nə̣-r*).

- Kl. 9: Konkordanzpräfix *kṵ́-*:

(26)	*tụ-ụ*	'Dorn'	(vgl. Bergwaja: *tụ-kụ*; Cham: *tụ-k*)
	dọ-ụ̀ ~ dọw-ụ̀	'Seil'	(vgl. Bergwaja: *dọ-kụ̀*; Cham: *dụ-k*).

Der Ausfall eines Konsonanten ist hingegen bei dem einzigen Vokalsuffix in Pluralklassen dem Suffix der Kl. 6 *-ị̀* nicht anzunehmen. Ein Affix *-ì* ist für eine Pluralklasse, die zudem noch die gleiche semantische Kategorie (Plurale von Tierbezeichnungen) enthält, für Klassensysteme des Niger-Congo belegt.[6]

Eine weitere Entwicklung, die zu einer längeren Pluralform geführt hat, ist die Erstarrung von Singularsuffixen, ein Prozeß, der alternativ auch als Doppelsuffigierung in der Pluralform bezeichnet werden kann. Die folgenden Substantive der Kl. 9 weisen offensichtlich im Singular das Nominalsuffix *-gụ̀* auf, das bei der Bildung von Verbalnomen (VN) noch produktiv ist. Dieses Suffix, oder zumindest sein konsonantischer Bestandteil, bleibt jedoch im Plural erhalten und das Suffix *-rị* des Plurals tritt zusätzlich an.

(27)	*wan-gụ / wan-g-ə̣-rị*	'Blatt' (vgl. *wan-gụ / wan-dị* 'Blatt')
	jọn-gụ / jọn-g-ə̣-rị	'Tamarinde' (vgl. *jon-ẹ* 'Frucht der -')
	pwal-gụ̀ / pwal-g-ə̣-rị	'Feigenbaum' (vgl. *pwál-rị́* 'Feigen')
	swatə̣-gụ̀ / swatə̣-g-ə̣-rị	'Kastration' (vgl. *swatị̀* 'kastrieren').

Doppelsuffigierung ist ebenfalls bei einigen Substantiven des Klassenpaares 7/8 zu beobachten. Das Pluralsuffix *-ŋị* tritt auch hier nicht direkt an den Wortstamm an. Die Pluralvariante *kwaa-ndị* des letztgenannten Beispiels gehört einer anderen Klasse an. Hier zeigt sich, daß *-rẹ̀* als Singularsuffix anzusehen ist.

(28)	*kụmbə̣́-rẹ̀ / kụmbə̣́-rə̣-ŋị*	'Nabel' (vgl. Tan.: *kúmbi*; Kan.: *kúmbí*)
	bọọ-rẹ̀ / bọọ-rə̣-ŋị	'Tod' (vgl. *bọọ-gụ̀* 'Sterben' (VN)
	kwaa-rẹ̀ / kwaa-rə̣-ŋị ~ kwaa-ndị	'Steinhaufen'.

Außer der Erstarrung von Singularsuffixen ist hier aber auch die Defunktionalisierung von 'alten' Pluralklassenmorphemen als Ursache bzw. Ausgangspunkt für Doppelsuffigierung in Betracht zu ziehen. Insbesondere ist dies bei vielen Substantiven der Kl. 7 anzunehmen, die - wie die Beispiele (28) - den Plural mit der Kl. 8 bilden. Wie an anderer Stelle (s. 3.3.4.1.1) näher ausgeführt wird, kann der Plural der Beispiele (28) sowohl als Beleg für ein erstarrtes Singularsuffix *-rẹ̀* als auch als Überrest eines defunktionalisierten (und ebenfalls erstarrten) Pluralsuffixes **-tV* gedeutet werden.

Ein weiteres erstarrtes Pluralsuffix, das insbesondere bei einigen einsilbigen Wortstämmen noch erhalten ist und als Bestandteil des Pluralwortstammes behandelt wird, ist vermutlich auch die Ursache für die längeren Pluralformen der Beispiele (29). Sie gehören ebenfalls dem Klassenpaar 7/8 an. An ein 'altes' Pluralklassensuffix **-ya ~ *-yo*, wird hier m.E. das 'neue' Klassenzeichen suffigiert (s. 3.3.4.1.1).

(29)	*nyị-ị / nyị-ya-ŋị*	'Brust'
	nwi-i (< nu-i) / nwi-yo-ŋi	'Zahn'
	pụw-ị / pụw-a-ŋị	'Hinterkopf'.

Außer den Prozessen der Doppelsuffigierung, der Erstarrung von Singular- und Pluralsuffixen sowie des Ausfalls des konsonantischen Bestandteils von ursprüngli-

6 Vgl. de Wolff (1971: 54); und Zwernemann (1967: 84).

chen -KV Singularsuffixen ist eine weitere Ursache für die unterschiedliche Silbenzahl der Singular- und Pluralformen darin zu sehen, daß offensichtlich das Suffix *-ndị* zunehmend zu einem allgemeinen klassenunabhängigen Pluralsuffix wird, das der Singularform (z.T. an das Singularklassenzeichen) suffigiert wird. Das Suffix *-ndị* tritt auf:

- als Suffix der Kl. 4 (Konkordanz: *sụ́-*, *-ị̀*)

(30) *goru-me / goru-ndi*	'Kehle'	(Kl. 3N/4)
nịya-ụ / nịya-ndị	'Mund'	(Kl. 5/4)
luŋmò / luŋmo-ndi	'Markt' (Ful: *luumo*)	(Kl. 3/4),

- als Suffixvariante der Kl. 8 (Konkordanz: *tụ́-*, *-ị́*)

(31) *la-ị̀ / la-ra-ndị*	'Hoden'
kan-ẹ / kan-a-ndị	'Hütte, Zimmer'
guru-ne / guru-ndi	'Backenzahn'.

- und als Suffixvariante bei einigen Substantiven der Kl. 11 (Konkordanz: *tụ́-*, *-ị́*), die numerusunabhängig vor allem abstrakte Begriffe und Nicht-zählbares enthält.

(32) *leé-ndi*	'Lüge'	*kwatạ-ndị*	'Jugendzeit'
jẹẹ-ndị	'(etwas zu) Essen'.		

Darüberhinaus sind mehrere Belege vorhanden, bei denen ein Pluralsuffix *-ndị* als Variante zu den wahrscheinlich älteren Nominalsuffixen auftritt.

(33) *kẹl-ụ / kẹl-rị ~ kẹl-ndị*	'unbearbeitetes Land'
cul-o / cul-ri ~ cul-ndi	'Griff, Stiel'
sap-à / sap-ị̀ ~ sap-a-ndị	'Hammel'.

3. Die NOMINALKLASSEN

3.0 Übersicht

Die folgende Tabelle gibt einen Überblick über das Nominalklassensystem des Waja. Die Nominalsuffixe - einschließlich der phonologisch (noch) nicht begründbaren Varianten - sind jeweils angegeben. Klassenpaare sind durch Linien zwischen Singular- und Pluralklassen angezeigt, wobei unterbrochene Linien bedeuten, daß für die betreffenden Klassenpaare nur wenige Beispiele belegt sind.

Die Substantive der Kl. 11 und 12 bezeichnen überwiegend Mengen, Nicht-Zählbares und abstrakte Begriffe. Sie sind weder Singular- noch Pluralslassen. Von einigen Mengenbezeichnungen können aber Plurale, d.h. mehrere Mengen, gebildet werden. Die (Lokativ)Klasse 13 enthält nur ein Substantiv. In der Klammer steht das Konkordanzuffix dieser Klasse.

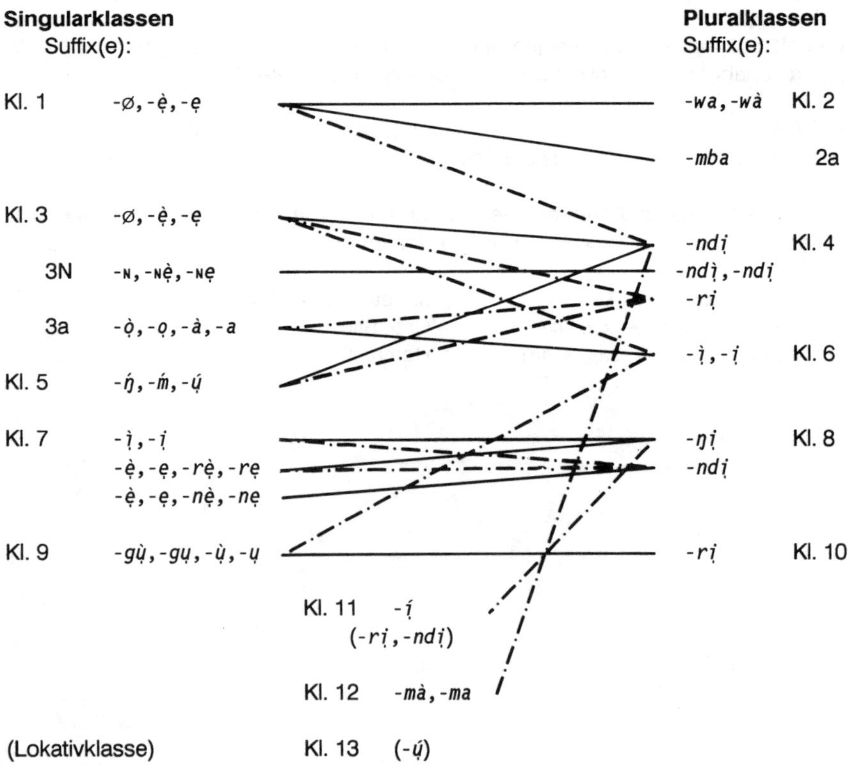

3.1 Die Töne der Nominalklassensuffixe

Die Frage, welche Töne den verschiedenen Nominalsuffixen zuzuordnen sind, kann noch nicht umfassend beantwortet werden. Gesichert erscheint, daß die Suffixe der Kl. 5 (*-ụ́* und *-Ń*) und das hauptsächlich auftretende Suffix der Kl. 11 (*-ị́*) mit einem Hochton (H) verbunden sind. Diese Suffixe werden in Pausastellung - wenn keine andere Tonregel wirkt - H oder NH (nicht-hochtonig) realisiert.[7] Unterliegend hochtonig sind wahrscheinlich auch die Suffixe der Pluralklassen 2a (*-mba*), 4 (*-ndị*), 8 (*-ŋị* und *-ndị*) und 10 (*-rị*) anzusetzen, da sie in Pausastellung in der Regel keinen Tiefton (T) aufweisen und in einigen Konstruktionen mit einem H realisiert werden. Welche Töne hingegen den Suffixen der Kl. 2, 6, 7 , 9 und 12 unterliegen, ist nicht klar. Sie werden in Pausastellung in der Regel mit einem T oder mit einem NH realisiert. Nimmt man an, daß sie unterliegend mit einem T verbunden sind, so müssen Regeln gefunden werden, die erklären, warum dieser T bei einigen Substantiven in Pausastellung nicht als T sondern als NH vorkommt. Eine alternative Annahme wäre, die in Frage kommenden Suffixe als unterliegend nicht tonmarkiert anzusehen, und den Ton, den sie in Pausastellung tragen, auf die Tonstruktur der Substantive zurückzuführen. Die Realisierung NH wäre dann als ein in Pausastellung abgesenkter, lexikalisch bedingter H und die Realisierung T als ein lexikalisch bedingter T anzusehen. Da im Waja aber nur von zwei Tonemen auszugehen ist, werden in dieser Arbeit die Suffixe der Kl. 2, 6, 7, 9 und 12 in Isolation immer tieftonig zitiert.

Auch die Nominalsuffixe der Kl. 1 und 3 werden in der Regel in Pausastellung ebenfalls T und NH realisiert. Im Unterschied zu den anderen Klassen verschmelzen die Suffixe der Kl. 1 und 3 aber wesentlich häufiger mit dem Wortstamm der Substantive. Möglicherweise ist das die Ursache, daß in den Kl. 1 und 3 auch Substantive belegt sind, die in Pausastellung auf H auslauten, bei denen aber das Nominalsuffix segmental nicht festzustellen ist. Andererseits unterscheidet sich das Konkordanzsuffix der Kl. 1 und 3 tonal von dem aller übrigen Klassen der Sprache (vgl. 4.), so daß möglicherweise auch die Nominalsuffixe der Kl. 1 und 3 unterliegend unterschiedlich markiert bzw. nicht-tonmarkiert sind.[8] Unter Vorbehalt sind in dieser Arbeit die Nominalsuffxe der Kl. 1 und 3 in der Zitierform dennoch tieftonig angegeben.

3.2 Definition der einzelnen Nominalklassen

3.2.1 Morphologische Kriterien

Wie aus der Tabelle unter 3.0 hervorgeht, kommen einige Nominalsuffixe jeweils nur in einer bestimmten Klasse vor. Die Klassenzugehörigkeit der Substantive, die diese Suffixe aufweisen, kann somit bereits aus der in Isolation zitierten Form erkannt werden.

---

7 Zur Realisierung unterliegender Töne s. II, 4.

8 Die Möglichkeit, daß einige der Nominalsuffixe unterliegend mit mehr als einem Ton verbunden sind, ist ebenso in Betracht zu ziehen. Dies kann aber erst dann diskutiert werden, wenn die kombinatorischen Tonprozesse des Waja bekannt sind.

(1)	*nụrụ-mba*	'Frauen, Ehefrauen'	Kl. 2a
	gun-ò	'Ziege'	Kl. 3a
	jund-ú	'Regenzeit'	Kl. 5
	gwa-nẹ̀	'Penis'	Kl. 7
	gund-ù	'Wasser'	Kl. 9
	wụr-ị́	'Husten'	Kl. 11
	nyịị-ma	'Milch'	Kl. 12.

Entscheidend für die Bestimmung der Klassenzugehörigkeit eines Substantivs ist aber neben der Form des Nominalsuffixes vor allem die Kenntnis der jeweiligen Konkordanzzeichen, zum einen, weil einige - lautlich einander gleiche - Suffixe in verschiedenen Klassen auftreten:

(2)	*gul-e wụ́-nà*	'dieses Stück'	Kl. 3
	gụl-ẹ dẹ́-nà	'dieser Adamsapfel'	Kl. 7
	tẹlẹ́-ḿ wụ́-nà	'diese Giraffe'	Kl. 3N
	kusú-ḿ wụ-na[9]	'dieser Magen'	Kl. 5
	kər-ị sẹ-nà	'diese Sehnen'	Kl. 6
	mər-i dẹ-nà	'dieser Muskel'	Kl. 7
	goru-ndi sẹ́-nà	'diese Kehlen'	Kl. 4
	guru-ndi tẹ-na	'diese Backenzähne'	Kl. 8,

zum anderen, weil die tonal zu unterscheidenden Suffixe *-ị́* (Kl. 11) und *-ụ́* (Kl. 5) einerseits und *-ị̀* (Kl. 6 und 7) und *-ụ̀* (Kl. 9) andererseits, je nach unterliegender Tonstruktur der Substantive, tonetisch jeweils NH realisiert werden können.

(3)	*bụwa-ị tẹ-na*	'diese Krankheit'	Kl. 11
	dụwa-ị sẹ́-nà	'dieser Lärm'	Kl. 6
	cụwa-ị dẹ́-nà	'diese Imitation'[10]	Kl. 7
	nịya-ụ wụ-na	'dieser Mund'	Kl. 5
	bịya-ụ kẹ́-nà	'diese Haut'	Kl. 9.

Auf der Basis der Konkordanzaffixe allein können im Waja lediglich 8 'Konkordanzklassen' unterschieden werden. Insbesondere bei Pluralen kommen aber, bei gleicher Konkordanz - phonologisch nicht begründbar - lautlich verschiedene Nominalsuffixe vor, die in Klassenpaaren jeweils anderen Singularklassen gegenüberstehen und darüberhinaus z.T. noch mit unterschiedlichen semantischen Kategorien korrespondieren. Diese Unterschiede werden hier als Beleg dafür gewertet, daß einige

9 Das Demonstrativpronomen der Kl. 5 unterscheidet sich tonal von dem der Kl. 1 und 3.

10 Zeremonie bei der Gedenkfeier an einen Verstorbenen.

Nominalklassen (vor allem Plurale) in der Konkordanz zusammengefallen sind.[11] Die gleichen Konkordanzaffixe sind jeweils bei folgenden Nominalklassen festzustellen:

- Konkordanzaffixe: *bṵ́-* und *-wà*:

  - Kl. 2 und 2a (Plural 'Menschenklasse'); Nominalsuffixe: *-wà* und *-mba*

(4)	*nṵ-wa bə̣́-nà*	'diese Menschen'
	nṵ-wá-yú-wà	'unsere Menschen
	ci̭ya-mba bə̣́-nà	'diese Geschwister'
	ci̭ya-mbá-yú-wà	'unsere Geschwister'.

  - Kl. 12 (Mengenbezeichnungen, abstrakte Begriffe); Nominalsuffix: *-mà*

(5)	*nyi̭i̭-ma bə̣́-nà*	'diese Milch'
	nyi̭i̭-má-yú-wà	'unsere Milch'.

- Konkordanzaffixe: *sṵ́-* und *-ì̭*:

  - Kl. 4 (Plural zu Kl. 3(N) und 5); Nominalsuffix: *-ndi̭*:

(6)	*bẹtə̣-ndi̭ sə̣́-nà*	'diese Äste' (3N/4)
	bẹtə̣-ndi̭-yír-ì	'unsere Äste'
	luŋmo-ndi sə̣́-nà	'diese Märkte' (3/4)
	luŋmo-ndi-yír-ì	'unsere Märkte'
	deré-ndi sə̣́-nà	'diese Narben' (5/4)
	deré-ndi-yír-ì	'unsere Narben'.

  - Kl. 6 (Plural zu Kl. 3a); Nominalsuffix: *-ì̭*:

((7)	*gun sə̣-nà* (< *gun-ì sə̣́-nà*)	'diese Ziegen'
	gun-i-yír-ì	'unsere Ziegen'.

- Konkordanzaffixe: *tṵ́-* und *-í̭*:

  - Kl. 10 (Plural zu Kl. 9); Nominalsuffix: *-ri̭*:

(8)	*ku-ri tə̣-na*	'diese Knochen'
	ku-ri-yír-í	'unsere Knochen'.

  - Kl. 8 (Plural zu Kl. 7); Nominalsuffixe: *-ŋi̭*, *-ndi̭*:

(9)	*wṵra-ŋi̭ tə̣-na*	'diese Arbeiten'
	wṵra-ŋi̭-yír-í	'unsere Arbeiten'
	bun-o-ndi tə̣-na	'diese Wunden'
	bun-o-ndi-yír-í	'unsere Wunden'.

  - Kl. 11 (Früchte, abstrakte Begriffe, usw.); Nominalsuffix: *-í̭*:

10)	*kalakum-í tə̣-na*	'diese Feigen'
	kalakum-í-yír-í	'unsere Feigen'.

11 Dies entspricht dem auf S. 100 zitierten Befund von Miehe (1991: 358), s. 1.

Einige Substantive der Kl. 11 bilden den Plural mit der Kl. 8 (-*ŋị*). Die Konkordanzaffixe lauten hier für den Singular und den Plural gleich:

(11) *pịị tə̣-na / pịy-a-ŋị tə̣-na* 'dieses Lied / diese Lieder'.

Nicht alle Unterschiede bei den Nominalsuffixen können jedoch zum gegenwärtigen Forschungsstand mit gleicher Sicherheit als Hinweis auf unterschiedliche Nominalklassen interpretiert werden. Hier sind insbesondere die Suffixvarianten der Kl. 7 und 3 zu nennen, die aufgrund der morphophonologischen Gegebenheiten nicht immer eindeutig zu unterscheiden sind. Bei der Kl. 3 können aber noch weitere Unterscheidungskriterien (Semantik, Pluralbildung) hinzugezogen werden, wodurch eine vorläufige Unterteilung in Unterklassen erfolgen kann. Auf diese Problematik wird bei der Darstellung der einzelnen Klassen und Klassenpaare näher eingegangen.

3.2.2 Semantische Kategorien

Auch im Waja sind mit den verschiedenen Nominalklassen neben den "Unterscheidungen im Numerus" noch "semantiche Unterschiede" verbunden (vgl. die Definition unter 1. oben). Für den Inhalt jeder einzelnen Nominalklasse (die Bedeutungen der Substantive, die einer Klasse angehören) können jeweils bestimmte semantische Kategorien festgestellt werden. Selten lassen sich aber wie bei der Kl. 2, die nur Menschen enthält, oder bei der Kl. 13, die nur lokative und temporale Funktion aufweist, für alle Substantive einer Klasse eine gemeinsame Kategorie erkennen. Bei der Mehrzahl der übrigen Klassen gehören die Substantive mehreren verschiedenen semantischen Kategorien an, die sich - zumindest von außen - nur schwer miteinander in Beziehung setzen lassen, wie z.B. bei der Kl. 9, die zum einen die Verbalnomen (VN) der Mehrzahl der Verben bildet und außerdem fast alle Bäume sowie Gerätschaften aus Holz enthält; oder die Kl. 11, in der neben den Früchten der Bäume, auch Nicht-Zählbares und abstrakte Begriffe, die menschliche Daseinsformen oder Verhaltensweisen beschreiben, vorkommen. Tierbezeichnungen verteilen sich, von wenigen Fällen abgesehen, auf die Kl. 3, 3a und 3N, in denen aber auch jeweils eine Anzahl von Begriffen aus anderen Kategorien enthalten sind. Lediglich in der Kl. 3a kommen außer den Tierbezeichnungen nur noch wenige andere Substantive vor, so daß diese Unterklasse als 'Tierklasse' bezeichnet werden könnte, wobei aber zu fragen wäre, warum die anderen Tiere in den anderen Klassen zu finden sind.

In der Kl. 7 wiederum sind neben 'Mineralien' und 'Gräsern' auch Begriffe aus mehreren Kategorien (z.B. Tiere, Körperteile, Geräte) zu finden, die unter dem semantischen Feld 'Ernährung und Fortpflanzung' zusammengefaßt werden können. Aus letzterem kann abgeleitet werden, daß auch Beziehungen zwischen den verschiedenen Kategorien von Bedeutung sind. Wie für Holz bereits angedeutet, sind Artefakte häufig in der gleichen Klasse wie das Rohmaterial. Kleidungstücke sind in der Regel bei den Körperteilen, die sie bedecken, zu finden.

Von den Kl. 2(a) und 13 abgesehen, kommen somit zwar in jeder Klasse jeweils mehrere Substantive vor, deren semantische Zuordnungskriterien zu gerade dieser

Klasse völlig unklar sind, und die, von außen betrachtet, ebenso gut auch in einer anderen Klasse sein könnten. Dennoch wird hier auf der Grundlage der Semantik noch zwischen zwei weiteren Singularklassen differenziert, die morphologisch, in der Konkordanz und bei den Nominalsuffixen, keine erkennbaren Unterschiede aufweisen, nämlich die Kl. 1 und 3. Die semantischen Unterschiede korrespondieren andererseits aber auch mit den hauptsächlich auftretenden Pluraloppositionen. Fast alle Substantive, die Menschen bezeichnen, gehören im Plural der Kl. 2 (oder 2a) an. Da die Kl. 2(a) - von zwei Ausnahmen abgesehen - nur Substantive enthält, die Menschen bezeichnen, wurden deshalb die entsprechenden Singulare der Kl. 1 zugeordnet. Substantive anderer semantischer Kategorien werden, obwohl sie mit den gleichen Singularsuffixen vorkommen, zur Kl. 3 gezählt. Sie bilden den Plural in der Regel mit der Kl. 4. Einige Personenbezeichnungen bilden den Plural jedoch ebenfalls mit der Kl. 4 (s. 3.3.1.3). Diese sind hier arbiträr, einzig aufgrund der Semantik, im Singular der Kl. 1 und nicht der Kl. 3 zugeordnet.

3.3 Nominalklassen und Nominalklassenpaare

3.3.1 Die Klasse 1

Wie bereits ausgeführt (s. 3.2.2), ist die Kl. 1 hauptsächlich semantisch definiert. Alle Substantive dieser Klasse bezeichnen Personen. Morphologisch können sie im Singular weder durch die Nominalsuffixe noch durch die Konkordanzzeichen (*wų́-* und *-ẹ* ~ *-ø*) von Substantiven der Kl. 3 unterschieden werden. Außer der Semantik unterscheidet sich die Kl. 1 aber auch durch die Pluralopposition von der Kl. 3. Nur Personenbezeichnungen bilden den Plural mit den Kl. 2 (Suffix *-wà*) und 2a (Suffix *-mba*). Den morphologischen Unterschieden bei der Pluralbildung liegt eine weitere semantische Differenzierung in 'allgemeine Personenbezeichnungen' (Kl. 2) und 'Bezeichnungen für Bezugspersonen (u.a. Verwandtschaftsbegriffe)' (Kl. 2a) zugrunde.

3.3.1.1 Das Klassenpaar 1/2

Im Klassenpaar 1/2 sind 'allgemeine Personenbezeichnungen' enthalten. Sowohl im Singular als auch im Plural kommen jeweils mehrere Suffixvarianten vor, die als phonologisch bedingt aufzufassen sind. Lautet der Wortstamm des Substantivs auf einen Konsonanten oder Halbvokal aus, wird im Singular *-ẹ̀* und im Plural *-wà* suffigiert.

(12)	*nẹr-ẹ̀ / nụ-wa*[12]	'Mann, Mensch'
	kuw-è / kuu-wà	'Dieb'
	tal-ẹ / tal-wa	'Person, die fremd geht'
	rụng-ẹ̀ / rụng-ụ-wà	'Gast, Fremder'.

12 Das Suffix des Singulars lautet scheinbar *-rẹ̀*. */r/* kann jedoch vor *-wà* ausfallen (s. III, 1.6.1).

Endet der Wortstamm auf einen einfachen Vokal, fällt *-ẹ̀* aus. Nach nicht-hohen Vokalen verschmilzt das Pluralsuffix *-wà* mit dem Wortstamm, wobei */w/* ausfällt und der Vokal durch den Einfluß des Suffixes zu */a/* wird (vgl. III, 2.2).

(13) *kurù / kuru-wà* 'religiöser Spezialist'
ba-gụlà / ba-gụla-à 'Jäger'
ba-kwịyà / ba-kwịya-à 'Schmied'
kẹwẹ ~ kẹwa / kẹwa-a 'Sklave'
wụtụkọlọ / wụtụkọla-a 'Witwe'
kerimò / kerima-à 'blinde Person'.

Die Suffixvariante des Plurals *-(a)à* kommt zudem bei Substantiven vor, die zwar gleichfalls wie bei (13) im Singular vokalisch auslauten, bei denen aber der auslautende Vokal vermutlich nicht stammhaft, sondern als Suffix aufzufassen ist:

(14) *bwẹẹg-à / bwẹẹg-aà* 'Kleinkind' (*bwẹẹg-ị* 'Kindheit' (Kl. 11)
ba-gomb-ò / ba-gomb-aà 'Geck' (*gomb-i* 'Geckentum' (Kl. 11).

(15) *gwẹr-à ~ gwẹr-ẹ̀ị / gwẹr-ụ-wà* 'Junggeselle' (*gwẹr-ị* '-ntum' (Kl. 11).

Eine mögliche Interpretation der Beispiele (14) und (15) ist, ein vokalisches Ableitungsmorphem für Nomina Agentis anzunehmen, das dem Wortstamm suffigiert wird.[13] Der hieraus resultierende vokalische Auslaut des Singulars bedingt dann die gleichen Gesetzmäßigkeiten wie unter (13) dargestellt. Diese Annahme beinhaltet auch, daß *-à* und *-ọ̀* keine Klassensuffixe der Kl. 1 sind. Die einzigen weiteren Belege bei denen *-à* und *-ọ̀* als Suffixe der Kl. 1 angesehen werden könnten, sind:

(16) *kọn-ọ́ / kọn-ba* 'Mutters Bruder; Kind der Schwester'
balá-a / balá-mba 'Oberhaupt ("chief")'
kwá-à / kwa-tə̣-mba 'junger Mann'.

Bei *kọn-ọ́* spricht der H dagegen, daß *-ọ́* das Nominalsuffix dieser Klasse ist. Es handelt sich wahrscheinlich um ein Lehnwort[14], dessen vokalischer Auslaut als Suffix behandelt wird bzw. vor dem Pluralsuffix ausfällt. Das Suffix *-à* bzw. *-a* im Singular des zweiten und dritten Beispiels ist dadurch zu erklären, daß das Suffix der Kl.1 *-ẹ̀* wegen des Tonkontrastes nicht ausfällt, sondern nur lautlich assimiliert wird (vgl. (31)-(32) unten)[15]. Der Plural dieser beiden Beispiele wird mit der Kl. 2a gebildet (s. 3.3.1.2).

Problematisch ist die Analyse des Pluralsuffixes der Beispiele (17), deren Wortstamm auf einen Nasal endet. Hier könnte der Plural durch das Suffix der Kl. 2a *-mba* gebildet sein, dessen anlautende Nasalität nach einem Nasal reduziert sein könnte.[16]

13 Zur Komplementarität der Vokale */a/*, */ọ/* und */o/* in Affixen s. die Vokalharmonie (II, 2.4).
14 Vgl. Tan.: *kẹnọ́m wáana* 'my nephew'; *kẹnọ́m kude* 'my mother's elder brother'.
15 Ein vergleichbares Verhalten ist für hohe Vokale belegt, bei denen Verschmelzung nur dann auftritt wenn tonal kein Kontrast besteht. Vgl. III, 2.1.
16 Die Reduzierung der Nasalität kann bei dem Suffix *-ndị* nach Nasal auftreten; vgl. III, 1.4.2.

(17) *ba-cin-e / ba-cin-ba* 'dumme ~ irre Person'
ba-pmm-e / ba-pḿ-ba 'taube Person'[17]
ba-léém-e / ba-léém-ba 'Lügner'
kụlm-ẹ / kụlm-ba 'Heilkundiger, Geistheiler'.

Die Zuordnung dieser Beispiele zur semantischen Kategorie der Kl. 2a (s. 3.3.1.2) fällt jedoch schwer. Zudem gibt es keinen Beleg, bei dem das Suffix der Kl. 2 *-wà* nach stammauslautendem Nasal als *-wà* realisiert wird. Angesichts des Befundes, daß die Entsprechung von *-wà* im Bergwaja häufig *-bà* (*-bò*) lautet,[18] erscheint die Annahme gerechtfertigt, daß nach Nasal die ursprüngliche Form des Pluralsuffixes bewahrt wurde. *-bà* wird somit als phonologisch bedingte Variante des Suffixes der Kl. 2 nach Nasal angesehen.

Verschiedene Wortstämme liegen im Singular und Plural bei:

(18) *ba-bwịya ~ ba-bụya / ba-kwára* 'Kind'

vor. Der Singularstamm kann nie in Possessivkonstruktionen gebraucht werden. Für diese Bildungen hat die Sprache ein anderes Lexem, das entsprechend nur im Singular und nur in Possessivkonstruktionen belegt ist.

(19) *bọl-* 'Kind von ...' *bọl-mi* 'mein Kind'
bọl-Sándà 'Kind des Sanda'.

Die Substantive (20) sind im Plural mit dem Pluralwortstamm von (18) zusammengesetzt.[19] Die Zusammensetzung im Singulars ist unklar. Er könnte mit einer kontrahierten Variante des Singulars von (18) gebildet sein. *ba-bụya* kommt aber nicht in Possessivkonstruktionen vor, so daß ein anderer Wortstamm nicht auszuschließen ist.

(20) *bwẹẹ-kẹ-ẹ / kọr-kẹ-wa* 'Waise' (vgl. *bwẹẹgà* 'Kleinkind')
bwẹẹ-caŋa / kọr-caŋa-a 'Jungfrau'.

Eine Ausnahme in mehrfacher Hinsicht bildet das folgende Beispiel, das auf */l/* auslautet. Konsonatischer Auslaut ist in der Kl. 1 nicht noch einmal belegt. Der Plural zeigt zwar auslautendes tieftoniges *-à*, das als Variante von *-wà* angesehen werden kann; der Wechsel von */l/* (im Singular) zu [*ɾ*] (im Plural), ist jedoch bei anderen Beispielen stets durch ein Suffix bedingt, das mit */r/* anlautet (vgl. III, 1.5).

(21) *məsàl / məsaraà* [*məsaɾaà*] 'traditioneller Titel'.

17 Zur Lautstruktur dieses Substantivs s. II, 1.4.2.
18 Vgl.: *kuw-è / kuu-bò* 'Dieb'; *rụŋ-ẹ̀ / rụŋ-bà* 'Gast'. Das Bergwaja weist bei diesem Suffix Vokalharmonie auf. Siehe hierzu den Dialektvergleich im Anhang.
19 Die Labialisierung im Plural bei (18) ist durch das Suffix bedingt (vgl. III, 1.1.2).

3.3.1.2 Das Klassenpaar 1/2a

Das Klassenpaar 1/2a unterscheidet sich morphologisch von dem Klassenpaar 1/2 vor allem durch ein anderes Pluralsuffixmorphem *-mba*. *-mba* korrespondiert mit einer besonderen Semantik. Während 'allgemeine' Personenbezeichnungen den Plural mit *-wà* bilden, steht *-mba* bei Pluralen, die 'Bezugspersonen und Verwandschaftsbegriffe' bezeichnen.

(22)	*nụr-ẹ / nụr-ụ-mba*	'Frau, Ehefrau'
	nambar-ẹ / nambar-ə̣-mba	'Mann, Ehemann'
	kwá-à / kwa-tə̣-mba	'junger Mann'
	balá-a / balá-mba	'Oberhaupt (chief)'
	layị / láy-ị-mba ~ láy-ị-ndị	'Frau des Hauses (Anrede unter Frauen)'[20].

3.3.1.2.1 Das Morphem *-́t-*

Fast alle Substantive, die Verwandschafts- und Beziehungsverhältnisse bezeichnen, weisen im Singular ein Suffix *-́tẹ* auf. *-́tẹ* steht vor allem bei den Lexemen, die im normalen Sprachgebrauch in der Regel immer in Possessivkonstruktionen vorkommen.

(23)	*kwii-tè / kwii-mba*	'Vater'
	mbáá-tẹ̀ / mbáá-mba	'Vater'
	njíí-te	'(eigene) Mutter'
	njáá-tẹ	'Mutter, Tante'
	cịya-tệ / cịya-mba	'Schwester, Bruder'
	bwịya-tẹ̀ / bwịya-mba	'Ehemann'
	kaa-tệ / kaa-mba	'Nebenfrau'
	ba-pal-tẹ / ba-pal-mba	'Altersgenosse'
	ba-pụụ-tẹ / ba-pụụ-mba	'Verwandter durch Vertrag'
	ba-síŋ-te / ba-síŋ-ba	'Freund'
	ba-cẹn-tẹ / ba-cẹn-ba	'Feind'.

-́tẹ̀ fällt aus, sobald ein Possessivpronomen antritt:

(24)	*kwii-tè*	'Vater'	*kwii-yir-e*	'unser -'
	(vgl. *kwii-mba*	'Väter'	*kwii-mbá-yú-wà*	'unsere -').

Da bei anderen Klassensuffixen mit der Struktur -KV der Konsonant in Possessivkonstruktionen bewahrt bleibt, ist hier ein Morphem *-́t-* anzunehmen, an das das Suffix der Kl. 1 -ẹ̀ antritt. Die Bedeutung dieses Morphems könnte mit 'irgendjemandes -' wiedergegeben werden. In der Regel bilden Substantive, bei denen *-́t-* im Singular steht, den Plural mit *-mba*. Ausnahmen, deren Plurale der Kl. 2 angehören, sind:

20 Der Plural kann auch nach der Kl. 4 gebildet werden und scheint dann mehr den allgemeinen Status zu bezeichnen und nicht die Bezugspersonen im eigenen Haus. Vgl. 3.3.1.3 (27).

(24) *kuno-tê / (ba-)kuna-a* 'Freundin (einer Frau)'
ba-gəra-tẹ / ba-gəra-a 'älterer Bruder, älteres Familienmitglied'
kaká-(tẹ̀) / kaka-mba ~ kaka-a 'Großvater, Großmutter, Enkel'.

bagəraa hat auch die allgemeine Bedeutung 'Ältere'. Im letztgenannten Beispiele können im Plural zum einen die persönlichen Großeltern oder Enkel gemeint sein, zum anderen aber auch jeder, dessen Altersunterschied diesem Verhältnis entspricht.

Möglicherweise ein Allomorph von *-́t-* liegt bei den beiden folgenden Substantiven vor, denen im Singular *-gẹ̀* suffigiert wird. Ebenso wie bei *-́t-* fällt auch der Konsonant dieses Morphems in Possessivkonstruktionen aus.

(25) *kun-gè ~ kun-tè / kun-a-mba ~ kun-ba* 'Mutter'
pwan-gẹ̀ / pwan-ba 'erwähnte Person' (vgl. *pwan-yọ* '-seine')

Deutlich ist hiervon ein weiteres Beispiel zu unterscheiden, das in der Singularform ebenfalls ein Suffix *-gẹ̀* aufweist und den Plural mit der Kl. 2 bildet. Hier bleibt *-gẹ̀* vor dem Possessivpronomen erhalten. Das Substantiv ist m.E. auf *taa* 'hüten, aufziehen' zurückzuführen. Eine vergleichbare Ableitung ist nicht noch einmal belegt. Ein Suffix *-gẹ̀* kommt als Ausnahme auch in der Kl. 3 vor (s. 3.3.2.1 (38)).

(26) *taa-gẹ̀ / taa-wa* 'Schäfer' (vgl. *taa-gẹ-mi* ' -mein').

3.3.1.3 Das Klassenpaar 1/4

Eine kleine Gruppe von Personenbezeichnungen bildet den Plural mit der Kl. 4 (*-ndį*). Vermutlich ist auch hier eine bestimmte semantische Kategorie mit diesem Klassenpaar verbunden. Unter den Belegen befinden sich Titel und Bezeichnungen für besondere Positionen innerhalb der Familie. Die Kl. 4 enthält ansonsten die Plurale der Kl. 3 und 5 und somit Begriffe aus mehreren verschiedenen semantischen Kategorien. Die Zuordnung dieser Substantive zur Kl. 1 wird einzig durch die Semantik begründet (vgl. 3.2.2). Bemerkenswert ist, daß im Gegensatz zu den übrigen Belegen der Kl. 1 auffallend viele Substantive im Singular auf einen H auslauten, der nicht erklärt werden kann. Ein Suffix ist nur bei einem der Beispiele segmental festzustellen.

(27) *kẹkẹmá / kẹkẹmá-ndį* 'Reiter'
mẹgụwa / mẹgụwa-ndį 'Schmied'
bəlamá / bəlamá-ndį 'traditioneller Titel'
nasáárá / nasáárá-ndį 'Europäer, Asiate' (Ful)
nẹpẹ́ / nẹpẹ́-ndį 'Zwilling, wenn der/die andere gestorben ist'
sondú / sondú-ndi 'Mädchen, nach Zwillingen geboren'
wụnyẹ̀ / wụnyẹ-ndį̀ 'Junge, nach Zwillingen geboren'
layį / láy-į́-ndį ~ láy-į́-mba 'Frau des Hauses' (vgl. (22))
wiy-e / wii-ndi 'weibliches Wesen'.

3.3.2 Die Klasse 3 und ihre Unterklassen 3a und 3N

Eine Anzahl der Substantive der Kl. 3 weisen die gleichen Nominalsuffixe (*-ę̀*, *-ø*) auf, die auch in der Kl. 1 vorherrschen. Des weiteren sind auch die Konkordanzzeichen (*wų́-* und *-ę* (~ *-ø*)) dieser beiden Klassen identisch. Die Kriterien nach denen die Substantive den beiden Klassen zugeordenet sind, wurden bereits erörtert (s. 3.2.2).

Darüberhinaus ist bei gleicher Konkordanz eine ebenfalls große Zahl von Substantiven vorhanden, die aufgrund der Nominalsuffixe *-à* ~ *-ò* einerseits, sowie *-Nę̀* andererseits - deutlich von den Substantiven der Kl. 1 zu unterscheiden sind. Die Suffixe *-à* ~ *-ò* korrespondieren zusätzlich mit einer bestimmten semantischen Kategorie und einer besonderen Pluralbildung nach der Kl. 6. Hier sind (zumindest historisch) unterschiedliche Klassen und Klassenpaare anzusetzen, die aber (heute) die gleichen Konkordanzzeichen aufweisen. Obwohl der Abbau von Konkordanz(klassen) im Waja wahrscheinlich ist, muß zum gegenwärtigen Forschungsstand von einer Unterteilung der Kl. 3 in weitere eigenständige Nominalklassen Abstand genommen werden. Einzig die Aufstellung zusätzlicher Unterklassen erscheint gerechtfertigt. Die Abgrenzung zwischen den Belegen der einzelnen Unterklassen an Hand der Nominalsuffixe kann nämlich nicht immer in befriedigender Weise durchgeführt werden. Dies gilt besonders für Substantive, die, wie die folgenden, ohne Plural vorliegen. Einerseits kontrahiert ein Suffix *-ę̀* (Kl. 3) mit einem stammauslautenden Vokal (vgl. (13) oben), zum anderen kann der auslautende Vokal der Beispiele (28) auch ebenso das Nominalsuffix der Kl. 3a *-à* oder *-ǫ̀* darstellen, das im erstgenannten Beispiel (nach einer Vokalfolge) mit dem Stamm verschmolzen ist.

(28)	*sę̀ę̀*	'Gepäck; Kleidung'	*berò*	'Hirseart'
	gə̧nà	'Reichtum; Erbschaft'	*taacà*	'Hirseart'
	gǫǫbà	'verbrannter Dung'	*lǫrǫ*	'Treibjagd'.

Der Kl. 3 und ihren Unterklassen 3a und 3N gehören Lexeme aus mehreren semantischen Kategorien an, mit einem vergleichsweise höheren Anteil an Lehnwörtern. Fast alle Tierbezeichnungen sind in diesen Klassen enthalten, des weiteren kommen Bezeichnungen für (Kultur)Pflanzen, Werkzeuge, Artefakte, Naturerscheinungen, abstrakte Begriffe und Körperteile vor. Die Verteilung der verschiedenen Kategorien auf die einzelnen Unterklassen ergibt jedoch ein differenzierteres Bild. Die Mehrzahl der Tierbezeichnungen ist in der Kl. 3a zu finden, die ihren Plural - im Unterschied zur Kl. 3 und 3N - mit der Kl. 6 bildet. Da dieses Klassenpaar 3a/6 überwiegend Substantive dieser semantischen Kategorie enthält, könnte es als 'Tierklasse' bezeichnet werden.

Mehrere Substantive der Kl. 3, zumeist abstrakte Begriffe und Mengenbezeichnungen, liegen ohne Pluralangaben vor. Die morphophonologischen Gesetzmäßigkeiten, die bei der Suffigierung des Nominalsuffixes *-ę̀* zu beobachten sind, entsprechen denen der Kl. 1 (vgl. 3.3.1.1). *-ę̀* tritt nur nach Konsonanten und Halbvokalen auf.[21]

(29)	*kum-è*	'Nacht'	*kųųl-ę*	'Armut'
	twiig-è	'Holzkohle; Ruß'	*sųw-ę̀*	'Bart; Kinn'.

21 Die Frage der Töne der Suffixe wird unter 3.1 angesprochen. Neben *-ę̀* kommt die Variante *-ę* vor.

Einige der konsonantisch auslautenden Substantive lassen aber weder segmental noch tonal ein Suffix erkennen.

(30)	*ganjár*	'Antilopenart'	*ganjaŋ*	'Pocken'
	ba-dụnkal	'Hüftwurf (Ringkampf)'.		

Nach auslautendem Vokal kontrahiert *-ẹ̀* in der Regel mit dem Wortstamm (vgl. (28)). Trägt der Vokal aber einen Hochton, so bleibt das Suffix häufig erhalten, assimiliert sich aber an den Stammvokal.

(31)	*waasá-à*	'Pfeffer'	*kụrá-à*	'Suppenpflanzen'.

Die Kl. 3 enthält auch einige Substantive, die von Verben abgeleitet sind.

(32)	*pạrà*	'Frage'	*pạra*	'fragen'
	gwẹlà	'Disput'	*gwẹla*	'disputieren'
	kụrá-à	'Suppenpflanzen'	*kụra*	'einsammeln'
	kụlá-à	'Verleumdung'	*kụla*	'verleumden'
	mwara	'Gras zum Dachdecken'	*mwar-ị́ya*	'abschneiden'.

3.3.2.1 Das Klassenpaar 3/4

Die Mehrzahl der Substantive der Kl. 3 bilden den Plural mit der Kl. 4 (Suffix: *-ndị*). Beispiele für die verschiedenen Suffixoppositionen sind:

(33)	*-ẹ̀ / -ndị*	
	kọw-ẹ̀ / kọw-ụ-ndị	'Tuch, Körpertuch'
	kụw-ẹ̀ / kụw-ụ-ndị	'Hausruine'
	kalaw-ẹ̀ / kalaw-ụ-ndị	'Veranda'
	kẹẹg-ẹ / kẹẹg-ạ-ndị	'Okra'
	kargar-ẹ̀ / kargar-ạ-ndị	'Zaun'
	wutər-è / wutər-ə-ndi	'Wind; Geister'.

(34)	*-ø / -ndị*	
	kwaa / kwaa-ndị	'Steinmauer'
	cwaị / cway-ạ-ndị	'Wasserflasche (Flaschenkürbis)'
	ba-capá / ba-capá-ndị	'Beil'
	kọndọ̀ / kọnọ-ndị[22]	'Fäkalien'
	buro / buro-ndi	'Asche'
	tara / tara-ndị	'Jagd'
	lakárgár / lakárgár-ạ-ndị	'Buch, Papier'
	lạkạ́r / lạkạ́r-ạ-ndị	'Schluckauf'.

22 Zur Lautveränderung in der Pluralform s. III, 1.4.1.

Steht im Stammauslaut ein Nasal, so scheint die Pluralsuffixvariante in einigen Fällen *-dį* zu lauten, wobei anzunehmen ist, daß die Nasalität von */nd/* des Pluralsuffixes *-ndį* mit dem Nasal des Stammauslauts verschmilzt (s. III, 1.4.2).[23]

(35) *jum-e / jumdi* 'Horn'
ba-sẹ́m-ẹ / ba-sẹ́mdį 'Finger-, Fußnagel'
dwaŋ-ẹ / dwaŋdį 'Wange'.

Dieser Prozeß ist auch im Plural der folgenden Substantiven anzunehmen, deren Wortstamm auf einen Nasal auslautet. Im Singular tritt segmental kein Suffix an.

(36) *ba-kẹnkẹ́ń / ba-kẹnkẹ́ndį* 'Schildkröte'
lawáń / lawándį 'gewebter Baumwollstreifen'
goosúḿ / goosúmdi 'Harfe'.

Ein Vergleich der Struktur der Beispiele (35) und (36) deutet auf einen Zusammenhang zwischen Suffix -ø nach Nasal und Silbenzahl des Wortstammes hin. Der auslautende Nasal ist vor allem bei hochtonigem Auslaut als silbisch aufzufassen. Die Abgrenzung dieser Beispiele von denen der Unterklasse 3N (vgl. (42) unten) ist in Einzelfällen problematisch.

Das Klassenpaar (3/4) enthält auch mehrere Tierbezeichnungen. Möglicherweise lag dieser Zuordnung - Tiere finden sich mehrheitlich im Klassenpaar 3a/6 - einmal eine bestimmte semantische Kategorie zugrunde, die eine 'mindere Qualität' ausdrückte. Die folgenden Beispiele weisen im Singular das Suffix *-ẹ̀* oder -ø auf. Gerade die Suffixopposition -ø / *-ndį* kommt bei Lehnwörtern sehr häufig vor. Vermutlich sind deshalb unter den Tierbezeichnungen (37) auch einige wahrscheinlich entlehnte Lexeme zu finden, die nicht dieser Kategorie zuzurechnen sind.

(37) *cọọg-ẹ̀ / cọọg-ə-ndį* 'Schlange'
səŋ-ẹ / səŋ-ndį 'Python'
yaŋ-ẹ̀ / yaŋ-ndį 'Affe'
bọbọọ / bọbọ́ọ́-ndį 'Termiten'
pụwaa / pụwáá-ndį 'Huhn, das keine Eier legt'
dụụtal / dụụtal-ndį 'Raubvogelart'
bọbọ / bọbọ-ndį 'junges Lebewesen'

aw-ẹ̀ / aw-ụ-ndį 'Wildkatze'
mẹẹ / mẹẹ-ndį 'männliche Ziege'
baį / bay-į-ndį 'Hund'
jalaŋ / jalaŋ-ndį 'Affenart (schwarz)'
tẹlẹ́ḿ / tẹlẹ́ḿ-dį ~ tẹlẹ́-ndį 'Giraffe'
ba-páátụ́ / ba-páátụ́-ndį 'Katze'.[24]

23 Zu einer alternativen Interpretation des Pluralsuffixes s. 3.3.2.5.

24 Vgl. Tan.: *la-awẹ* 'wildcat'; *mẹ́ẹ̀* 'goat'; *baį* 'dog'; *tẹlẹm* 'giraffe'; sowie: Tera: *njaláŋ* 'monkey (black colobus)'; und Ful: *faatuuru* 'Katze'.

Unregelmäßige Suffixwechsel zeigen in diesem Klassenpaar die Beispiele (38). Der Singular des letztgenannten Substantivs deutet auf ein Suffix *-gẹ* hin. *-gẹ̀,-gẹ* kommt auch bei einigen Belegen der Kl. 1 vor (s. 3.3.1.2.1 (25)-(26)).[25]

(38) *tụw-ẹ̀ / tụm-dị*[26] 'Maus; Störenfried (Person)'
kaa-gẹ / ka-yị-ndị ~ ka-yị-gị 'Kalebasse' (*kaá-mi ~ kaagə̣-mi* 'meine -').

3.3.2.2 Die Unterklasse 3N

Die Unterklasse 3N ist dadurch definiert, daß alle Nominalsuffixe im Singular einen Nasal enthalten. Während bei einigen Beispielen die Suffixstruktur *-Nẹ̀* vorliegt, ist bei anderen nur ein *-N* festzustellen. Es ist durchaus vorstellbar, daß bei mehrsilbigen Wortstämmen der Vokal des Suffixes ausgefallen ist. Deshalb sind alle Beispiele, die einen Nasal als Suffix erkennen lassen, hier zitiert. Eine besondere semantische Kategorie kann bei dieser Unterklasse nicht angegeben werden. Sie enthält aber relativ viele Körperteile sowie einige Tiernamen. Der Plural entspricht segmental dem Klassenzeichen der Kl. 4. Das Suffix wird hier jedoch - im Unterschied zum Klassenpaar 3/4 - bei den Belegen tieftonig realisiert, die auch im Singular ein tieftoniges Suffix aufweisen. *-ndị̀* wird deshalb hier tieftonig angesetzt. Die Beispiele sind nach Suffixen geordnet.

(39) *-mẹ̀ / -ndị̀*

ne-me / ne-ndi	'Tier; Fleisch'
goru-me ~ goru-ŋe / goru-ndi	'Kehle'
dọnọ-mẹ̀ / dọnọ-ndị̀	'Trillern der Frauen'
kanga-mẹ̀ ~ kaŋa-mẹ̀ / kaŋa-ndị̀	'Backe'
caŋ-mẹ ~ caa-mẹ / caŋ-ndị ~ caa-ndị	'Messer'
cwaa-mẹ̀ ~ caa-mẹ̀ / cwaa-ndị̀ ~ caa-ndị̀	'Empfangsraum'.

(40) *-ŋẹ̀ / -ndị̀*

nu-ŋè / nu-ndì	'Auge'
kwala-ŋẹ / kwala-ndị	'Achsel'
ba-wúrú-ŋe / ba-wúrú-ndi	'Finger'
bẹtə̣-ŋẹ / bẹtə̣-ndị	'Ast'
kụsụ-ŋẹ / kụsụ-ndị	"tribal marks"
sụụra-ŋẹ̀ / sụụra-ndị̀	'Gazelle'
gapə̣-ŋẹ̀ / gapə̣-ndị̀	'Monitor (Eidechse)'
pẹrẹ-ŋẹ̀ / pẹrẹ-ndị̀	'Raubvogel (Ha. *shaho*)'.

(41) *-nẹ̀ / -ndị̀*

yụŋ-nẹ̀ / yụŋ-ndị̀	'Elephant
səŋ-ne / səŋ-ndi	'Fliege'

25 Vgl. auch Waja: *cọọgẹ̀*; Cham: *sọ̀ọ̀*; Awak: *sọọ* 'Schlange'.

26 Die Pluralbildung dieses Beispiels ist auch im Bergwaja unregelmäßig. Vgl. *tə̣p-ẹ̀ / tə̣m-dị*.

jiŋ-ne / jiŋ-ndi 'Fisch'
gəŋ-ne / gəŋ-ndi 'Armreif'
ba-dəlé-nè / ba-dəlé-ndì 'Hase'.

Die Zuordnung der folgenden Substantive zur Unterklasse 3N ist aufgrund der phonologischen Gegebenheiten nicht gesichert. Assimilationsprozesse, die die Artikulationsstellen der Nasale verändert haben könnten, sind nicht auszuschließen. Des weiteren erlaubt die Tonstruktur der Beispiele nicht, ein tieftoniges Pluralsuffix festzustellen. (Vgl. hierzu die Beispiele (36) oben).

(42) *-N / -ndį* (?), *-ndį̀* (?)
mẹsa-m / mẹsa-ndį 'Löwe'
gaụra-ŋ / gaụra-ndį 'Futterbeutel (für Pferde, Esel)'
gọndọ-ŋ / gọnọ-ndį 'Krokodil'
kụmba-ŋ / kụma-ndį 'Tontrommel'[27].

3.3.2.3 Die Unterklasse 3a und das Klassenpaar 3a/6

Morphologisch unterscheidet sich die Unterklasse 3a von der Kl. 3 durch unterschiedliche Suffixe im Singular und einer besonderen Pluralbildung, nämlich der nach Kl. 6 (Nominalsuffix *-į̀*). Diese Unterschiede sind jedoch in der Konkordanz nicht vorhanden. Kl. 3a und 3 einerseits und Kl. 6 und 4 andererseits weisen jeweils die gleichen Konkordanzelemente auf. Die Suffixvarianten des Singulars sind vokalharmonisch bedingt (s. II, 2.4.2). Bei engen (bzw. unmarkierten) Stammvokalen lautet das Suffix *-à*, mit der Variante *-ọ̀* bei Stammvokal */ọ/*. Bei weiten Stammvokalen wird *-ò* suffigiert.

Das Klassenpaar 3a/6 enthält überwiegend Tierbezeichnungen. Von den wenigen Belegen, die keine Tiere bezeichnen, gehören einige (47) verwandten semantischen Feldern an. Eine kleine Gruppe der übrigen Substantive (48) läßt sich unter dem Oberbegriff 'Gefäße' zusammenfassen. Die Beispiele sind nach der Semantik und die Tierbezeichnungen zusätzlich nach den Singularsuffixen geordnet.

Tierbezeichnungen:

(43) *-à / -į̀*[28]
lamc-a / laḿc-į̂ 'Frosch'
sap-à / sap-į̀ 'Hammel'
yang-a / yang-į̂ 'Waran'
jamt-a / jaḿt-į̂ 'Perlhuhn'
tang-à / tang-į̀ 'Rind'
gụmp-à / gụmp-į̀ 'Käfer'

27 Zur Lautveränderung in der Pluralform s. III, 1.4.1.

28 Die Frage der Töne der Nominalsuffixe wird in 3.1 oben angesprochen. Bei der Durchsicht der Beispiele (43)-(49) ist festzustellen, daß die jeweils tieftonig angegebenen Suffixe des Singulars einerseits und des Plurals andererseits in einigen Fällen zu tonal unterschiedlichen Realisierungen führt. Eine befriedigende Erklärung dieser Unterschiede kann momentan noch nicht gegeben werden.

	yar-â / yar-ị̀	'Hund'
	ngẹẹl-à / ngẹẹl-ị̀	'Kamel'
	jangar-à / jangar-ị̀	'Laus'
	nịyár-a / nịyár-ị̀	'Biene; Honig'
	ba-dẹŋt-à / ba-dẹŋt-ị̀	'Skorpion'
	ba-də̣d-à / ba-də̣d-ị̀	'Fledermaus'.

(44)	*-ọ̀ / -ị̀*	
	kọm-ọ̀ / kọm-ị̀	'Antilopenart'
	kọl-ọ́ọ̀ / kọl-ị́ị̀	'Hahn'
	ba-kọọr-ọ / ba-kọọr-ị̂	'Esel'
	ba-wọ́l-ọ / ba-wọ́l-ị	'Honigfliege'.

(45)	*-ò / -ì*	
	wowol-ò / wowol-ị̀	'Bremse'
	goond-ô/ goond-î	'(beißende) Ameise'
	ba-sən-o / ba-sən-i	'Spitzmausart'
	ba-per-ò / ba-per-ì	'Geier'
	ba-ges-ò / ba-ges-ì	'Pavian'
	gun-ò / gun-ì	'Ziege; (kollektiv:) Ziegen und Schafe'.

Die Beispiele (46) zeigen im Singular ein Suffix -ø. Es ist möglich, daß hier das Singularsuffix erstarrt ist.[29] Ebenso könnte hier - bei vokalischem Stammauslaut - das Suffix der Kl. 3 -ẹ̀ mit dem Stammauslaut verschmolzen sein (vgl. (28) und (34)). Dann wäre die Zuordnung zu den Beispielen (49) des Klassenpaares 3/6 im folgenden Abschnitt gerechtfertigt, bei denen das Suffix der Kl. 3 -ẹ̀ antritt.

(46)	*-ø ? / -ị̀*	
	jụwa / jụwa-ị	'Heupferd'
	cwiyo / cwiye-i (< cwiyo-i)	'Huhn'
	kụkụcụ / kụkục-ị̂ (< kụkụcụ́-ị̀)	'Ente'.

<u>Substantive anderer Kategorien:</u>

(47)	*swat-à / swat-ị̀*	'abgestreifte Haut der Schlange; Kamm'
	kə̣r-àà / kə̣r-ị̀	'Sehne'
	lə̣pə̣́r-a / lə̣pə̣́r-ị̀	'Nadel'
	swan-à / swan-ị̀	'(Kultur)Pflanzen, die sich während des letzten Jahres selbst ausgesät haben'.

(48)	*tẹng-a / tẹng-ị*	'Topfart'
	tẹn-à / tẹn-ị̀ ~ tẹndị	'Mörser'
	kọsə̣́l-ọ̀ / kọsə̣́l-ị̀	'Gefäß zum Spinnen'
	sọr-ọ / sọr-ị̂	'kleine Kalebasse'.

---

29 Vgl. Bergwaja: *juw-a / juw-ị* 'Heupferd'; *cuk-o / cwik-i* 'Huhn'.

3.3.2.4 Das Klassenpaar 3/6

Mit dem Suffixmorphem der Kl. 6 *-ị̀* wird bei einer kleineren Anzahl von Substantiven der Kl. 3 der Plural gebildet. Substantive mit dieser Suffixopposition *-ẹ̀ /-ị̀* bezeichnen - wie die des Klassenpaares 3a/6 - überwiegend Tiere.

(49) *-ẹ̀ /-ị̀*

yid-è / yid-ì	'Vogel'
puur-e / puur-i	'Schaf'
ba-rẹk-ẹ / ba-rẹk-ị̂	'Krebs'
ba-dụngụ́r-ẹ̀ / ba-dụngụ́r-ị̀	'Igel'
ba-rẹnk-ẹ / ba-rẹnk-ị̂	'Erdhörnchen'
sụụr-ẹ / sụụr-ị̂	'Filtergefäße für Asche'
gwandal-ẹ̀ / gwandal-ị̀	'Messer (Waffe)'
podər-è / podər-ì	'Pinzette'.

3.3.2.5 Pluralbildungen mit dem Suffix *-rị*

Eine Gruppe von Substantiven der Kl. 3 und 3a (wie auch der Kl. 5 (s. 3.3.3.2)), deren Wortstamm jeweils auf */l/* auslautet, bildet den Plural mit dem Suffix *-rị* [*-ɾị*]. Die hierbei auftretenden morphophonologischen Prozesse sind unter III, 1.5 dargestellt. Dort wird u.a. gezeigt, daß bei Wortstämmen mit mehr als zwei Silben stammauslautendes */l/* mit dem anlautenden */r/* des Suffixes zu [*ɾ*] verschmilzt.

(50) *gul-e / gul-ri*	'Stück, Teil'
ba-swál-ẹ̀ / ba-swál-rị	'Hoden'
ba-jwál-ẹ̀ / ba-jwál-rị	'Stern; Glas, Spiegel'
kụnjal-ẹ̀ / kụnja-rị̀	'große Rattenart'
kondol-e / kondo-rî	'Erdnuß'.

(51) *cul-o / cul-ri ~ cul-ndi*	'Griff, Stiel'
kọl-ọ̀ / kọl-rị	'Trommel, Tanz'
sụl-à / sụl-rị ~ sụl-ndị	'Flöte'
mạl-à / mạl-rị	'Jahr'.

Als phonologisch bedingte Variante von *-ndị* (Kl. 4) oder *-ị̀* (Kl. 6) kann das Pluralsuffix *-rị* nicht angesehen werden, da beide nach */l/* auftreten können (s. hierzu (43)-(45) oben). Das Klassenzeichen der Kl. 10 (Konkordanzpräfix *tụ́-*) lautet *-rị*. Eine mögliche Interpretation des Plurals der Beispiele (50) und (51) wäre, daß entweder 'alte' Klassenpaare 3/10 und 3a/10 vorgelegen haben, oder daß ein anderes, lautlich ähnliches Suffix mit *-ndị* zusammengefallen ist. Bei auslautendem */l/* des Wortstammes ist es aber noch bewahrt worden.

Die Substantive (51) weisen im Singular die Suffixvarianten *-ò ~ -ọ̀ ~ -à* auf und sind demzufolge der Unterklasse 3a zuzuordnen. Während die überwiegende Mehrzahl der Belege der Kl. 3a Tiere bezeichnet, ist in dieser Gruppe keine Tierbezeichnung enthalten. Möglicherweise ist hier insofern ein Zusammenhang mit dem unterschiedlichen Pluralsuffix zu sehen, als Nicht-Tiere im Plural ein anderes Pluralmorphem hatten, das in bestimmter phonologischer Umgebung bewahrt wurde. Es wäre denkbar, daß in einigen Fällen nach Nasal eine Suffixvariante *-dị* bewahrt wurde (vgl. (35).[30] Auch bei den beiden folgenden Substantiven, die ebenfalls eine 'unregelmäßige' Suffixopposition aufweisen, könnte eine Variante des gleichen Pluralmorphems vorliegen. Falls diese Annahme zutrifft, wäre *-dị* hier nicht, wie an anderer Stelle angenommen, als reduzierte Variante von *-ndị* nach Nasal anzusehen.[31]

(52)	*cụn-a / cụn-dị*	'Axt'
	tẹn-à / tẹn-dị ~ tẹn-ị̀	'Mörser'.

3.3.3 Die Klasse 5

Das Nominalsuffix der Kl. 5 lautet in der Mehrzahl der Beispiele *-ụ́* und entspricht in dieser Form dem Konkordanzsuffix. Die Kl. 5 gehört zu den Hochtonklassen, bei denen die Suffixe in Pausastellung - je nach Tonstruktur des Wortstammes - hochtonig (H) oder nicht-hochtonig (NH), nie aber tieftonig (T) realisiert werden.

In der Kl. 5 sind Jahres- und Tageszeiten, Naturerscheinungen, lokative und abstrakte Begriffe enthalten. Des weiteren kommen Begriffe vor, die mit Gehöft und Anbaufläche in Verbindung stehen. Ferner sind einige Geräte sowie einige Körperteile belegt. Pflanzen- und Tierbezeichnungen sind nicht vertreten.

Die folgenden Substantive liegen ohne Pluralangaben vor.

(53)	*kụụ*	'Unterseite'	*duu*	'Handel; Preis'
	taa-wụ ~ taa	'Anfang; Grundlage'	*yẹẹ-wụ*	'Uterus'
	jundú	'Regenzeit'	*pənụ*	'(der) Morgen'
	kalụ	'überdachte Veranda'	*yẹrasụ*	'Sodbrennen'
	kanụ	'Trockenperiode während der Regenzeit'.		

Bei den Beispielen (54) mit auslautendem nicht-hohem Vokal entsteht durch Suffigierung von *-ụ́* eine Vokalfolge, die in der Artikulation einem Diphthong entspricht.

---

30 Nach Nasalen werden das Suffix der indef. Form *-rè* und die suffigierte Fragepartikel *rụ̀* mit anlautendem /*d*/ realisiert (s. III, 1.6.2).

31 Vgl. III, 1.4.2. Möglicherweise trifft diese Annanhme auch für weitere Beispiele zu, bei denen *-dị* nach Nasal als reduzierte Variante von *-ndị* interpretiert wurde. Die Genese des Suffixes *-ndị* im Ebenenwaja ist allerdings nicht eindeutig zu interpretieren. Im Bergwaja von Degri und Sikam wird *-ndị* in der Regel nicht gebraucht, die Entsprechungen zeigen stattdessen ein Suffix *-nị*, das wiederum auch im Cham und Tula in den gleichen Klassen auftritt. Andererseits weisen sowohl im Tula als auch im Cham einige Plurale des entsprechen Klassenpaares ein Suffix *-ti* bzw. *-te* auf. Vgl. Tula: *sa(ị)-yẹ / sa-tị* 'bottle gourd'; Waja: *cwaị / cway-ị-ndị*.

(54) *wuló-ú* 'heiße Jahreszeit' *mara-ụ* 'Abend'
diyo-u 'Oberseite'; Himmel ("sky")'.

Neben dem vorherrschenden Suffix *-ú̦* kommt bei mehreren Substantiven ein hochtoniges Nasalsuffix vor, das bei der Mehrzahl der Belege als *-ḿ*, gelegentlich aber auch als *-ŋ́* realisiert wird.[32] Einige der Beispiele ('Gemütsverfassungen' (?)) sind von Verben abgeleitet.

(55) *rəm*	'Dunkelheit'	*karáŋ́*	'Erntezeit'
gəŋ ~ gəŋ-u	'Harmattan'		
kangáḿ	'Liebe'	(*kaŋ-na* 'lieben')	
sukóḿ	'Ärger'	(*sukó* 'ärgerlich werden')	
wẹlẹ́ḿ	'Verstoß, Sünde'	(*wẹl-ẹŋâ* 'täuschen')	
bụnáḿ	'Gnade, Milde'	(*bụn-ị́ya* 'gnädig sein')	
jangáḿ	'Müdigkeit'	(*jaŋ-wâ* 'müde werden').	

Die folgenden Lehnwörter weisen jeweils nur den Ton des Klassensuffixes auf.

(56) *wọ́nọ́* 'gestern' (vgl. Tan.: *ọnọ*; Kan.: *wónò*)
bọrgọ́ / bọrgọ́-ndị 'Decke' (vgl. Kanuri: *borgó*; Ful: *borgoore*).

Das Substantiv (57) ist weder durch ein Suffix noch tonal als Mitglied der Kl. 5 zu erkennen. Es wird auch häufig wie ein Substantiv der Kl. 3 behandelt. Seine Zugehörigkeit zur Kl. 5 wird jedoch klar, wenn ein Possessivpronomen suffigiert wird.

(57) *laa / laa-ndị* 'Gehöft, Haus' *laa-yír-ú* 'unser - ' (Kl. 5)
laa wụ-na (Kl. 5) ~ *laa wụ́-nà* (Kl. 3) 'dieses Haus'
(vgl. *kwaa / kwaa-ndị* '(Stein)Mauer' (Kl.3/4)
kwaa wụ́-nà 'diese Mauer' *kwaá-yir-e* 'unsere - ').

3.3.3.1 Das Klassenpaar 5/4

Der Plural der Kl. 5 wird in der Regel mit der Kl. 4 (*-ndị*) gebildet. Beispiele sind:

(58) *ruu / ruu-ndi* 'Tasche'
yụụ / yụụ-ndị 'Schlafmatte'
tuu / tuw-u-ndi 'Blase; Unterleib'
sẹẹ-yụ ~ sẹy-ụ / sẹẹ-ndị 'Kochstelle'
kwẹẹ-yụ ~ kwẹy-ụ / kwẹẹ-ndị 'Dach des Speichers'.

Bei einigen der folgenden Beispiele kann von einer KVKV- Struktur des Stammes mit auslautendem Stammvokal /ụ/, /u/ oder /ị/, /i/ ausgegangen werden. Der

32 Es könnte angenommen werden, daß bei diesen überwiegend mehrsilbigen Wortstämmen nach einem Nasal der Suffixvokal *-ú̦* ausfallen kann. Vgl. auch die Substantive der Kl. 3 unter (38).

Vokal vor dem Pluralsuffix ist alternativ als Stammvokal oder ein durch die Silbenstruktur bedingter 'Hilfsvokal' anzusehen (vgl. III, 4.).

(59) *nyatụ / nyatụ-ndị*   'Stirn'
candụ / candụ-ndị   'Sitz, Stuhl'
wuru / wuru-ndi ~ wur-ə-ndi   'Höhle'
garụ́ / garụ́-ndị   '(Stadt)Mauer' (Ha., Kanuri).

Nach stammauslautendem Nasal kann die Nasalität des Pluralsuffixes *-ndị* mit der des auslautendem Nasals kontrahieren (vgl. III, 1.4.2).

(60) *lẹm-ụ / lẹm-ndị ~ lẹmdị*   'Feder; Netz'
sẹm-ụ / sẹm-ndị ~ sẹmdị   'Nacken'
cẹm-ụ / cẹm-ndị ~ cẹmdị   'Tränke für Hühner im Gehöft'
cim-u / cim-ndi ~ cim-ə-ndi   'Lederstück (Kindertragetuch)'.

Während bei den Beispielen (61), die durch das Suffix *-ụ́* entstandene Vokalfolge bei der Pluralbildung wieder aufgelöst wird, d.h. *-ụ́* durch das Pluralsuffix ersetzt wird,

(61) *nịya-ụ / nịya-ndị*   'Mund'
deró-ú (< deré-ú) / deré-ndi   'Narbe'
cẹrọ́-ụ́ / cẹrẹ́-ndị   'Brache'
tandá-ụ́ / tandá-ndị   'Falle'
kengó-ú / keŋé-ndi   'Körperseite'
kọngọ́-ụ́ / kọŋọ́-ndị   'Flügel',

fällt bei anderen Substantiven (62) - überwiegend nach einem Sonoranten - stets die gesamte Vokalfolge vor dem Pluralsuffix aus. Die Vokalfolge scheint somit als Singularsuffix aufgefaßt zu werden. Bei Possessivkonstruktionen fällt hingegen vor dem Pronomen nur *-ụ́* aus, und der (Stamm?)Vokal bleibt jeweils erhalten.

(62) *kụw-ọụ / kụw-ụ-ndị*   'verlassenes Gehöft' (*kụwọ-yír-ú* 'unser - ')
nyin-ou / nyin-ndi   'Weg, Straße; Tür' (*nyino-yír-ú* 'unser - ')
kọm-ọụ / kọmdị   'Leichnam'
bənd-óú / bəń-ndi ~ bəńdi   'Speicher'
ba-cin-óú / ba-ciń-ndi   'Geschichte, Erzählung'.

Die Annahme, daß ein auslautender Stammvokal im Plural ausgefallen ist, wird bei den beiden letztgenannten Beispielen durch die tonale Realisierung der Pluralformen gestützt. Der Ton des Vokals ist hier auf den Nasal übergegangen. Der Ausfall der Plosivität des inlautenden */nd/* im Plural von *bindó-ú* ist gesetzmäßig (s. III, 1.4.1).[33]

33 Diese Lautveränderung ist folgendermaßen zu deuten: dem Singular liegt *bəndé-ú* > *bəndó-ú* zugrunde. Durch das Pluralsuffix wird */nd/* lautgesetzlich zu */n/ bəndé-ndi* > *bəné-ndị*. Das */e/* vor dem Suffix fällt aus und der Ton wird auf dem vorausgehenden Nasal realisiert (s. III, 3.1): *bəń-ndi*. Die Pluralvariante schließlich zeigt die häufig belegte Kontraktion von *–ndị* nach Nasal.

Eine Reduktion des Stammes in der Pluralform ist auch bei den folgenden Beispielen anzunehmen. Sie stellen aber Einzelfälle dar.

(63) *twịyaụ / twe-ndi* 'Ohr'
kọndọụ / kọọ-ndị 'Farm'.

Die Suffixvarianten *-ḿ* ~ *-ŋ́*, kommen nur bei einer relativ kleinen Anzahl von Substantiven vor. (Weitere Beispiele sind nur mit der Singularform belegt, s. (55) oben).

(64) *tọmbọrọ-m / tọmbọrọ-ndị* 'Schienbein'
jangá-ḿ / jaŋá-ndị 'Müdigkeit'
kusú-ḿ ~ kusú-ŋ́ / kusú-ndi 'Magen'
gəre-ŋ / gəre-ndi 'Raum, Rundhütte'
nya-n / nya-ndị ~ nịya-ndị 'Sprache' (*nịyaụ* 'Mund').

Eine Besonderheit innerhalb der Kl. 5 stellen die folgenden vier Substantive dar, die auch als VN der zugrundeliegenden Verbalstämme gebraucht werden.[34]

(65) *pə̣-tụ / pə̣-tə̣-ndị* 'Stehen; Stand; Platz des Stehens'
pə̣-sụ / pə̣-sə̣-ndị 'Sitzen; Sitz; Platz des Sitzens'
pə̣-dáá-wụ / pə̣-dáá-ndị 'Liegen; Bett; Platz des Liegens'.

(66) *ku-kúyo-ù / ku-kúyo-ndi*
~ *ku-kwíyo-ù / ku-kwíyo-ndi* 'Hocken, Knien'.

Die Beispiele (65) sind mit dem einzigen Substantiv der Kl. 13 *pị* 'Platz' und den jeweiligen Verbalstämmen zusammengesetzt. Diese Verben werden in den meisten Verbformen redupliziert. Sie gehören alle der kleinen - morphologisch besonderen - Verbalklasse V an (s. V, 4.5). Es handelt sich hier um die vier Verben dieser Klasse, die 'primäre Körperpositionen' bezeichnen.

(67a) *tə̣-m tị-yáụ́* 'stell dich!'
sə̣-m sị-yáụ́ 'setz dich!'
da-m dáá-wụ́ 'leg dich!'
b) *ku-m kú-yóú ~ ku-m kwí-yóú* 'hock dich!; knie dich!'.

Das Konkordanzsuffix der Kl. 13 ist lautlich identisch mit dem der Kl. 5 (*-ụ́*). Da die Kl. 13 kein weiteres selbständiges Substantiv (mehr?) enthält, sind diese Substantive (bzw. VN), deren lokative Konnotation nachvollziehbar ist, möglicherweise von der Kl. 13 zur Kl. 5 gewandert. Vermutlich ist hier ein weiterer Zusammenfall von Nominalklassen vorprogrammiert.[35] *pə̣-* wird aber nur den VN (65) präfigiert. Das Beispiel (66) scheint dagegen auch in der verbalnominalen Form redupliziert zu sein. Das tieftonige

34 Die regelmäßige Bildung der VN erfolgt mit dem Suffix *-gụ̀* der Kl. 9 (s. 3.3.5).
35 Vgl. Tula: *fii* 'Platz, Ort' (Konkordanzpräfix: *w-*).

Suffix bildet aber eine Ausnahme in dieser Klasse. Dieser Unterschied zu den VN (65) kann aus der Tonstruktur des Verbs (67b) nicht abgeleitet werden. Ein Zusammenhang scheint jedoch zur Bildung von Temporalsätzen gegeben zu sein, bei der zum einen die Klassenzeichen der Lokativklasse 13 *pụ́-* und *-ụ́* und zum anderen die Morpheme *kạ* ~ *kụ* und *-ụ̀* verwendet werden (vgl. 4.4.2). Es ist folglich durchaus möglich, daß bei dem VN (66) ein Präfix *ku-* vorliegt, das analog der Bildung der VN (65) vor den Verbalstamm getreten ist und eine entsprechende Semantik besitzt. Der Tiefton des Suffixes (66) könnte nämlich dadurch erklärt werden, daß hier auch das Suffix *-ụ̀*, das in Temporalsätzen in Verbindung mit *kạ* ~ *kụ* vorkommt, angetreten ist. Diese Morpheme gleichen aber den Konkordanzzeichen der Kl. 9 (*kụ́-* und *-ụ̀*), die fast alle übrigen VN (mit dem Nominalsuffix *-gụ̀*) enthält. Ob die Zuordnung des Beispiels (66) zur Kl. 5 als ein Überrest einer weiteren Ortsklasse anzusehen ist, muß offen bleiben.

3.3.3.2 Pluralbildungen mit dem Suffix *-rị*

Bei einer kleinen Gruppe von Substantiven wird im Plural *-rị* [*-ɾị*] suffigiert, das vermutlich dem gleichlautenden Suffix entspricht, das auch bei Pluralbildungen der Kl. 3 festzustellen ist. Da hier wie in der Kl. 3 - der Wortstamm der Substantive jeweils auf /*l*/ auslautet und der Plural bei anderen Beispielen mit der Kl. 4 gebildet wird, können die gleichen Annahmen (wie unter 3.3.2.5 (50)-(51)) dargestellt) gemacht werden.[36] In einigen Fällen sind im Plural aber auch Varianten mit dem Suffix *-ndị* vorhanden. Das Singularsuffix der beiden letztgenannten Beispiele könnte jeweils auch als *-aụ* aufgefaßt werden. Warum hier das /*a*/ jeweils vor dem Pluralsuffix ausfällt, kann noch nicht erklärt werden. (Vgl. hierzu auch die Beispiele (62) oben und (104) der Kl. 9.)

(68)	*kẹl-ụ / kẹl-rị ~ kẹl-ndị*	'unbearbeitetes Land'
	pwẹl-ụ / pwẹl-rị ~ pwẹl-ndị	'Wasserloch'
	kwal-ụ / kwal-rị	'Außenseite von Oberschenkel/Hüfte'
	nyakal-ụ / nyaka-rị	'Herz; Solarplexus; Tapferkeit'
	wụl-aụ / wụl-rị ~ wụl-ndị	'Kalebassenbruchstück'
	gẹl-aụ / gẹl-rị ~ gẹl-ndị	'Bruchstück, Teil'.[37]

Wie schon für die Beispiele (52) oben angeführt, ist auch hier in Betracht zu ziehen, daß lautgesetzlich /*r*/ nach Nasal zu /*d*/ werden kann. Eine Variante von *-rị* könnte somit in den Fällen vorhanden sein, bei denen nach auslautendem Nasal das Suffix *-dị* zu lauten scheint. In Frage kommen vor allem einige der Beispiele (60).

Bei einem einzigen Substantiv der Kl. 5 erfolgt die Pluralbildung ebenfalls mit *-rị* obwohl der Stammauslaut kein /*l*/ aufweist. Auch das Singularsuffix *-ị* stellt in der Kl. 5 eine Ausnahme dar.

(69)	*wa-ị / wa-rị*	'Hand, Arm'.

36 Zu den Lautgesetzen dieser Pluralformen vgl. III, 1.5.

37 Der Plural dieses Substantivs wird auch mit der Kl. 10 (Suffix *-ɾị*) gebildet. Dies wird aus der Konkordanz deutlich: *gẹlaụ / gẹla-rị tạ-na* (Kl. 5/10) ~ *gẹl-rị sạ́-nà* (Kl. 5/4).

3.3.4 Die Klasse 7

Die Kl. 7 ist, gemessen an der Anzahl der Belege, die umfangreichste Singularklasse des Waja. Die Unterschiede bei den Nominalsuffixen, die in dieser Klasse festzustellen sind, könnten als Hinweis darauf verstanden werden, daß hier verschiedene Singularklassen mit gleicher Konkordanz (Affixe: *dų́-* und *-ì̜*) vorliegen. Die Nominalsuffixe *-ì̜*, *-ẹ̀*, *-rẹ̀* (nach Nasal und */r/* *-dẹ̀*) und *-nẹ̀*[38] zeigen jedoch eine auffällige Beziehung zu den Suffixvarianten der indefiniten Verbform (indef.), bei deren Bildung lautlich gleiche, aber tonal unterschiedlich realisierte Suffixe zu beobachten sind (vgl. V, 3.3). Mehrere Substantive der Kl. 7 sind zudem von Verben abgeleitet und weisen - von den tonalen Unterschieden abgesehen - die lautlich gleichen Suffixe auf, mit denen bei diesen Verbalstämmen auch die indef. Form gebildet wird. Beispiele:

(70)	*mwal-ì̜*	'Fett'	*mwál-í̜*	'zunehmen' (indef.)
	bọọ-rẹ̀	'Tod'	*bọọ́-rẹ̀*	'sterben' (indef.)
	mən̜-dẹ̀	'Schweiß'	*mən̜-dệ*	'schwitzen' (indef.)
	təne-ne	'Regenwolke'	*təne-ne* °	'feucht sein' (indef.).

Vor diesem Hintergrund erscheint eine weitergehende Unterteilung dieser Klasse auf der Grundlage der Unterschiede bei den Nominalsuffixen problematisch. Zudem sind, wie die folgende Diskussion zeigt, die Varianten zum Teil phonologisch bedingt.

Unter den verschiedenen Nominalsuffixen der Kl. 7 tritt *-ì̜* bei weitem am häufigsten auf, steht aber nie nach */n/* und */m/*.

(71)	*bak-ì̜ / bak-ə̜-ŋi̜*	'Wald'
	cẹs-i̜ / cẹs-ə̜-ŋi̜	'Holzkohle'
	kuné-ì / kunó-ŋi	'Schenkel'
	dund-i / dun-o-ŋi	'Kochtopf'
	ji̜r-i̜ / ji̜r-ə̜-ŋi̜	'Wassertopf'.

Vergleichsweise selten kommen Substantive vor, bei denen das Nominalsuffix *-nẹ̀* aufgrund der Pluralform deutlich zu erkennen ist.

(72)	*dọ-nẹ̀ / dọ-ŋi̜*	'Köcher'
	gwa-nẹ̀ / gwa-ŋi̜	'Penis'
	dwana-nẹ / dwana-ndi̜	'Niere'.

Die Kl. 7 enthält aber eine große Zahl von Substantiven bei denen *-ẹ̀* nach */n/* steht.

(73)	*kẹn-ẹ̀ / kẹn-ẹ-ndi̜*	'Geld, Eisen'
	bun-e / bun-o-ndi	'Wunde'
	kan-ẹ / kan-a-ndi̜	'Raum, Zimmer'
	cin-è / cin-e-ndi	'Schuld; Wirbelwind'.

38 Je nach Tonstruktur des Wortstammes können die Nominalsuffixe auch NH (nicht-hoch) realisiert werden. Zur Frage der unterliegenden Töne der Nominalsuffixe s. 3.1.

Bei einigen nur im Singular vorliegenden Substantiven, kann deshalb nicht festgestellt werden, ob /*n*/ stammhaft oder aber als Bestandteil eines Singularsuffixes *-nẹ̀* aufzufassen ist. Vgl. die folgenden Beispiele:

(74) *gwẹnẹ̀* (*-ẹ̀*, *-nẹ̀*?) 'Wolke'
jwanẹ̀ (*-ẹ̀*, *-nẹ̀*?) 'Geiz'.

Problematisch ist die Analyse der Wortstämme und Nominalsuffixe (73) und (74) auch unter dem bereits unter 2.4 (Pluralbildung) angesprochenen Gesichtspunkt der Erstarrung von Nominalsuffixen und der daraus resultierenden Doppelsuffigierung bei der Pluralbildung. Besonders deutlich wird das bei den folgenden Substantiven, bei denen im Singular offensichtlich ein Suffix *-rẹ̀* dem Stamm angefügt wurde. Bei ihnen scheint das /*r*/ des Suffixes im Plural aber immer beibehalten zu werden.[39]

(75) *bə-rè* / *bə-re-ŋi* 'Geburt' (*bə-gù* 'Gebären')
bọọ-rẹ̀ / *bọọ-rạ-ŋị* 'Tod' (*bọọ-gụ̀* 'Sterben')
kụmbạ̀-rẹ̀ / *kụmbạ̀-rạ-ŋị* 'Nabel' (vgl. Tan.: *kúmbi*; Kan.: *kúmbí*).

Während für die Substantive (75) durch Vergleichsformen Anhaltspunkte zur Identifizierung des Suffixes und des Wortstammes gegeben sind, kann bei (76) sowohl *-ẹ̀* als auch *-rẹ̀* als das Nominalsuffix des Singulars aufgefaßt werden.

(76) *cụrẹ̀* (*cụ-rẹ̀*, *cụr-ẹ̀* ?) / *cụr-ạ-ŋị* (*cụ-rạ-ŋị* ?) 'Herz'
kọrẹ (*kọ-rẹ*, *kọr-ẹ* ?) / *kọr-ạ-ŋị* (*kọ-rạ-ŋị* ?) 'Huf'.

Es ist jedoch zu fragen, ob *-ẹ̀* überhaupt als selbständiges Nominalsuffix der Kl. 7 anzusetzen ist, da *-ẹ̀* außer nach /*n*/ und /*r*/ nur noch nach /*d*/ und /*l*/ vorkommt.

(77) *bemd-è* / *bemd-ə-ŋi* 'Grütze'
taŋd-è / *taŋd-ə-ŋi* 'Ferse'
pọl-ẹ / *pọl-ạ-ŋị* 'kastriertes Haustier'
tọmbọl-ẹ / *tọmbọl-ọ-ŋị* 'Schnecke'.

Zudem steht /*d*/ hier in allen Fällen nach einem Nasal und kann somit in der Regel lautgesetzlich mit /*r*/ in Verbindung gebracht werden (vgl. III, 1.6.2). Die einzige Ausnahme (Lehnwort ?), bei der ein *-ẹ̀* nach einem anderen Konsonanten auftritt, bildet:

(78) *gam-ẹ̀* / *gam-dạ-ŋị* 'Widder' (vgl. Tera: *gàm*).

Bei der Mehrzahl der Substantive, bei denen das Nominalsuffix *-ẹ̀* zu sein scheint, kann daher davon ausgegangen werden, daß *-ẹ̀* der auslautende Vokal eines -KV Suffixes ist, das in anderer phonologischer Umgebung als *-rẹ̀* oder *-nẹ̀* realisiert wird. Gestützt wird diese Annahme auch durch die bereits angesprochenen morphologischen Parallelen der Kl. 7 zur Bildung der indef. Form. In der Kl. 7 sind mehrere dever-

39 Eine alternative Interpretation des /*r*/ der Pluralform wird in 3.3.4.2 unten gegeben.

bale Ableitungen enthalten, die sich nur tonal von den entsprechenden Verbformen unterscheiden (s. (70)). Weitere Beispiele für die Nominalsuffixe *-rẹ̀* und *-dẹ̀* sind:

(79) *bə-rè* 'Geburt' (*bə-re* ° 'gebären' (indef.))
yị-rẹ̀ 'Ruf' (*yị-rẹ* ° 'rufen' (indef.))
kwa-rẹ̀ 'Knoten' (*kwa-rẹ* ° 'knoten' (indef.))
rọm-dẹ̀ 'Geschwür' (*rọm-dệ* ~ *rọm-dị̂* 'wieder erwachen' (indef.)).

Bei einigen indef. Formen kommt nach Nasal, */r/* und */l/* neben *-dẹ̀* auch *-dị̀* vor. Der auslautende Vokal der entsprechenden Suffixe lautet in der Kl. 7 aber immer *-ẹ̀*.

Etwas komplexer ist der Vergleich bei dem Suffix *-nẹ̀*. Bei pluralisch erweiterten Verben lautet die indef. Form zwar immer auf *-nẹ* aus, wobei aber nicht klar ist, ob *-nẹ* als das eigentliche Suffix oder als Ergebnis einer Lautveränderung aufzufassen ist (s. III, 1.3.3 und V, 3.3).

(80) *mwa-nẹ̀* 'Essen' (*mwaanẹ* ° 'Essen anrühren' (Pl.) (indef.))[40]
tạla-nẹ '(Schul)Glocke' (*tạlanẹ* ° 'lernen' (Pl.) (indef.))
təne-ne 'Regenwolke' (*tənene* ° 'feucht sein' (Pl.) (indef.))
tụnẹ / tụm-a-ndị 'Botschaft' (*tụnẹ* ° ~ *tụmị* ° 'senden' (indef.)).

Das letztgenannte Beispiel ist nicht mit dem Pluralmorphem erweitert. Die Variante der indef. Form sowie der Plural des Substantivs zeigen, daß bei dem Verbalstamm *tụm-* (vgl. *tụm-a* def. Form), dem abgeleiteten Substantiv und der indef. Form ähnliche Lautveränderungen zugrundeliegen. Diese Veränderungen sind noch bei einigen weiteren Verben mit gleicher oder ähnlicher Struktur: KV*m*- oder KV*n*-, zu beobachten. Sie bilden die indef. Form zum einen 'regelmäßig' mit dem Suffix *-ị* °, und besitzen außerdem Varianten, bei denen das Suffix *-ẹ* ° lautet, wobei */m/* zu */n/* wird (s. a. III, 1.3.2).

(81) *tẹn-à* 'kaufen' (def.) *tẹn-ị* ° ~ *tẹn-ẹ* ° (indef.))
sọm-a 'kennen' (def.) *sọm-ị* ° ~ *sọn-ẹ* ° (indef.)).

Während die indef. Form also auch nach stammauslautendem */m/* und */n/* mit *-ị* gebildet werden kann, kommt in der Kl. 7 aber kein einziges Beispiel vor, das im Singular nach */m/* oder */n/* ein Suffix *-ị̀* aufweist und nur ein Beleg mit *-ẹ̀* nach */m/* (s. (78)).

Die phonologischen Gegebenheiten, die bei dem Nominalsuffix *-ị̀* in der Kl. 7 zu beobachten sind, sind demnach nicht identisch mit denen, die bei den Bildungen der indef. Form auftreten. *-ị̀* wird in der Kl. 7 auch bei Wortstämmen mit der Struktur KV- suffigiert, während die Mehrzahl der KV- Verben die indef. Form mit der Suffixvarianten *-rẹ* ° bilden.

(82) *dwi-i* (< *du-ì*) 'Kopf' (*dụ-rẹ* ° '(ver)lassen' (indef.))
la-ị̀ 'Hoden' (*sa-rẹ* ° 'sagen' (indef.))
gwẹ-ị̀ (< *gọ-ị̀*) 'Ortschaft' (*pọ-rẹ* ° 'einholen' (indef.)).

40 Der Unterschied in der Vokallänge kann nicht erklärt werden.

Obwohl das Nominalsuffix *-ì̧* bei der Hälfte der Belege der Kl. 7 auftritt, und parallel dazu mit *-í̧°* (und *-í̧ì̧*) bei vielen Verben, so u.a. bei der Mehrzahl der KVK- Verben, die indef. Form gebildet wird, sind lediglich die folgenden beiden Beispiele bekannt, bei denen diese Suffixe am gleichen Wortstamm auftreten.

(83)	*mwal-ì̧*	'Fett'	*mwál-í̧°*	'zunehmen' (indef.)
	cẹ-ì̧ [cyẹì̧]	'Rede'	*cẹ́ẹ́-yì̧ [cyẹ́ẹ́yì̧]*	'reden' (indef.).[41]

Zusammenfassend kann zur Problematik der Suffixvarianten der Kl. 7 folgendes festgestellt werden. Abgesehen von dem tonalen Unterschied, der zwischen der Bildung der indef. Form und den Suffixen der Kl. 7 zu beobachten ist, zeigen die Belege, daß ein morphologischer Zusammenhang besteht. Dieser konnte jedoch - auch phonologisch - nicht mit gleicher Deutlichkeit für die Suffixvarianten *-ì̧* (Kl. 7) und *-í̧* (indef.) nachgewiesen werden. Da *-í̧* als Markierung der indef. Form m.E. als neuere Bildung anzusehen ist,[42] könnte angenommen werden, daß diese beiden Morpheme sprachhistorisch unterschiedlich zu interpretieren sind. Aufgrund dieser Annahme könnten hier - unter Vorbehalt - die Belege der Kl. 7, die das Suffix *-ì̧* aufweisen, einer eigenen (Unter)Klasse zugeordnet werden, wobei aber die Frage der Realisierung von *-ì̧* nach */n/* und */m/*, nach denen dieses Suffixes in der Kl. 7 nie vorkommt, offen bleiben müßte. Von einer solchen Unterteilung der Kl. 7 wird jedoch abgesehen, da weder die Pluralbildung noch die Semantik genügend weitere Anhaltspunkte liefern.

Semantisch sind die Substantive der Kl. 7 mehreren Kategorien zuzuordnen. Am deutlichsten vertreten sind: Mineralien, Körperteile, Gräser, einige Tierbezeichnungen und Geräte. Als kategorie-übergreifender semantischer Aspekt kann für eine Anzahl Substantive 'Fortpflanzung' und 'Ernährung' angesehen werden. Die Tierbezeichnungen betreffen fast ausschließlich männliche (Haus)Tiere; unter den Körperteilen befinden sich v.a. die männlichen Geschlechtsteile sowie 'Bauch', 'Zahn', 'Nabel', 'Brust' und 'Gebärmutter'. Zu den Geräten gehören verschiedene Hacken; die beiden Personenbezeichnungen sind 'jüngere Geschwister' und 'Zwillinge'.[43] Ferner sind einige Früchte, Yamssorten und Begriffe wie 'Mahlstein', 'Clan', 'Nest', 'Samen', 'Regenwolken', 'Tau' sowie der Name des Hügels *Deele* enthalten, auf dem, der Überlieferung nach, die Besiedlung des Wajagebietes ihren Ursprung hatte.[44] Den Substantiven mit diesen Bedeutungen stehen Begriffe aus entgegengesetzten Feldern, wie u.a. 'Hunger(snot)', 'Durst', 'Tod', 'Grab', 'Stadt der Toten', 'Schatten, Seele', 'Wunde', 'Geschwür', 'Krieg' gegenüber, die sich ebenfalls in dieser Klasse befinden.

Mehrere Substantive kommen nur in der Kl. 7 vor und bilden keinen Plural. Die Beispiele sind nach den Suffixen geordnet.

---

41 Durch die Suffixe wird bei Substantiv und Verbform Palatalisierung des anlautenden */c/* ausgelöst (s. III, 1.2). Das Suffix der indef. Form hat bei diesem unregelmäßigen Verb die Variante *-í̧ì̧*.

42 Ein tieftoniges Suffix *-ì̧* ist bei einer Gruppe von Verben in der *definiten* Verbform festzustellen (s. V, 4.4). Diese Verben bilden die indef. Form immer mit *´-rẹ̀* (bzw. *´-dẹ̀ ~ ´-dì̧* nach */l/* und */r/*). Im Tula und Cham wird die indefinite Verbform in der Regel mit *-du* bzw. *-le* und *-re* gebildet.

43 Zwillingsgeburten werden von den Waja positiv bewertet.

44 Siehe I, 2.2. Das generelle Wort für 'Berg, Hügel' (*ciŋu*) gehört zur Kl. 9.

(84) -ę̀ ?: *kunè* 'Geruch; Krieg' *jǫnę* 'Frucht der Tamarinde'
mərę 'Tau' *pələ̨* 'Grassorte'.

-*rę̀*: *pęę-rę̀* 'rotbraune Farbe' *tęę-rę̀* 'Ankündigung'
kunó-re 'Freundschaft zwischen Frauen'.

(85) -*ì̦*: *jį̀į* 'Durst' *swęį ~ swaį* 'Sand'
nį̀į̀ 'Geschenk' *caŋį̀* 'rote Farbe'
garį̀ 'Planzenart' *garį* 'Lehm zum Bauen'
kwęį̀ 'Kaktusart (für Ordal)'.

3.3.4.1 Das Klassenpaar 7/8

Die Plurale der Kl. 7 werden mit den Suffixen der Kl. 8 *-ŋį* und *-ndį* gebildet. Die Konkordanzzeichen dieser Kl. 8 sind *tų́-* und *-į́*. *-ndį* entspricht in der Form und tonal dem Suffix der Kl. 4, die aber andere Konkordanzzeichen (*sų́-* und *-į̀*) aufweist. *-ŋį* kommt hingegen nur in der Kl. 8 vor. Die Verteilung der beiden Suffixe erlaubt keine Unterklassifizierung. Ebensowenig können sie als phonologisch bedingte Varianten interpretiert werden, obwohl einige Gesetzmäßigkeiten festzustellen sind. Bei Suffix -ę̀ nach /*n*/ wird der Plural immer mit *-ndį* gebildet (s. auch (73):

(86) *pun-e / pun-o-ndi* 'kleines Bündel Hirse'
pun-è / pun-o-ndi 'Clan; Sektion''
bęn-ę / bęn-ę-ndį 'Zunge'
dən-è / dən-e-ndi 'Knie'
dən-e / dən-e-ndi 'Name'.

-ndį wird ebenfalls im Plural bei mehrsilbigen Wortstämmen suffigiert, die im Singular das Suffix *-nę̀* aufweisen:

(87) *parə̨́-nę̀ / parə̨́-ndį* 'Zwilling'
gwara-nę̀ / gwara-ndį 'jüngerer Bruder, jüngere Schwester'
guru-nè / guru-ndi 'Grassorte'
guru-ne / guru-ndi 'Backenzahn'
bwala-nę / bwala-ndį 'Yam'
pana-nę / pana-ndį 'Tonschüssel'.

Einsilbige Wortstämme mit Singularsuffix *-nę̀* bilden den Plural hingegen mit *-ŋį*.

(88) *gwa-nę̀ / gwa-ŋį* 'Penis'
mwa-nę̀ / mwa-ŋį 'Essen'
jų-nę̀ / jų-ŋį 'Hunger'.

Pluralbildung mit *-ndị* kommt auch bei einigen Substantiven vor, bei denen im Singular das Suffix *-ị̀* antritt (89). Die Mehrzahl der Belege mit diesem Suffix bilden den Plural allerdings mit *-ŋị* (90), wie auch die wenigen Beispiele mit der Suffixvarianten *-ẹ̀* nach */l/* und */d/*.

(89)	*swar-ị̀ / swar-ạ-ndị*	'Beutel, Sack'
	lak-ị̀ / lak-ạ-ndị	'Hacke'
	gwẹrẹ-ị̀ / gwịya-ndị	'Pferd'[45]
	gwẹl-ị̀ / gwẹl-a-ndị ~ gwẹl-ạ-ŋị	'Grasbündel'.

(90)	*-ị̀*:	
	taị̀ / tay-ị-ŋị	'Bizeps, Oberarm'
	gay-ị̀/ gay-ị-ŋị	'männlicher Affe'
	mər-ì / mər-ə-ŋi	'Muskel'
	pur-i / pur-o-ŋi	'Grab'
	gur-i / gur-o-ŋi	'Termitenhügel'
	wacị́-ị̀ / wacạ́-ŋị	'Lendentuch für Frauen'
	cẹrị́-ị̀ / cẹrạ́-ŋị	'Hirsehalm'
	wụra-ị̀ ~ wụrẹ-ị̀ / wụra-ŋị	'Arbeit'
	kwakwás-ị̀ / kwakwás-ạ-ŋị	'Knöchel'.
	-ẹ̀ ?:	
	dụl-ẹ / dụl-ạ-ŋị	'Höcker beim Rind'
	pọl-ẹ / pọl-ạ-ŋị	'kastriertes Haustier'
	bemd-è / bemd-ə-ŋi	'Grütze'.

Es wurde bereits angesprochen, daß bei Substantiven mit Singularsuffix *-rẹ̀*, auch die Pluralform ein */r/* enthalten kann. Bei den Beispielen (91) kann deshalb auch nicht immer unterschieden werden, ob */r/* stammhaft oder als Bestandteil des Klassensuffixes anzusehen ist (vgl. (76)). Während bei dreisilbigen Belegen meistens davon auszugehen ist, daß */r/* zum Suffix gehört, wird bei anderen Beispielen ein Suffix nur dann markiert, wenn der Wortstamm bekannt ist (vgl. (75) und (79)). Auch hier überwiegt die Pluralbildung mit *-ŋị*. In einigen Fällen können *-ŋị* und *-ndị* fakultativ gebraucht werden.

(91)	-ẹ̀, (*-rẹ̀* ?):	
	cẹr-ẹ / cẹrẹ-ŋị	'Haß'
	jọr-ẹ / jọr-ạ-ŋị ~ jọr-ọ-ndị	'Öffnung in einem Gebäude oder Zaun'
	yọr-ẹ / yọr-ạ-ŋị ~ yọr-ọ-ndị	'Yamsorte'
	dər-e / dər-ə-ŋi ~ dər-e-ndi	'Dreck'
	par-ẹ̀ / par-a-ndị	'Sumpf; See'
	bwar-ẹ̀ / bwar-a-ndị	'schwere Hacke'.

45 Singular und Plural gehen möglicherweise auf den gleichen Wortstamm zurück, wobei im Singular der Wortstamm mit einem erstarrten Suffix *-rẹ̀* kontrahiert sein könnte.

(92) *-rẹ̀*:

yị-rẹ̀ / yị-ra-ndị	'Ruf'
cwaa-rẹ̀ / cwaa-rạ-ŋị	'Nest'
pọọ-rẹ̀ / pọọ-rạ-ŋị	'Ziegenbock'
gawụ-rẹ̀ ~ gaụ-rẹ̀ / gaụ-rạ-ŋị	'Vorderseite'
gusu-rè / gusu-rə-ŋi	'Lumpen'
cịcá-rẹ̀ / cịcá-rạ-ŋị	'Besen'
kwaa-rẹ̀ / kwaa-rạ-ŋị	'Steinhaufen' (*kwaa-rẹ̀ / kwaa-ndị* (Kl. 7/4)).

Der Plural des letztgenannten Beispiels kann auch mit der Kl. 4 (*-ndị*) gebildet werden. Hierbei stellt sich *-rẹ̀* als produktives Singularsuffix dar.

3.3.4.1.1 Doppelsuffigierung im Plural

Die Beispiele (92) zeigen, daß zumindest der konsonantische Bestandteil des Singularsuffixes auch im Plural vorhanden ist, wobei der Vokal vor dem Pluralsuffix *-ŋị* als epenthetisch aufgefaßt werden kann. Diese Beispiele könnten einerseits als Beleg für die bereits erwähnte Erstarrung von Singularsuffixen angesehen werden, wie sie auch in der Kl. 9 zu beobachten ist. Andererseits gibt es genügend Hinweise, die eine alternative Interpretation der morphologischen Prozesse dieser Pluralbildung erlauben. Die Kl. 7 (Konkordanzpräfix *dụ́-*) enthält eine Anzahl Substantive, die in anderen Klassensprachen überwiegend einem Klassenpaar angehören, dessen Klassenaffixe z.B. für die Oti-Voltassprachen mit ***di** / ***a**[46] und für die Benue-Congosprachen mit ***li** / ***a**[47] rekonstruiert wurden. Es kann davon ausgegangen werden, daß die Pluralklasse dieses 'Protoklassenpaares' im Waja ausgefallen ist, und ihre Funktion von einer anderen Klasse mit übernommen wurde. Weiterhin ist anzunehmen, daß die Suffixe dieser ausgefallenen Klasse defunktionalisiert und nicht mehr als Pluralmarkierung aufgefaßt wurden. Insbesondere bei einigen einsilbigen Wortstämmen scheint das 'alte' Pluralmorphem aber noch bewahrt worden zu sein und heute als Bestandteil des Pluralwortstammes behandelt zu werden, an den das 'neue' Klassenzeichen *-ŋị* suffigiert wird. Die Varianten **-a* ~ **-o* des angenommenen 'alten' Suffixes können vokalharmonisch regelmäßig (s. II, 2.4) auf ein einziges Morphem zurückgeführt werden. (Auf die Pluralvarianten mit *-wị̀* wird noch eingegangen (s. (96)).

(93)

nyị-ị / nyị-ya-ŋị	'Brust'[48]
kwịị̀ / kwịy-a-ŋị	'Hals'
pịị̀ / pịy-a-ŋị	'Hüfte'
nịị / nịy-a-ŋị	'Mahlstein'
nwi-i (< nu-i) / nwi-yo-ŋi ~ nu-wi	'Zahn'
dwi-i (< du-i) / dwi-yo-ŋi ~ du-wi	'Kopf'
pwi-i (< pu-i) / pwi-yo-ŋi ~ pu-wi	'Bauch'
nị-ị̀ / nị-ya-ŋị ~ nị-wị̀	'Leber'.

46 Vgl. Manessy, G. 1975.

47 Vgl. De Wolf, P. 1971.

48 Im Longuda ist der Plural des 'alten Klassenpaares' erhalten. Vgl. *yụ̀-lá / yụ̀-á* (>*ywá*) 'Brust'.

Das 'neue' Klassensuffix *-ŋị* lag vermutlich bereits als Klassenmorphem in der Sprache vor, wie aus den Beispielen (88) abgeleitet werden kann. *-ŋị* hat jedoch keine lautliche Beziehung zum 'heutigen' Konkordanzzeichen der Kl. 8 *tụ́*. *tụ́* bildet aber auch die Konkordanz der Kl. 10, deren Nominalsuffix *-rị* wiederum durchaus lautlich mit dem Konkordanzzeichen *tụ́* in Verbindung gesetzt werden kann.

Doppelsuffigierung ist auch bei den Pluralen der Substantive (94) anzunehmen. Vor dem Pluralsuffix tritt jeweils noch ein 'Infix' -*r*V- (~ *-dạ-*) auf, das aus der Singularform nicht erklärt werden kann.

(94) *la-ị̀ / la-ra-ndị* 'Hoden'
gụwa-ị̀ / gụ-ra-ndị ~ gụwa-ŋị 'alte kleine Hacke'
gam-ẹ̀ / gam-dạ-ŋị 'Widder'
gal-ị̀ / gal-rạ-ŋị 'Eidechse'
swẹl-ị̀ / swaa-rạ-ŋị 'Stein'
gọmtọl-ẹ / gọmtọ-rọ-ŋị 'Stier; Ochse'.

Diese Beispiele lassen sich dahingehend analysieren, daß auch hier im Plural ein defunktionalisiertes Pluralsuffix -*r*V bewahrt sein könnte, an das die heute operativen nominalen Klassenzeichen (*-ŋị* und *-ndị*) suffigiert werden. Hierfür sprechen auch die morphologischen Prozesse, die bei der Pluralbildung der drei letztgenannten Beispielen festzustellen sind (s. III, 1.5 (42)). Dieses angenommene 'alte Pluralsuffix' -*r*V könnte im Zusammenhang mit dem 'neuen' Konkordanzmorphem der Kl. 8 *tụ́* gesehen werden, wobei anzunehmen wäre, daß zu einem früheren Zeitpunkt *tụ́* auch zum Nominalsuffix der ausgefallenen Pluralklasse geworden ist.[49] Die lautliche Entsprechung von -*r*V- zum Konkordanzaffix *tụ́* gleicht jedenfalls - zumindest im konsonantischen Bestandteil - dem zur Kl. 10 (*-rị*).

Diese Hypothese erlaubt eine alternative Interpretation der morphologischen Prozesse bei der Pluralbildung der Beispiele (92), bei denen der Konsonant des Singularsuffixes *-rẹ̀* im Plural scheinbar beibehalten wird. Das -*r*V- der Pluralformen (92) könnte nämlich auf den gleichen Prozeß zurückgeführt werden, wie er im vorausgehenden Absatz geschildert wurde, d.h., daß das Suffix *-rẹ̀* (des Singulars) und -*r*V- (des Plurals) Reflexe von zwei verschiedenen Morphemen sind. Diese angenommene 'alte' Suffixopposition ist bei einem Beleg als Variante (noch) anzutreffen:

(95) *pụ-rẹ̀ / pụ-rị ~ pụ-rụ-ŋị* 'Lunge'.

Unter (93) sind einige Substantive enthalten, bei denen in Varianten das Morphem *-wị̀* den Plural markiert. (Der Veranschaulichung halber sind einige nochmals zitiert.)

(96) *nwi-i* (< *nu-i*) / *nwi-yo-ŋi ~ nu-wi* 'Zahn'
rwi-i (< *ru-i*) / *rwi-yo-ŋi ~ ru-wi* 'Schwangerschaft'
nị-ị̀ / nị-ya-ŋị ~ nị-wị̀ 'Leber'.

49 Alle Klassensprachen der Wajagruppe weisen eine Singular- / Pluralopposition der Konkordanzpräfixe *d- / t-* auf. Im Tula und Cham wird der Plural dieses Klassenpaares u.a. mit den Suffixen *-tu* bzw. *-te* gebildet. Vgl. Tula: *du-r / du-tu*, Cham: *du-r / du-te* 'Kopf'.

Diese Varianten werden von den Sprechern jeweils als 'alte' Form bezeichnet. Die Etymologie des Morphems *-wị̀*, das nur bei diesen Substantiven belegt ist, kann aus der heutigen Sprachform des Waja nicht analysiert werden.[50]

3.3.5 Die Klasse 9

Die Nominalsuffixe der Kl. 9 lauten bei fast allen Substantiven *-ụ̀* und *-gụ̀*. *-ụ̀* steht bei der Mehrzahl der Belege, so auch bei den folgenden Substantiven, die nur im Singular belegt sind.

(97)	*bụụ̀*	'Schmerz'	*pal-ụ̀*	'Altersgruppe'
	gənd-ù	'Bier'	*naapụ-ụ̀*	'Frieden(svertrag)'
	landụ̂	'Trance'	*kọrọrọụ*	'Fieber; Kälte'.

Weniger häufig kommen Substantive vor, bei denen im Singular *-gụ̀* suffigiert ist. Mit dem Suffix *-gụ̀* der Kl. 9 werden allerdings fast alle Verbalnomen (VN) gebildet, die demzufolge in dieser Klasse zu finden sind.

(98)	*kọ-gụ̀*	'Sehen'	*tụm-gụ̀*	'Schicken'
	mərən̩-gụ̀	'Innenseite'	*rụn-gụ*	'Geruch'.

Allein durch den Gebrauch der Konkordanzaffixe (*kụ́-* und *-ụ̀*) sind der Kl. 9 zwei weitere Lexeme zuzuordnen, bei denen das Suffix weder *-ụ̀* noch *-gụ̀* lautet. Der auslautende Ton entspricht aber dem der Nominalsuffixe.

(99)	*puŋè*	'morgen (morgiger Tag)'
	rénì	'heute (heutiger Tag)'.

Außer den VN enthält die Kl. 9 eine große Anzahl von Begriffen, die semantisch unter der Bezeichnung 'Holz und Baum' zusammengefaßt werden können: alle Bäume (von einer Palmenart abgesehen), Pflanzenteile (aber keine Früchte), hölzerne Gegenstände, Geräte und Waffen, die überwiegend aus Holz hergestellt sind, befinden sich in der Kl. 9. Darüber hinaus kommen Körperteile (u.a. weibliche Geschlechtsteile, aber nicht die Brust), abstrakte Begriffe und Naturerscheinungen vor.

3.3.5.1 Das Klassenpaar 9/10

Die Mehrzahl der Substantive der Kl. 9 bildet den Plural mit der Kl. 10 (Konkordanzaffixe *tụ-̄* und *-ị́*). Das (einzige) Nominalsuffix dieser Pluralklasse lautet *-rị̀*.

---

50 Im Tula wird bei einigen Substantiven des entsprechenden Klassenpaares (Konkordanz *d- / t-*) der Plural mit dem Suffix *-bị̀* gebildet. Vgl. *nẹ-r / nẹẹ-bị̀* 'Mahlstein'; *luu-r / luu-bi* 'Schwangerschaft'. Tula */b/* und Waja inlautendes */w/* entsprechen sich auch in anderen Beispielen. Somit scheinen in beiden Sprachen Reflexe des gleichen Suffixmorphems vorzuliegen.

(100) *tụ-ụ / tụ-rị* 'Dorn'
ku-u / ku-ri 'Knochen; Stengel'
kụ-ụ / kụ-rị 'Haar'
ciŋ-u / ciŋ-ə-ri 'Berg, Hügel'
gəŋ-ù / gəŋ-ə-ri 'Rand, Ufer'
tọŋ-ụ̀ / tọŋ-ə̣-rị 'Bach'
gund-ù / gund-u-ri 'Wasser'
booc-u / booc-ə-ri 'Nase'
yakụ̂ / yakə̣́-rị 'Trommelschnur'
rakụ̂ / rakə̣́-rị 'gegabelter Stock'
ba-radụ̂ / ba-radə̣́-rị 'Sichel'.

Das auslautende [ụ̂] einiger Beispiele deutet auf hohe hochtonige Stammvokale hin. Das Suffix verschmilzt dann ebenso mit dem Auslaut, wie in den folgenden Fällen, bei denen die (stammhafte) Vokalfolge jeweils auf /*u*/ oder /*ụ*/ auslautet.

(101) *bụụ̀ / bụụ-rị* 'Pfeil; Stachel'
cuu / cuú-ri 'Rennen' (VN)[51]
lạụ / lạụ-rị 'Herrschaft'
taụ / taụ-rị 'Rührstock'
yọụ / yọụ-rị 'Fluß'[52]
sou ~ sow-u / sou-ri 'Baum, (Holz)'.

Bei auslautenden Vokalfolgen /*i*/+/*i*/, /*ị*/+/*ị*/ und /*ọ*/+/*ọ*/ wird der zweite Vokal der Folge vor -*ụ̀* zu einem Halbvokal. Nach /*a*/+/*a*/ wird das Suffix mittels /*w*/ angefügt. Bei einigen Beispielen ist in Varianten eine Verkürzung zu beobachten. Der Plural von 'Bein, Fuß' wird mit einem anderen Wortstamm gebildet.

(102) *mịy-ụ / mịị́-rị* 'Stimme'
bọw-ụ̀ ~ bọụ̀ / bọọ-rị 'Loch'
dọw-ụ ~ dọụ / dọọ-rị 'Seil'
swaa-wụ / swaá-rị 'Schwanz'
ywaa-wụ̀ / ywaa-rị 'Speer'
naa-wụ̀ ~ naụ̀ / mwa-rị 'Bein, Fuß'.

In der Kl. 9 sind auffallend viele Substantive mit vokalischem Auslaut anzutreffen. Beispiele sind:

(103) *gwịya-ụ / gwịya-rị* 'Vagina'
bịya-ụ / bịya-rị 'Haut'
rə̣gaụ / rə̣ga-rị 'Bogen'

51 Dieses VN ist das einzige in der Kl. 9, bei dem das Suffix nicht -*gụ̀* lautet.

52 In einigen Fällen geht die Vokalfolge wahrscheinlich auf eine KV-*kụ̀* Struktur zurück (vgl. Bergwaja: *yọ-kụ* 'Fluß'). Dies gilt jedoch nicht für das folgende Beispiel (vgl. Bergwaja: *sob-u / sob-u-ri ~ sweb-ī*. Siehe hierzu den Anhang).

pwala-ụ / pwalá-rị	'Mond'
bwala-ụ̀ / bwala-rị	'Feuer'
jala-ụ̀ / jala-rị	'große Hacke'
alá-ụ̀ / alá-rị	'Tanzaxt (aus Holz)'
bwata-ụ̀ / bwata-rị	'Peitsche'
yagá-ụ̀ / yagá-rị	'Grenze'
gọrọ-ụ / gọrọ-rị	'Rücken'
təmbó-ù / təmbé-ri	'zentraler Stützbalken'
nyino-u / nyinó-ri	'Medizin'
nyiló-ù / nyilé-ri	'Blitz'
kulo-ù / kuló-ri	'Schatten'
petó-ù / peté-ri	'Grabstock für Löcher'
geté-ù / geté-ri	'Klitoris'.

Bei einigen dieser Substantive könnte ebenso die Vokalfolge als Suffix angesehen werden. Insbesondere bei den Baumbezeichnungen unter (104) fällt auf, daß die mit gleichem Nominalstamm und der Kl. 11 (s. (115) unten) gebildeten Früchte (oder Blätter) den auslautenden Vokal nicht aufweisen.

(104)	*leecó-ù / leecé-ri*	'Pflaumenbaum' (*leéc-í* 'Pflaume(n)')
	pwịyaụ / pwịya-rị	'Pflaumenbaum' (*pwịị* 'Pflaume(n)')
	kwaáma-ụ̀ / kwaáma-rị	'Dattelpalme' (*kwaám-ị́* 'Dattel(n)')
	kumó-ù / kumó-ri	'Kapokbaum' (*kum-í* 'Kapokfrucht')
	kwẹraụ / kwẹra-rị	'Mahagony' (*kwẹr-ị* 'Mahagonyblätter').

Dieser Suffixwechsel ist auch bei den folgenden Lexemen gegeben. Die Bildung mit der Kl. 9 wird im ersten Fall nur dann gebraucht, wenn man ein einziges Stück meint.

(105)	*ang-aụ*	'(ein Stück) Eingeweide' (*ang-ị* 'Eingeweide' (Kl. 11))
	land-aụ / land-a-rị	'Hemd' (*land-ị* 'Baumwolle' (Kl. 11)).

Das Suffix *-gụ̀* kommt bei den Beispielen (106) jeweils im Singular vor. Dieses Suffix, mit dem fast alle VN gebildet werden, wird aber offenbar nicht mehr als Singularsuffix angesehen; zumindest das */g/* des Suffixes bleibt auch im Plural vor dem Klassenzeichen des Plurals *-rị* erhalten. Der meist zentralisierte Vokal vor dem Pluralsuffix kann auch als epenthetisch aufgefaßt werden.

(106)	*pụụ-gụ / pụụ-gə̣-rị*	'Spur' (~ *pụụ / pụụ-rị* 'Spur)'
	wan-gụ / wan-gə̣-rị	'Blatt' (*wan-gụ / wandị* (Kl. 9/6))[53]
	jọn-gụ / jọn-gə̣-rị	'Tamarinde' (*jọn-ẹ* 'Frucht der -' (Kl. 7))
	pwal-gụ̀ / pwal-gə̣-rị	'Feigenbaum' (*pwál-rị́* 'Feigen' (Kl. 11))
	swatə̣-gụ̀ / swatə̣-gə̣-rị	'Kastration' (*swatị̀* 'kastrieren').

53 Der Plural dieses Substantivs wird auch mit der Kl. 6 gebildet (s. 3.3.5.2). Bei dieser Bildung erweist sich *-gụ̀* als operatives Suffix des Singulars.

Diese Pluralbildung ist als weiterer Beleg für die bereits angesprochene Doppelsuffigierung anzusehen (vgl. 2.4). Weitere Beispiele, bei denen das Suffix *-gụ̀* im Singular wahrscheinlich ist, sind:

(107) *geẹ́-gụ̀ / geẹ́-gạ-rị* 'Delebpalme'
baa-gụ / baa-gạ-rị 'Zitronenbaum'
gandụ́-gụ̀ / gandụ́-gạ-rị 'Trommelstock'
bịyị-gụ / bịyị-gạ-rị 'Termitenbau'
wulun-gu / wulun-gə-ri 'Rinde, Schale'.

Unklar sind hingegen die folgenden Beispiele, bei denen sowohl *-gụ̀* als auch stammauslautendes */ng/* gegeben sein kann.

(108) *gaangụ̀ / gaang-ạ-rị* 'Herz; Brustkasten'
nyangụ̀ / nyang-ạ-rị 'Sonne; Tag' (vgl. Ful: *naange* 'Sonne')
dangụ̀ / dang-ạ-rị 'Trommel'
gələngu / gəlang-ə-ri 'Klippe'.

3.3.5.2 Das Klassenpaar 9/6

Eine kleine Gruppe Substantive, die zur semantischen Kategorie 'Baum und Holz' gehören, bilden den Plural mit der Kl. 6 (Nominalsuffix: *-ị̀*, Konkordanzaffixe: *sụ́-* und *-ị̀*). Einige Plurale können fakultativ mit beiden Pluralklassen gebildet werden. Die Erklärung hierfür liegt m.E. darin, daß das Klassenpaar 9/6 im Abbau begriffen ist und zu Gunsten der Opposition 9/10 aufgegeben wird. Der Plural von

(109) *sou ~ sow-u / sow-i* '(Feuer)Holz, (Baum)' (Kl. 9/6)
(vgl. *sou ~ sow-u / sou-ri* 'Baum / Bäume' (Kl. 9/10))

wird mit unterschiedlicher Semantik zum einen mit Kl. 6 und zum anderen mit Kl. 10 gebildet, auch wenn diese semantische Unterscheidung (im Gegensatz zum Bergwaja) nicht immer strikt befolgt wird. Ob hier ein Hinweis auf die besondere Semantik dieses im Abbau befindlichen Klassenpaares 9/6 enthalten ist, kann aus dem vorliegenden Material noch nicht beurteilt werden, da die Verwendung des Holzes der Baumarten, die in diesem Klassenpaar zu finden sind, nicht ausreichend bekannt ist. Beispiele für das Klassenpaar 9/6 sind:

(110) *wịyár-ụ / wịyár-ị* 'Querbalken'
sọnkọ́r-ụ̀ / sọnkọ́r-ị̀ 'Pflanze (zum Korbmachen genutzt)'
swaat-ụ / swaat-ị 'Bambus'
leeng-u / leeng-i 'Paradiesapfelbaum'
bwálạngụ̂ / bwálạngị̂ 'Brett' (Pl. auch: *bwálạngạ́-rị* (Kl. 10))
kakág-ụ̀ / kakág-ị 'Akazie' (Pl. auch: *kakág-ərị* (Kl. 10))
ba-cír-ou / ba-cír-i 'Hochstand (zur Bewachung der Felder)'

cẹs-aụ / cẹs-ị	'Baumart'
beleng-óù / beleng-i	'Baobab' (Pl. auch: *beleng-é-ri* (Kl. 10)).

Als Singularsuffix der letztgenannten Substantive kann jeweils die Vokalfolge angenommen werden. Der Suffixwechsel gleicht dem, der unter (104) für Bäume und ihre Früchte zu beobachten ist. Dort ändert sich jedoch auch die Semantik.

Bei den folgenden Beispielen bildet *jwal-ụ̀* den Plural auf die gleiche Weise wie einige lautlich vergleichbare Wortstämme der Kl. 3 und 5 (vgl. 3.3.2.5 und 3.3.3.2). Nach Stammauslaut /*l*/ tritt im Plural das Suffix *-rị* an, wobei die unter III, 1.5 beschriebenen Lautprozesse zu beobachten sind. Analog könnte dann auch das Suffix *-dị* nach Nasal als Reflex dieser Pluralbildung angesehen werden.

(111) *jwal-ụ̀ / jwal-rị* [*jwaarị*]	'Stab'
wan-gụ / wan-dị	'Blatt' (Pl. auch: *wan-gə̣-rị* (Kl. 10))
gapan-gụ / gapan-dị	'Rinde, Schale'.

Obwohl das Pluralsuffix dieser Beispiele lautlich dem der Kl. 10 gleicht, geht die Zuordnung dieser Belege zum Klassenpaar 9/6 aus der Konkordanz klar hervor. Zudem tritt die Lautfolge [*l-r*] mit ihrer charakteristischen Realisierung im Klassenpaar 9/10 überhaupt nicht auf, was angesichts des Pluralsuffixes *-rị* bemerkenswert erscheint.

3.3.6 Die Klasse 11

Die Konkordanzzeichen dieser Klasse (*tụ-́* und *-ị́*) sind identisch mit denen der Kl. 8 und 10. Ein semantischer Zusammenhang mit diesen Pluralklassen besteht auch darin, daß in der Kl. 11 kaum Belege enthalten sind, bei denen der Singularaspekt von Bedeutung ist. Ein Unterschied ist aber durch die Form der Nominalsuffixe gegeben. Das hochtonige *Nominal*suffix *-ị́*, das bei der Mehrzahl der Substantive der Kl. 11 festzustellen ist, kommt nur in dieser Klasse vor. Das korrespondierende hochtonige *Konkordanz*suffix *-ị́* hingegen wird nicht nur für die Kl. 11, sondern ebenso für die Kl. 8 und 10 gebraucht.

Neben Bezeichnungen für (meist pflanzliche) Objekte, die in der Regel in großer Zahl auftreten (Früchte, 'Knospen', 'Spreu', 'Gras', 'Baumwolle', 'Perlen', usw.), sind in dieser Klasse eine Anzahl Begriffe aus dem Bereich 'menschliches Verhalten' enthalten, von denen viele 'negativ besetzt' sind. Letztere können zusammen mit den ebenfalls in dieser Klasse auftretenden Krankheiten unter einem übergeordneten semantischen Aspekt gesehen werden.

Der H des Nominalsuffixes bedingt, daß die Substantive in der Zitierform nie auf einen T auslauten. Da in einigen Fällen eine Verschmelzung des Suffixes mit dem auslautenden Stammvokal anzunehmen ist, wird das Suffix nicht immer abgetrennt.

(112) *gọngə̣́l-ị́*	'Knospen'	*parị*	'Eier'
pụdị	'Spreu'	*kə̣rị*	'Futter (für Tiere)'.

(113) *bwi* (< *bu-i*)	'Eiter'	*ang-ị*	'Eingeweide'
luuci	'Mutterkuchen'	*kwaácị́*	'Juckreiz'
wụrị́	'Husten'		
rụnị́	'Provokation'	*pusi*	'Ungehöriges Betragen'
nyasị	'Arroganz'	*twịị*	'Nachwehen; Moos'.

Die folgenden Beispiele bezeichnen menschliches Verhalten. Die Person, die sich so verhält, wird mit der Kl. 1 gebildet.

(114) *kuw-i* ~ *kuu-wi*	'Diebstahl'	(*kuw-è* 'Dieb')
gwẹr-ị	'Junggesellentum'	(*gwẹr-ẹị̀* 'Junggeselle')
rụng-ị	'Reise'	(*rụng-ẹ̀* 'Gast, Fremder')
bwẹẹg-ị	'kindliches Benehmen'	(*bwẹẹg-à* 'Kleinkind')
gomb-i	'Geckentum, Angeberei'	(*ba-gomb-ò* 'Geck, Angeber').

Bezeichnungen für Früchte sind mehrfach in der Kl. 11 enthalten.[54] Die dazugehörigen Bäume weisen den gleichen Wortstamm auf und werden mit der Kl. 9 gebildet (vgl. (104) oben).

(115) *pwịị*	'Pflaume(n)'	(*pwịy-aụ* 'Pflaumenbaum')
kwaám-ị́	'Dattel(n)'	(*kwaám-aụ̀* 'Dattelpalme')
kum-í	'Kapokfrucht ~ -früchte'	(*kum-óù* 'Kapokbaum').

3.3.6.1 Das Klassenpaar 11/8

Nur eine kleine Anzahl von Substantiven der Kl. 11 ist mit einer Pluralform belegt. Der Plural aller dieser Beispiele wird mit dem Suffix *-ŋị* (Kl. 8) gebildet. Das heißt, daß hier für den Singular und den Plural die gleichen Konkordanzaffixe gebraucht werden.

(116) *sịị / sịy-a-ŋị*	'Gras (Oberbegriff)'
pịị / pịy-a-ŋị	'Lied'
al-ị / al-ə̣-ŋị	'Suppe, Soße'
yịr-ị / yịr-ə̣-ŋị	'Ding, Sache'
gəs-i / gəs-ə-ŋi	'Perlen'
land-ị / land-ə̣-ŋị	'Baumwolle'
pund-i / pund-ə-ŋi	'Blüten; Blumen'
bụwa-ị / bụwa-ŋị	'Geister; Krankheit(en)'.

54 Weitere Früchte sind in der Kl. 7.

3.3.7 Abstrakte Begriffe und Mengenbezeichnungen mit den Konkardanzzeichen *tụ-* und *-ị́*

Wie bereits mehrfach angeführt wurde, haben die Kl. 8, 10 und 11 die gleichen Konkordanzzeichen (*tụ-* und *-ị́*), aber unterschiedliche Nominalsuffixe. Eine Anzahl der Substantive, die nicht nach Numerus differenziert wird, kann auf dieser Grundlage nicht eindeutig einer dieser drei Klassen zugeordnet werden. Die Kl. 8 und 10 sind Pluralklassen. In den jeweiligen Singularoppositionen - den Kl. 7 und 9 - kommen auch abstrakte Begriffe vor. Die Zuordnung sowohl von Mengenbezeichnungen als auch von abstrakten Begriffen zu den Kl. 8 und 10 ist folglich 'regelmäßig'. Eine Anzahl der Beispiele gehört jedoch gerade den semantischen Kategorien an, die vor allem bei Substantiven der Kl. 11 anzutreffen sind, so z.B. Früchte, menschliche Verhaltensweisen (mit negativer Konnotation) und Krankheiten (vgl. 3.3.6).

Das Nominalsuffix *-rị* der Substantive (117) spricht für die Zuordnung der Beispiele (117) zur Kl. 10. Die Konsonantenfolge [*l-ɾ*] mit der ihr charakteristischen Lautveränderung, wie sie bei den beiden letztgenannten Belege vorliegt, tritt aber in der Kl. 10 nicht auf (vgl. (111) sowie 3.3.2.5 und 3.3.3.2).

(117) *kaka-rị*	'Spiel; Tanz'	*bubu-ri*	'Bruchstücke; Puder'
bẹbẹ-rị	'Magie'		
wọrə-rị	'Lohn'	(*wọr-a*	'belohnen')
kẹwụ-rị	'Sklaverei'	(*kẹw-ẹ*	'Sklave')
tal-rị [*taaɾị*]	'Fremdgehen'	(*tal-ẹ*	'Person, die fremdgeht')
pwál-rị́ [*pwááɾị́*]	'wilde Feige'	(*pwal-gụ̀*	'Feigenbaum').

Das Suffix der folgenden Belege könnte jeweils als die Suffixvariante der Kl. 8 *-ŋị* oder alternativ als Suffix *-ị́* nach /*ŋ*/ (Kl. 11) aufgefaßt werden.

(118) *kwaaŋị*	'Haß'	*bacaŋị*	'Erkältung, Husten'
guwoŋi	'Lähmung'	*pukoŋi*	'Schaum'.

Es liegen mehrere Substantive vor, bei denen jeweils das Suffix *-ndị* angenommen werden kann, welches, wenn es mit der Konkordanz *tụ-* und *-ị́* vorkommt, einer der Suffixvarianten der Pluralklasse 8 entspricht.

(119) *gọrsọ-ndị*	'Stolz'	*pẹlẹ-ndị*	'Konversation'
bọrọ-ndị	'Hautkrankheit'	*sụsụ-ndị*	'Geheimniskrämerei'
kwatə-ndị	'Jugendzeit' (*kwatə-mba* 'Jünglinge').		

Die Substantive (120), die wahrscheinlich ebenso der Kl. 8 zuzuordnen sind, sind von Verben abgeleitet. Dem Numerus der Klasse entsprechend, liegt einigen Ableitungen jeweils die pluralisch erweiterte indef. Form zugrunde.

(120) *mwẹẹndị* 'Bauen' (*mọ-* 'bauen'; *mwẹẹnẹ* (Pl.) (indef.))
daŋandị 'Gedanke, Denken' (*danga* 'denken'; *daŋanẹ* (Pl.) (indef.))
nəŋandị 'Sitten, Gebräuche' (*nəŋa* 'tun'; *nəŋanẹ* (Pl.) (indef.))
dwẹẹndị 'Traum' (*dwẹẹnị* 'träumen' (indef.))[55]
jẹẹndị '(etwas zu) Essen' (*jẹ* 'essen' (def.))
jọọndị 'Beackern' (*jọọ* 'beackern' (def.)).

3.3.8 Substantive mit den Konkordanzzeichen *sụ́-* und *-ị̀*

Wie die Pluralklassen 8 und 10 weisen auch die Pluralklassen 4 (*-ndị*) und 6 (*-ị*) jeweils die gleichen Konkordanzaffixe (*sụ́-* und *-ị̀*) auf. Die wenigen Beispiele, die ohne Numerusdifferenzierung mit dieser Konkordanz vorliegen, sind aufgrund des Nominalsuffixes alle der Kl. 6 (*-ị*) zuzuordnen. Das kann als weiterer Beleg für die Annahme gewertet werden, daß das Suffix *-ndị* eine 'neutrale' Pluralbildung im Waja darstellt (vgl. 2.4). Eine besondere semantische Kategorie geht aus den wenigen Belegen nicht hervor. Bemerkenswert ist aber, daß der 'Körper' im Waja einer Pluralklasse angehört.[56] Möglicherweise spielt hier der Aspekt der Zusammensetzung aus unterschiedlichen Einzelkomponenten eine Rolle.

(121) *bụrị̀* 'Körper' *gwasị̀* 'Furcht'
kweị ~ kwaị 'Krieg' *balị* 'Entscheidung'
paárị̀ 'Schuhe' *dụwaị* 'Lärm, Geschrei'
wụrị 'Schale(n)'.

3.3.9 Die Klasse 12

Die Kl. 12 weist die gleichen Konkordanzaffixe (*bụ́-* und *-wà*) auf wie die Kl. 2 und 2a (Plurale der Menschenklasse). Die morphologische Zuordnung der Substantive zur Kl. 12 erfolgt aufgrund des Nominalsuffixes *-mà*.

In dieser Klasse sind enthalten: kollektive Bezeichnungen, Flüssigkeiten, abstrakte Begriffe und eine kleine Gruppe Verbalnomen (VN). Eine große Zahl der Belege läßt als übergeordneten semantischen Aspekt einen Bezug zum 'menschlichen Körper' erkennen. Neben Körperflüssigkeiten wie 'Blut', 'Tränen', 'Speichel' kommen 'Gehirn' und 'Knochenmark' vor. Des weiteren sind 'Atem', 'Gähnen', 'Schnarchen' und 'Lachen' enthalten, die im weiteren Sinne als körperliche Äußerungen angesehen werden können. Auch 'Dank', 'Gruß', 'Scham' und 'Gelüste' lassen einen semantischen Bezug zu den anderen Begriffsgruppen erkennen. Die VN schließlich, die unregelmäßig in der Kl. 12 zu finden sind, bezeichnen 'primäre Körperbewegungen'.[57]

---

55 Dieses Verb kommt nur mit der Pluralerweiterung vor.

56 Auch im Tula und Cham befindet sich 'Körper' in einer der Kl. 6 entsprechenden Pluralklasse.

57 Fast alle VN sind mit der Kl. 9 gebildet. Die einzigen weiteren Ausnahmen stellen die VN der Verben dar, die eine der 'primären Körperpositionen' bezeichnen. Sie sind in der Kl. 5 enthalten.

Beispiele für Substantive der Kl. 12 sind:

(122) *bə̣-ma ~ bm-ma* 'Salz' *ja-mà* 'Hirse (Oberbegriff)'
mị̀ị-mà 'Mehl' *gọ-mà* 'Samen'
tarạ-ma 'Eisenerz' *wedə-mà* 'Bohnen'
gụr-mà 'Bergland' *sə-mâ* 'Land; Generation'
sị̀ị-mà 'Rauch' *nyịn-mà* 'Bier'.

(123) *tị̀ị-mà* 'Blut' *tị̀ị-ma* 'Speichel'
mẹr-mà 'Tränen' *kuku-mà* 'Gehirn'
serə-mà 'Knochenmark' *pị̀ị-ma* 'Atem; Leben'
kụrụ-mà 'Schnarchen' *yaa-mà* 'Gähnen'
dwị̀ị-mà 'Schlaf' *twị̀ị-ma* 'Leidenschaft, Gelüste'
mẹl-mà 'Scham' *nyị̀ị-ma* '(Mutter)Milch'

Mehrere Substantive dieser Klasse sind deverbal abgeleitet.

(124) *tọr-mà* 'Urin' (*tọr-ị̀* 'urinieren')
cị̀ị-mâ 'Grüssen' (*cị-ya* 'grüssen')
mə̣rə̣-mà 'Hilfe' (*mə̣r-a* 'schützen, retten')
wandə̣-mà 'Dank' (*wandị̀* 'preisen, loben')
rii-ma ~ rị̀ị-ma 'Lachen' (*riy-o* 'lachen').

Alle Verben, die das VN mit der Kl. 12 bilden, gehören der morphologisch und semantisch besonderen Verbalklasse V an (s. V, 4.5). Die Die VN fast aller Bewegungsverben dieser Verbalklasse sind in der Kl. 12 enthalten. Das letztgenannte VN ist unregelmäßig mit einem anderen Stamm gebildet. Der velare Nasal, der jeweils vor dem Klassensuffix auftritt, kann nicht erklärt werden (vgl. II, 1.1.3.2).

(125) *ge-ŋ-mà* 'Besteigen' (*ge-mn-ò*[58] 'besteige!')
də-ŋ-mà 'Eintreten (eine Person)' (*də-mn-ò* 'tritt ein!')
te-ŋ-mà 'Eintreten (Pl.)' (*tee-mbər-ò* 'tretet ein!')
sọŋ-mà 'Gehen; Reisen' (*a-mnà* 'geh!').

Die Substantive der Kl. 12 bilden meist keinen Plural. Ein Beispiel (126) liegt vor, bei dem der Plural mit der Kl. 4 gebildet wird, wobei aber das Suffix *-ndị* an das Klassensuffix *-mà* antrit. Die gleiche Bildungsweise wird gebraucht, wenn beispielsweise verschiedene Mengen bezeichnet werden sollen.

(126) *pwẹŋ-mà / pwẹŋ-ma-ndị* 'Wade, Muskel'

(127) *tị̀ị-mà / tị̀ị-ma-ndị* 'Blut / Blutsorten' (Kl. 4)
nyịn-mà / nyịn-ma-ndị 'Bier / Biersorten' (Kl. 4).

58 Im Imperativ wird dem Verbalstamm das Pronomen der 2. Pers. Sg. oder Pl. suffigiert. Diese Bildungsweise tritt nur bei diesen Verben auf (s. V, 4.5).

3.3.10 Die Klasse 13

Die Kl. 13 hat im Nominalklassensystem des Waja lokative und temporale Funktion. Dies geht vor allem aus den Bildungen mit den Konkordanzzeichen dieser Klasse *pų̀-* und *-ų́* hervor.

(128) *pį́-yá-ų́*	'wo?; woher, wohin?'	*p-ęnę*	'wann?'
pə̣-na	'hier'	*pų-wǫ*	'dort'
pə tukó-ú	'als er versteckte; dort, wo er versteckte'.		

Die Kl. 13 enthält aber nur ein einziges Substantiv, das isoliert kaum auftritt:

(129) *pį* 'Platz'.

Mit diesem Substantiv sind die VN einer kleinen Gruppe Verben zusammengesetzt, die dann aber aufgrund der Konkordanz der Kl. 5 zuzuordnen sind. Diese Beispiele sind innerhalb der Kl. 5 dargestellt (vgl. 3.3.3.1 (65)).

Der Plural von *pį* wird mit der Kl. 4 gebildet. Die Vokalveränderung des Wortstammes sowie der Ton des Suffixes der Pluralform können nicht erklärt werden.

(130) *pį / pę-ndį̂* 'Platz / Plätze; Geordnetes, Aufgereihtes'[59].

Das Waja ist die einzige bisher bekannte Trans-Benuesprache, in der eine Lokativklasse belegt ist. Lokativklassen sind m.W. auch aus den Gursprachen nicht bekannt. Umso bemerkenswerter erscheint die morphologisch-semantische Übereinstimmung mit der *pa- (Lokativ)Klasse im Bantu. Lexikalisch hingegen sind die Beziehungen zu den umliegenden Sprachen gegeben. So lautet z.B. im Tula das Wort für 'Ort, Platz' *fii*. Es gehört jedoch zu einer Nominalklasse mit der Konkordanz *w-* die im Großen und Ganzen der Kl. 3 im Waja entspricht.[60]

---

59 Im 'Primer' von 1924 wurde *pęndį̂* in der Bedeutung 'Kapitel, Lektion' verwandt.

60 Ein - zumindest in der ersten Silbe - lautlich entsprechendes Lexem mit der Bedeutung 'Ort, Platz' ist aber auch in benachbarten tschadischen Sprachen vorhanden, so im Tan.: *pį́dį* und im Kwami: *fídí* (R. Leger (1988)).

4. KONKORDANZ

4.0 Übersicht

Konkordanz wird am abhängigen Satzglied mittels präponierter bzw. präfigierter Klassenzeichen und/oder durch klassenspezifische Konkordanzsuffixe markiert. Die folgende Übersicht zeigt die Konkordanzmorpheme der einzelnen Nominalklassen.

(1) Klassen:	Konkordanzmorpheme: präponiert:	Präfix:	Suffix:[61]
Kl. 1, 3, 3a	*wụ́*	*wụ́-*	*-ẹ*
Kl. 2, 2a, 12	*bụ́*	*bə̣́-*	*-wà*
Kl. 4, 6	*sụ́*	*sə̣́-*	*-ị̀*
Kl. 5	*wụ* °	*wụ-́*	*-ụ́*
Kl. 7	*dụ́*	*də̣́-*	*-ị̀*
Kl. 8, 10, 11	*tụ* °	*tə̣-́*	*-ị́*
Kl. 9	*kụ́*	*kə̣́-*	*-ụ̀*
Kl. 13	*pụ* °	*pə̣-́*	*-ụ́.*

Der kurze Vokal der präfigierten Konkordanzmorpheme wird, außer nach */w/*, interkonsonantisch in der Regel zentralisiert als [ə̣] realisiert. Er assimiliert sich an einen nachfolgenden Laut, wenn dieser ein Halbvokal oder Vokal ist. Wie die Demonstrativpronomen (6) zeigen, tritt vor *-ị* Labialisierung des Präfixkonsonanten auf. Diese Lautveränderung deutet darauf hin, daß der Vokal dieser Morpheme durch Vokalkürzung entstanden ist und er phonemisch auf ein */ụ/* zurückzuführen ist (vgl. II, 2.2 und III, 1.1.1). Den Konkordanzpräfixen und den präponierten Klassenzeichen liegen somit die gleichen Morpheme zugrunde, die syntaktisch aber jeweils unterschiedlich gebraucht werden. Sie werden selbständig 'präponiert' verwendet, wenn das abhängige Satzglied ein Nomen oder eine mehrgliedrige syntaktische Konstruktion ist. Bei diesem Gebrauch wird der Vokal bei langsamer deutlicher Sprechweise in der Regel als [*ụ* ~ *u*] realisiert, häufig aber auch kurz und zentralisiert [*ə̣* ~ *ə*] artikuliert. In enger 'präfigierter' Verbindung mit dem abhängigen Satzglied stehen die Klassenzeichen bei Pronominalstämmen und Partikeln, die isoliert nicht vorkommen.

Das Konkordanzsuffix der Kl. 1 und 3 *-ẹ* wird vergleichsweise selten auch als *-ẹ* artikuliert. Es ist lediglich nach [*ụụ*], [*uu*], [*ịị*], [*ii*] sowie */r/*, */c/* und */ng/* belegt. In vielen Fällen verschmilzt es mit dem jeweils auslautenden Vokal oder es fällt segmental aus und ist nur noch tonal (H ?) festzustellen. (Beispiele sind unten dargestellt).

Die konkordanten Bildungen lassen sich nach vier verschiedenen Bildungsweisen unterscheiden:

---

61 Aus verschiedenen Bildungen mit den Konkordanzsuffixen könnte abgeleitet werden, daß letztere unterliegend mit zwei Tönen verbunden sind, wobei die hochtonigen Suffixe der Kl. 5, 8, 10, 11 und 13 jeweils mit zwei Hochtönen und die tieftonigen Suffixe der Kl. 2, 4, 6, 7, 9 und 12 mit der Tonfolge H+T verbunden wären. Anlaß zu dieser Annahme gibt das 'unregelmäßige' tonale Verhalten des Konkordanzsuffixes der Kl. 1 und 3 *-ẹ*, dem bei dieser Analyse die Tonfolge T+H zuzurechnen ist. Zur Bestätigung dieser Hypothese sind aber noch weitere Untersuchungen notwendig.

1. Bildungen mit Präfixen;
2. Bildungen mit Suffixen;
3. Bildungen mit Präfixen und Suffixen;
4. Bildungen mit präponierten Klassenzeichen und Suffixen.

4.1 Bildungen mit Präfixen

4.1.1 Konkordanz bei Demonstrativprononmen

Demonstrativpronomen werden mit den Konkordanzpräfixen und den Demonstrativpartikeln (2) gebildet. Letztere unterscheiden vom Sprecher aus gesehen vier verschiedene Entfernungen [1. - 4]. Ein weiteres Morphem [5.] wird gebraucht, wenn das Substantiv bekannt bzw. schon erwähnt wurde, der Ort, an dem es sich befindet, aber nicht sichtbar ist. Hierbei scheint die Distanz unwesentlich zu sein. Zusätzlich kommt eine weitere [6.] Partikel vor, die sowohl emphatisch ('dieses bestimmte') als auch dann verwendet wird, wenn etwas von woanders hergekommen ist.

(2)	1.	*-nà*	'hier (bei mir)'
	2.	*-wọ*	'da (bei dir)'
	3.	*-(ị)ị̀*	'dort (bei ihm, ihr)'
	4.	*-ị́*	'ganz dahinten (gerade noch sichtbar)'
	5.	*´-yị*	'(jenes) bekannte, erwähnte'
	6.	*-náá*[62]	'(dieses) bestimmte (gekommene/gebrachte/erwähnte').

Der Unterschied zwischen 3. und 4. zeigt sich nicht nur tonal, sondern auch in der Länge. Wie unter (3) gezeigt verschmilzt das hochtonige *-ị́* (= 4.) mit dem Vokal des Präfixes. Demonstrativpronomen folgen in der Regel dem Substantiv.

(3)	*nụrẹ wụ́-nà*	'Frau diese hier'
	nụrẹ wụ́-wọ	'Frau diese da (bei dir)'
	nụrẹ wị́-ị̀	'Frau jene dort (bei ihm, ihr)'
	nụrẹ wị́	'die Frau ganz da hinten'
	nụrẹ wị́-yị	'Frau jene erwähnte'
	nụrẹ wụ́-náá	'Frau diese bestimmte'.

Lautet das Substantiv auf einen T aus, wird der anlautende H der Konkordanzpräfixe abgesenkt. Nach einem NH bleiben sie hoch. Hochtonig anlautende Präfixe kommen bei den Klassen vor, deren Nominalsuffixe keinen H aufweisen.

(4)	*tịịma bạ-nà*	'Blut dieses'	*tịị-mà*	'Blut'
	tịịma bụ-wọ	'Blut dieses da'		
	tịịma bạ́-nà	'Spucke diese'	*tịị-ma*	'Spucke'
	tịịma bụ́-wọ	'Spucke diese da'		

62 Möglicherweise ist diese Partikel von der ersten abgeleitet.

dəne dạ-nà	'Knie dieses'	*dən-è*	'Knie'
dəne dạ́-nà	'Name dieser'	*dən-e*	'Name'.

Die Konkordanzpräfixe der Hochtonklassen (Kl. 5, 8, 10, 11, 13), lauten NH an und sind mit folgendem H verbunden. Bei ihnen bleibt der Ton des Präfixes unverändert, und die Demonstrativpartikel werden in Pausastellung ebenfalls NH realisiert.

(5)	*lẹm-ụ wụ-na*	'Feder diese'	*lẹm-ụ*	'Feder'
	lẹm-ụ wụ-wọ	'Feder diese da'		
	wụr-ị́ tạ-na	'Husten dieser'	*wụr-ị́*	'Husten'
	wụr-ị́ tụ-wọ	'Husten dieser da'.		

Bei der Bildung der Demonstrativpronomen mit den Morphemen *-(ị)ì*, *´yị* und *-ị́* wird der Konsonant des Präfixes labialisiert.

(6)	*yịrị twịị*	'jenes Ding dort'
	gundu kwịì	'jenes Wasser dort'
	sou kwị́	'der Baum ganz dahinten'
	yidi swị́yị	'jene weit entfernten Vögel'
	səmá bwị́yị	'jenes (erwähnte) Land'
	pwịị	'dort'
	pwị́yị	'der erwähnte Ort; in diese Richtung; dort hinter ...'
	pwị́	'ganz weit dahinten'.

Die letztgenannten Beispiele sind mit dem Präfix der Lokativklasse gebildet. Das Substantiv wird hier nicht genannt. Die übrigen lokativen Pronomen lauten:

(7)	*pạ-na*	'hier (bei mir)'	*pụ-wọ*	'da (bei dir)'.

Demonstrativpronomen können auch vor dem Substantiv stehen (8). In dieser Position haben sie aber meist prädikativen Charakter (9).

(8)	*guno wụ-nà*	'Ziege diese'
	wụ-na gunò	'diese Ziege'
	kuu guno wụ́-nà	'Dieb der Ziege dieser'
	wụ-na kuu guno	'dieser Dieb der Ziege'.
(9)	*wụ-nà, kuu guno wụ́-nà*	'dieser (ist), der Dieb dieser Ziege'.

Prädikativ werden aber überwiegend die mit *tụ´* gebildeten Demonstrativpronomen verwendet. Sie stehen 'neutral' mit/vor Substantiven aller Klassen.[63]

63 Die Kl. 11 enthält das Substantiv *yịrị* 'Sache, Ding'. 'Neutral' werden auch weitere mit *tụ´* gebildeten Konstruktionen benutzt (s.u.).

(10) *tạ-na tangà* — 'dies (ist ein) Rind'
(vgl. *tanga wụ-nà* — 'dieses Rind')
twị-ị mbáá-mi — 'der da ist mein Vater'
tạ-náá guno-wé — 'wem ist diese Ziege hier?'
(vgl. *guno wụ-nà, wụ-wẹ́* — 'wem ist diese Ziege?').

4.1.2 Konkordanz am Pronominalstamm *-ọnọ*

Mit *-ọnọ* werden die absoluten Objektspronomen und die Fragepronomen mit der Bedeutung 'welche, -r, -s' gebildet.[64] Der Vokal des Präfixes fällt vor *-ọnọ* aus.

(11) *bamẹ́ yị́ b-ọnọ* — 'komm mit ihm/ihr/ihnen' (Kl. 2 oder 12)
bamẹ́ yị́ t-ọnọ — 'komm mit ihm/ihr/ihnen' (neutral für alle Klassen)
ma naa t-ọnọ — 'du hast es getrunken'
ma náa t-ọnọ — 'welches sollst du trinken?'
a k-ọnọ — 'auf welchem/welcher?'
p-ọnọ — 'wo?; welcher Ort?'.

Die konkordanten Bildungen mit *-ọnọ* werden auch in den Zusammensetzungen mit der Partikel *káná-* 'irgend-, jed-' verwendet. Das Substantiv wird hier nachgestellt.

(12) *káná-w-ọnọ babụya* — 'jedes, irgendein Kind' (Kl. 1)
káná-w-ọnọ bəndóú — 'jeder, irgendein Speicher' (Kl. 5)
káná-k-ọnọ nyángụ̀ — 'jeder, irgendein Tag' (Kl. 9).

Diese Formen werden nur gebraucht, wenn das Substantiv genannt ist. Die entsprechenden selbständigen Formen lauten:

(13) *káná-wẹ* — 'jeder, irgendeiner' (*wẹ* 'wer?')
káná-ca — 'jedes, irgendeines' (*câ* 'was?')
káná-pẹnẹ — 'jeder Zeit, irgendwann; überall, irgendwo' (*pẹnẹ* 'wann?; wo?')[65].

Tonal verschieden, aber wahrscheinlich mit dem gleichen Morphem zusammengesetzt, ist eine Bildung, die nur mit dem Präfix *sụ́-* belegt ist. Sie wird gebraucht, um nach der Anzahl zu fragen, und steht 'neutral' mit Substantiven aller Klassen.[66]

64 Möglicherweise unterscheiden sich Objekts- und Fragepronomen unterliegend im Ton, wobei bei letzterem tieftoniger Auslaut (*-ọnọ̀*) gegeben sein könnte. Die Aufzeichnungen enthalten aber überwiegend Beispiele aus den Hochtonklassen, bei denen hier auch dann kein Unterschied auftreten würde. (Vgl. die Tonstruktur der Demonstrativpronomen (4) und (5) mit dem Morphem *-nà*).

65 *pẹnẹ* ist mit größter Wahrscheinlichkeit mit *pụ-́* der Kl. 13 zusammengesetzt. Ein Morphem *-ẹnẹ* ist aber mit anderen Präfixen nicht belegt.

66 Analog zu dem neutralen Gebrauch des Präfixes *tụ-́* zur Bezeichnung irgendeines Substantivs ist hier anzunehmen, daß unterliegend ein Bezugswort der Kl. 4 oder 6 vorhanden ist, dieses ist jedoch nicht bekannt. Andererseits bildet die Kl. 4 auch den Plural von Mengen und Flüssigkeiten (das heißt mehrere verschiedene Einheiten), die dadurch zählbar werden (vgl. Kl. 12).

(14) *gundu s-ọ́nọ̀* 'Wasser wieviel? = wieviel Wasser?'
mạlá-mọ́ s-ọ́nọ̀ 'Jahre-deine wieviel? = wie alt bist du?'
guno wụna (kẹn) s-ọ́nọ̀ 'wieviel (Geld) (kostet) diese Ziege?'.

4.1.3 Konkordanz an der Seinspartikel *-ọ́ọ́*

Bei dieser Bildung tritt das Konkordanzpräfix vor die Partikel *-ọ́ọ́*. Der Vokal des Präfixes fällt aus. Die Partikel drückt lokatives Sein aus. Die Bedeutung kann mit 'vorhanden sein, an einem Ort sein' wiedergegeben werden.

(15) *gundu k-ọ́ọ́* 'Wasser ist vorhanden'
mwan d-ọ́ọ́ 'Essen ist vorhanden'
ŋ w-ọ́ọ́ pạna 'ich bin hier'
yidi s-ọ́ọ́ pwị́ị̀ 'Vögel sind dort'
b-ọ́ọ́ gundû 'sie (Menschen) sind im Wasser'; es ist im Wasser'.

Diese Partikel wird auch im Progressiv verwendet (s.V, 6.1):

(16) *ŋ w-ọ́ọ́ cuugû* 'ich bin beim Verkaufenn'
yidi s-ọ́ọ́ yemengû 'Vögel sind am Fliegen'
sou k-ọ́ọ́ pạ̀tụ́ nyínou punú 'ein Baum steht vor dem Gehöft'.

4.2 Bildungen mit Suffixen

Bildungen, bei denen die Konkordanz allein durch ein Suffix markiert wird, treten nur bei Possessivkonstruktionen auf. Das Possessum (Nomen Regens) steht im Waja immer vor dem Possessor. Der Possessor kann ein Pronomen, ein Substantiv (Nomen Rectum) oder eine weitere Possessivkonstruktion sein.

4.2.1 Possesivkonstruktion mit pronominalem Possessor

In Possessivkonstruktionen, bei denen der Possessor pronominal ausgedrückt wird, werden die Pronominalstämme (17) dem Possessum suffigiert. Die Vokale der Pronomen der 1. Pers. Sg. und Pl. werden immer weit realisiert; bei den übrigen Personen tritt Vokalharmonie auf.[67]

(17) *-mi-* '-mein-' *-yir-* '-unser-'
-mọ- '-dein-' *-mbạr-* '-euer-'
-yọ- '-sein-' *-pạmọ- ~ -pạnọ- ~ -pmmọ-* '-ihr-'.

67 Siehe hierzu II, 2.4.3.

Das konkordante Klassensuffix des Possessum tritt ans Ende der Konstruktion.[68]

(18)	*laa-yír-ú*	'unser Gehöft'	*laa-yọ́-ụ́*	'sein -' (Kl. 5)
	gundu-yír-ù	'unser Wasser'	*gundu-yó-ù*	'sein -' (Kl. 9)
	yịrị-yír-í	'unsere Sache'	*yịrị-yẹ́-ị́*	'seine -' (Kl. 11)
	lakị-yír-ì	'unsere Hacke'	*lakị-yẹ́-ị̀*	'seine -' (Kl. 7).

Die Konkordanzsuffixe *-ị́* und *-ị̀* sowie *-ụ́* und *-ụ̀* verschmelzen in der Regel mit dem Vokal des Pronominalstamms der 1. Pers. Sg. (*-mi-*).

(19)	*yịrə̣-mí* (< *yịrị-mí-í*)	'meine Sache'
	lakə̣-mî (< *lakị-mí-ì*)	'meine Hacke'
	laa-mú (< *laa-mí-ú*)	'mein Gehöft'
	gundu-mû (< *gundu-mí-ù*)	'mein Wasser'.

Gehört das Possessum der Kl. 2(a) oder 12 an, so werden durch das Konkordanzsuffix *-wà* die Vokale der Pronominalstämme verändert, in der 1. und 2. Pers. Pl. fällt zusätzlich das /*r*/ aus (s. III, 1.6.1 und III, 2.2):

(20)	*nụwa*	'Leute' (Kl. 2)	*tịị-mà*	'Blut' (Kl. 12)
	nụwá-mú-wà	'meine -'	*tịịma-mú-wà*	'mein -'
	nụwá-má-à	'deine -'	*tịịma-má-à*	'dein -'
	nụwá-yá-à	'seine -'	*tịịma-yá-à*	'sein -'
	nụwá-yú-wà	'unsere -'	*tịịma-yú-wà*	'unser -'
	nụwá-mbá-à	'euere -'	*tịịma-mbá-à*	'euer -'
	nụwá-pə̣má-à	'ihre -'	*tịịma-pə̣má-à*	'ihr -'.

Das Konkordanzsuffix der Kl. 1 und 3 (3a, 3N) lautet nur in der 1. und 2. Pers. Pl. *-ẹ*. Bei den übrigen Bildungen ist das Suffix nur tonal (H?).

(21)	*bọl-*[69]	'Kind von ...'	*gunò*	'Ziege' (Kl. 3a)
	bọl-mi	'mein -'	*guno-mi*	'meine -'
	bọl-mọ	'dein -'	*guno-mo*	'deine -'
	bọl-yọ	'sein -'	*guno-yo*	'seine -'
	bọl-yir-e	'unser -'	*guno-yir-e*	'unsre -'
	bọl-mbə̣r-ẹ	'euer -'	*guno-mbər-e*	'euere -'
	bọl-pə̣mọ	'ihr -'	*guno-pəmo*	'ihre -'.

Nominale Klassensuffixe fallen vor dem Pronomen aus, wenn der Wortstamm auf einen Vokal (oder Halbvokal) auslautet und das Suffix ein Vokal ist:

(22)	*wụra-yír-ì*	'unsere Arbeit' (*wụra-ị̀* (Kl. 7))
	dọọ-yír-ù	'unser Seil' (*dọw-ụ* (Kl. 9))
	tụụ-yir-e	'unsere Maus' (*tụw-ẹ̀* (Kl. 3)),

68 Die Lautveränderungen, die hier durch die Suffixe verursacht werden, sind unter III, 2.1 dargestellt.

69 *bọl-* kommt nur in Zusammensetzungen vor (s. 3.3.1.2), vgl. auch (37) unten.

oder wenn im Auslaut des Wortstammes ein Nasal oder /*l*/ steht und das Klassensuffix ein hoher Vokal oder *-ẹ* ist. Die Suffixvokale *-ọ*, *-o* und *-a* bleiben aber erhalten. Ein unterliegender H auf der letzten Silbe wird bei Ausfall des Vokals auf dem konsonantischen Sonoranten realisiert (vgl. auch III, 3.).

(23)	*gul-yo*	'sein Stück' (*gul-e* (Kl. 3))
	gun-yé-ì	'seine Ziegen' (*gun-ì* (Kl. 6))
	dəń-yé-ì	'sein Name' (*dən-e* (Kl. 7))
	dən-yé-ì	'sein Knie' (*dən-è* (Kl. 7))
	pal-yọ́-ụ̀	'seine Altergruppe' (*pal-ụ̀* (Kl. 9))
	gun-o-yo	'seine Ziege' (*gun-ò* (Kl. 3a))
	cụn-á-yọ	'seine Axt' (*cụn-a* (Kl. 3a))
	cul-ó-yo	'sein Griff' (*cul-o* (Kl. 3a)).

4.2.2 Possessivkonstruktion mit substantivischem Possessor

Wird der Possessor substantivisch ausgedrückt, fallen die Suffixvokale des Possessum wie für die Beispiele (22) und (23) oben beschrieben aus. Das Konkordanzsuffix des Possessum wird dem Possessor suffigiert, wobei der Vokal des Klassensuffixes (bzw. das Klassensuffix) des Possessor in der Regel substituiert wird, wenn er die Merkmale [hoch] und/oder [vorne] aufweist.

(24)	*dəń nẹr-ị̂*	'Name des Mannes' (*dən-e* 'Name' (Kl. 7); *nẹr-ẹ̀* 'Mann')
	laa nẹr-ụ́	'Gehöft des Mannes' (*laa* 'Gehöft' (Kl. 5))
	duu nem-ú	'Preis des Tieres' (*duu* 'Preis' (Kl. 5); *neme* 'Tier; Fleisch')
	kụụ nem-û	'Haar des Tieres' (*kụụ* 'Haar' (Kl. 9))
	dundi gúnd-ì	'Wassertopf' (*dund-i* 'Topf' (Kl. 7); *gund-ù* 'Wasser')
	yụụ kwii-t-ú	'Matte des Vaters' (*yụụ* 'Matte' (Kl. 5); *kwii-tè* 'Vater').

-o,*-ọ*, oder *-a* bleiben hingegen erhalten.

(25)	*duu gunó-ú*	'Preis der Ziege' (*gun-ò* 'Ziege')
	nịị guné-ì	'Leber der Ziege'
	nyino tịịmá-ụ́	'Ader, Vene (= Weg des Blutes)' (*tịị-mà* 'Blut')
	sou tẹ́na-ụ̀	'Stampfer (= Holz des Mörsers)' (*tẹn-à* 'Mörser').

Lautet der Wortstanmm des Possessor auf [*ọọ*] oder [*aa*] aus, werden hohe Suffixvokale meist mit Hilfe eines Halbvokals angefügt.

(26)	*yidi laá-yị̀*	'Vögel des Gehöfts' (*laa* 'Gehöft')
	bwala laá-wụ̀	'Feuer des Gehöfts'
	kwar dọọ-yị̀ ~ dọị̀	'Knoten des Seils' (*dọụ* ~ *dọw-ụ* / *dọọ-rị* 'Seil').

Das Konkordanzsuffix der Kl. 1 und 3 wird hier immer nur tonal (H ?) realisiert.

(27)	*taagẹ guno*	'Hirte der Ziege' (*taagẹ* 'Hirte'; *gun-ò* 'Ziege')
	taagẹ gunî	'Hirte der Ziegen' (*gun-ì* 'Ziegen')
	kuu jama	'Dieb der Hirse' (*kuw-è* 'Dieb'; *ja-mà* 'Hirse')
	nuŋ gọndọŋ	'Auge des Krokodils' (*nu-ŋè* 'Auge'; *gọndọŋ* 'Krokodil').

Im Unterschied zu den Pronominalstämmen unter 4.2.1, die ein klassenspezifisches Tonmuster aufweisen, wird hier die tonale Realisierung der Konstruktion durch die unterliegenden Töne des Possessor modifiziert. In mehreren Fällen sind tonale Varianten festzustellen. Diese treten hauptsächlich dann auf, wenn das Possessum einen auslautenden (unterliegenden) H aufweist und einer der Klassen angehört, deren Konkordanzsuffix tieftonig auslautet.

(28)	*culó lakị̂ ~ culo lákị̀*	'Stiel der Hacke' (*cul-o* 'Stiel' (Kl. 3a); *lak-ị̀* 'Hacke' (Kl. 7))
	sou yid-û ~ sou yíd-ù	'Baum des Vogels' (*sowu* 'Baum' (Kl. 9); *yid-è* 'Vogel' (Kl. 3))
	bẹ́n cọọg-ị̂ ~ bẹn cọ́ọ́g-ị̀	'Zunge der Schlange' (*bẹn-ẹ* 'Zunge' (Kl. 7); *cọọg-ẹ̀* 'Schlange' (Kl. 3))
	kan tángà-ị̀ ~ kań tangá-ị̀	'Rinderstall' (*kan-ẹ* 'Raum' (Kl. 7); *tang-à* 'Rind' (Kl. 3a))
	nyịịma tángá-wà ~ nyịịmá tangá-wà	'Kuhmilch' (*nyịịma* 'Milch' (Kl. 12)).

Bestimmte Zahlwörter sind - obwohl sie kein Klassensuffix aufweisen - Nominalklassen zugeordnet. Werden sie ordinativ gebraucht, sind zwei Bildungen möglich, von denen eine als Possessivkonstruktion aufzufassen ist. (Die andere ist unter (47) dargestellt.) Das Zahlwort ist hier das Possessum, das Konkordanzsuffix lautet in der Regel -ị̀ (Kl. 4, 6 oder 7). Warum der jeweils letzte Vokal des Zahlwortes der ersten vier Beispielen hier gelängt wird, ist unbekannt.

(29)	*gẹẹ́n sow-î*	'Erster Baum'
	rọọ́p nụr-ị̂	'Zweite Frau'
	kunóóŋ láá-yị̀	'Drittes Gehöft'
	nuwóó bwalá-ị̀	'Fünftes Feuer'
	tọrọ́ nyịnmá-ị̀	'Neuntes Bier'
	kwáp-sụrạ-núwò tangá-ị́[70]	'Fünfzehnte Kuh'
	wọn nẹr-ị̂	'Hundertster Mensch'.

70 Die Zuordnung der Zahlwörter zu den einzelnen Klassen ist nicht immer eindeutig. Dieses Beispiel zeigt das Konkordanzsuffix der Kl. 8, 10 oder 11.

4.2.3 Possessivkonstruktion mit mehrgliedrigem Possessor

Possessivkonstruktionen, bei denen der Possessor aus mehreren Gliedern, z.B. einer weiteren Possessivkonstruktion oder einem Substantiv in Verbindung mit einem Demonstrativpronomen, besteht, werden auf die gleiche Weise gebildet.

(30)	*kań tanga-mî*	'Stall meiner Kuh' (*tanga-mi* 'Kuh-meine')
	yị̀r nụrẹ́-yír-í	'Sache unserer Frau' (*nụrẹ́-yir-e* 'unsere Frau'[71])
	yị̀r yụụ-yír-í	'Sache unserer Matte' (*yụụ-yír-ú* 'unsere Matte')
	kań tanga wụná-ị̀	'Stall dieser Kuh' (*tanga wụ-nà* 'diese Kuh')
	nyị̀ị̀má bụya wụ́na-wà	'Milch dieses Kindes' (*bụya wụ́nà* 'dieses Kind')
	lakị mbáá-mî	'Hacke meines Vaters'
	culo lákạ-mì ~ culó lakạ-mî	'Stiel meiner Hacke'
	culo lákị mbáá-mi ~ culó lakị mbáá-mi	'Stiel der Hacke meines Vaters'.

4.3 Bildungen mit Präfixen und Suffixen

Bei konkordanten Bildungen mit Prä- und Suffixen werden den abhängigen Satzgliedern die Konkordanzaffixe sowohl prä- als auch suffigiert. Diese Bildungsweise kommt bei Pronominalstämmen und solchen Partikeln vor, die ohne präfigierte Konkordanzzeichen in der Sprache nicht auftreten (vgl. auch die Pronomen unter 4.1).

4.3.1 Konkordanz bei selbständigen Possessivpronomen

Selbständige Possessivpronomen werden mit dem Konkordanzpräfix, dem Morphem *-ọ-*, dem pronominalen Element und dem Konkordanzsuffix gebildet. Der Vokal des Präfixes verschmilzt mit *-ọ-*. Die Etymologie von *-ọ-* ist nicht bekannt. Die pronominalen Elemente sind bis auf das der 1. Pers. Sg. lautlich identisch mit denen, die bei Possessivkonstruktionen suffigiert werden (s. (17)). Die folgenden Beispiele beziehen sich jeweils auf Substantive der verschiedenen Klassen. Die 1. Pers. Sg. weist auch bei den Kl. 1 und 3 das Konkordanzsuffix *-ẹ* auf.

(31)	Kl. 1, 3:	Kl. 2, 12:	
	w-ọ-ng-ẹ	*b-ọ-ngụ́-wà*	'das Meinige'
	w-ọ-mọ	*b-ọ-má-à*	'das Deinige'
	w-ẹ-yọ	*b-ọ-yá-à*	'das Seinige'
	w-o-yir-e	*b-o-yú-wà*	'das Unsrige'
	w-ọ-mbạr-ẹ	*b-ọ-mbạ́r-à ~ bọ-mbạ́rụ́-wà*	'das Eurige'[72]
	w-ọ-pạnọ	*b-ọ-pạ́ná-à*	'das Ihrige'.

71 Die Frau eines Familienmitgliedes kann so bezeichnet werden.

72 Vgl. hierzu die kontrahierte Form des Pronominalstamms unter (20).

(32)	Kl. 5:	Kl. 9:	
	w-ọ-ng-ụ́	*k-ọ-ng-ụ̂*	'das Meinige'
	w-ọ-yọ́-ụ́	*k-ọ-yọ́-ụ̀*	'das Seinige'
	w-o-yír-ú	*k-o-yír-ù*	'das Unsrige'
	w-ọ-pə̣ná-ụ́ ~ *w-ọ-pmmọ́-ụ́*	*k-ọ-pə̣ná-ụ̀* ~ *kọ-pmmọ́-ụ̀*	'das Ihrige'.

(33)	Kl. 7:	Kl. 11 (8, 10):	
	d-ọ-ng-ị̂	*t-ọ-ng-ị́*	'das Meinige'
	d-ọ-mẹ́-ị̀	*t-ọ-mẹ́-ị́*	'das Deinige'
	d-o-yír-ì	*t-o-yír-í*	'das Unsrige'
	d-ọ-mbə̣́r-ị̀	*t-ọ-mbə̣́r-ị́*	'das Eurige'.

4.3.2 Konkordanz bei der Fragepartikel *-wọ́-*

Die Partikel *-wọ́-* wird gebraucht, um nach dem Eigentümer einer Sache zu fragen. Das Bezugswort wird in der Regel durch ein Demonstrativpronomen fokussiert.

(34)	*laa wụ-ná wụ-wọ́-ụ́*	'Haus dieses wessen? = wem gehört dieses Haus?'
	wụná laa wụ-wọ́-ụ́	'dieses Haus gehört wem?'
	nyịnma bə̣-na bụ-wọ́-wà	'wem gehört dieses Bier?'
	kan də̣́-na dụ-wẹ́-ị̀	'wem gehört dieser Raum?'.

Das Bezugswort kann auch, wenn es bekannt ist, weggelassen werden.

(35)	*wụ-ná wụ-wọ́-ụ́*	'wem gehört dieses hier?' (Substantiv der Kl. 5)
	wụ-náá wụ-wọ́-ụ́	'wem gehört dieses bestimmte?' (Kl. 5)
	sə̣-náá sụ-wẹ́-ị̀	'wem gehören diese bestimmten?' (Kl. 4, 6)

Das Konkordanzsuffix der Kl. 1 und 3 verschmilzt mit der Fragepartikel.[73]

(36)	*guno wụ-na wụ-wẹ́*	'wem gehört diese Ziege?'
	bụya wụ́-náá wụ-wẹ́	'wem gehört dieses bestimmte Kind?'
	wụ-na bụya wụ́-wẹ́	'wem gehört dieses Kind?'.

Nach dem Eigentümer einer Sache wird oft auch mit den 'neutralen' Demonstrativpronomen (vgl. (10) oben) und einer Possessivkonstruktion gefragt. Hier wird *-wọ́-* dem Substantiv suffigiert (vgl. 4.2.1) und das Konkordanzsuffix tritt ans Ende.

(37)	*tə̣-ná bọl-wẹ́*	'dieses, wessen Kind? = wem gehört dieses Kind?'
	tə̣-ná cwiyo-wé	'wem gehört dieses Huhn?'
	tə̣-ná nyịnma-wọ́-wà	'wem gehört dieses Bier?'
	tə̣-náá laa-wọ́-ụ́	'wem gehört dieses bestimmte Haus?'.

73 *wẹ́* wird auch mit der Bedeutung 'wer?' gebraucht: *wụna wẹ* 'wer ist dieser'; *wịị wẹ* 'wer ist (jener) dort'.

4.3.3 Konkordanz bei der Kardinalzahl 'eins'

Der Wortstamm der Kardinalzahl 'eins', der in Verbindung mit einem Substantiv gebraucht wird, lautet *-íno-*. Die Vokale von *-íno-* sind weit (markiert), d.h., daß auch die Konkordanzaffixe (außer *-wà*) mit weiten Vokalen realisiert werden. Die Konkordanzsuffixe treten jedoch häufig nur noch tonal auf.

(38)	*nẹr wi-inò*	'ein Mensch'
	laa wi-inó-ú ~ wíínò	'ein Haus'
	pụ pi-inó-ú	'ein Platz'
	səmá bi-ino-wà ~ biinò	'ein Land; eine Generation'
	sou kí-ínò	'ein Baum'
	dən dí-ínò	'ein Name'
	bụr si-inò	'ein Körper'[74]
	yịr ti-inó	'eine Sache'.

Eine weitere Bedeutung dieser Bildungen ist: 'das Gleiche, dasselbe; zusammen'. Mit dieser Bedeutung wird aber überwiegend die Form der Kl. 9 'neutral' verwendet.

(39)	*yị nụwa bí-ínò*	'wir sind die gleichen Leute'
	nụrụmbá kí-ínò	'Frauen sind (alle) gleich'
	tịịma ki-inò	'das gleiche Blut'
	bụr ki-inò	'der gleiche Körper'
	yị mwataŋa ki-inò	'wir sind zusammen gegangen'.

4.4 Bildungen mit präponierten Klassenzeichen und Suffixen

Bei diesen Bildungen werden die abhängigen Satzglieder von den Konkordanzzeichen 'eingeklammert'. In dieser 'Klammer' können einzelne Wörter, aber auch ganze Sätze stehen. Das regierende Substantiv geht, sofern es genannt wird, der 'Klammer' voraus. Das Bildungsprinzip gleicht dem unter 4.3 dargestellten. Der Unterschied besteht darin, daß die abhängigen Satzglieder unter 4.3 nur mit Präfixen vorkommen können, während hier eigenständige Lexeme vorhanden sind, die innerhalb der Morphologie der Sprache in der Regel keine Präfixe, wohl aber Suffixe aufweisen. Das dem abhängigen Satzglied vorangestellte Klassenzeichen entspricht ebenso wie das Konkordanzsuffix, das ans Ende der Konstruktion tritt, immer der Nominalklasse des herrschenden Substantivs. Bei einigen Bildungen können die Suffixe auch wegfallen. Konkordanz wird auf diese Weise bei Nomen-Nomen Konstruktionen, bei denen ein Substantiv durch ein weiteres Nomen qualifiziert wird, und bei Relativ- und Temporalsätzen markiert.

---

74 Das Substantiv *bụrị̀* 'Körper' ist aufgrund der Konkordanz der Pluralklasse 6 (oder 4) zuzuordnen.

4.4.1 Konkordanz bei Nomen-Nomen Konstruktionen

Welcher semantische Unterschied dieser Bildung zu den Possessivkonstruktionen unter 4.2 (24)-(28) besteht, bedarf noch weiterer Untersuchungen. Die folgenden Beispiele lassen aber erkennen, daß in einigen Fällen das Konkordanzzeichen mit der Bedeutung 'von der Art, wie; für' wiedergegeben werden könnte.

(40)	*nendi sụ́ gụláị̀*	'wilde Tiere' (*nendi* 'Tiere'; *gụlaị̀* 'Busch')
	nendi sụ́ laị (<*laa-ị*)	'Haustiere' (*laa* 'Haus, Gehöft')
	laa wụ nẹrụ́	'Haus für den Mann'
	(*laa nẹrụ́*	'Haus des Mannes')
	dən dụ́ nẹrị̂	'Name für den Mann'
	(*dən nẹrị̂*	'Name des Mannes')

gur	*dụ́ naa-yị̀*	*a gwala*	*dụ́ pẹ́sị́.*
'Staub	des Fußes	er übertrifft	(den) des Sitzens.'

Nomen-Nomen Konstruktionen, bei denen ein Adjektiv attributiv gebraucht wird, sind nur mit diesem Bildungsprinzip belegt. Adjektive unterscheiden sich jedoch in ihrem morphologischen Verhalten. Nur bei einer kleinen Gruppe wird die Konkordanz immer auch mit dem Suffix markiert, bei anderen Adjektiven kann das Suffix häufig, vor allem aber bei Substantiven der Kl. 1 und 3, ausfallen (vgl. 5.).

(41)	*nẹr wụ duw-e*	'großer Mensch (Mensch von groß)'
	nẹr wụ piy-e	'schwarzer Mensch'
	nẹr wụ pục-ẹ	'neuer Mensch'
	nẹr wụ pọpụlọk	'weißer Mensch'
	nẹr wụ təŋ	'angenehmer Mensch'
	nẹr wụ məlgà	'alter Mensch'.

Das Konkordanzsuffix *-wà* der Kl. 2 und 12 wird hingegen immer angefügt.

(42)	*nụwa bụ́ məlga-wà*	'alte Leute'
	nụwa bụ́ təŋ-ụ́-wà	'angenehme Leute'
	nụwa bụ́ pọpụlọ-wa	'weiße Menschen'.

Unbekannt ist die Etymologie der Lexeme *twẹ́y*-V- und *kang*-V-, die aber immer Konkordanz aufweisen.

(43)	*yụụ wụ twẹ́yọ́-ụ́*	'eine unterschiedliche/andere Matte'
	sou kụ́ twẹ́yọ́-ụ́	'ein unterschiedlicher/anderer Baum'
	dən dụ́ twẹ́yẹ́-ị́	'ein unterschiedlicher/anderer Name'.

(44) *yųų wų kángų́(-ų́)* 'eine gewisse/bestimmte Matte'
nẹr wų kángẹ 'ein gewisser/bestimmter Mann'
dən dų́ kangį-ì̧ 'ein gewisser/bestimmter Name'
nųwa bų́ kạngá-à 'gewisse/bestimmte Leute'.

Das letztgenannte Beispiel zeigt für die Kl. 2 (und 12) die Variante *kạngá-à*, die vermutlich phonologisch bedingt ist.

Bezieht sich eine Äußerung auf einen Ort, wird das Bezugswort *pį* 'Ort, Platz' bei Bildungen mit den Konkordanzzeichen der Kl. 13 in der Regel weggelassen.

(45) *pų duu* (< *duu-u*) 'großer Platz'
pų pųc-ų 'neuer Platz'
pų məlga-ų 'alter Platz'.

Das Konkordanzzeichen *tų-̗* mit nachfolgendem Adjektiv kann 'neutral' gebraucht werden, ohne daß ein Substantiv genannt wird (vgl. auch (10) oben). Als Bezugswort ist dann jeweils *yįrį* 'Ding, Sache' anzunehmen.

(46) *yųŋnẹ̀ gạrá-bų tú duw-i.*
'Elefant ist gewachsen-nicht (durch Ding(e)) von groß.
= Der Elefant ist nicht durch Großes groß geworden.'

Werden bestimmte Zahlwörter ordinativ mit einem Substantiv gebraucht, sind zwei Bildungsweisen möglich. Bei der einen, einer Possessivkonstruktion, wird die Konkordanz durch ein Suffix markiert (s. (29) oben), bei der anderen wird das vorangestellte Konkordanzzeichen verwendet. Ein Suffix ist segmental hier nicht vorhanden.

(47) *nẹr wų rọ́ọ́p* 'der zweite Mann' (= *rọọ́p nẹrî̧*)
sou kų́ kwáp 'der zehnte Baum' (= *kwáp sow-í*).

4.4.2 Konkordanz bei Relativ- und Temporalsätzen

Relativ- und Temporalsätze werden gebildet indem das selbständige Konkordanzzeichen vorangestellt und das Konkordanzsuffix dem letzten Glied des abhängigen Satzes suffigiert wird. Die Beispiele zeigen deutlich, daß die Tonstruktur der selbständigen Konkordanzzeichen die Töne der folgenden Morpheme beeinflussen.

(48) *yųų wų má sọma-ų* 'die Matte, die du kennst'
yųų wų má sọm-bų́(-ų́) 'die Matte, die du nicht kennst'
yųų wų má dųŋná kan-ų́ 'die Matte, die du in dem Raum gelassen hast'.

(49) *sou kų́ ma sọm-bų́-ų̀* 'den Baum, den du nicht kennst'
yịr tų má sọm-bị́(-ị́) 'das Ding, das du nicht kennst'
nẹr wų ma sọm-bų 'den Mann, den du nicht kennst'.

Das Subjektspronomen der 3. Pers. des Perfekts *a* fällt nach dem Klassenzeichen aus.

(50) *yųų wų sọ́ma-ų* 'die Matte, die er kennt'
waị wų tẹ́ẹ́-yų̀ 'die Hand, die er gehalten hat' (*a tẹ́ẹ̀* 'er hat gehalten').

Das regierende Substantiv kann auch Subjekt des Relativsatzes sein. Hier kann gelegentlich Mehrdeutigkeit entstehen, die aber durch Einfügen des selbstständigen Pronomens aufgelöst wird.

(51) *nọọ́ bų́ sọm-bų́-wà* 'die Leute, die nicht wissen; die Leute, die er nicht kennt'[75]
nọọ́ bų́ yọọ sọm-bų́-wà 'die Leute, die er nicht kennt'[76].

Vgl.:
(52) *nọọ́ bų́ nųrų́ sọm-bų́-wà* 'die Leute, die die Frau nicht kennt'
nọọ́ bų́ sọm-bų nų́rų́-wà 'die Leute, die die Frau nicht kennen'
yịr tų sọ́m-bị́(-ị́) 'die Sache, die er nicht kennt'.

Das Konkordanzzeichen *tų-́* kann auch bei diesen Bildungen 'neutral' verwendet werden, das Bezugswort *yịrị* 'Ding, Sache' wird häufig nicht genannt (vgl. (46)).

(53)	*tų*	*nẹ́cị*	*nááp ų-ų̀*	*nááwų̀.*
	'Das, was	verbindet	Beziehung	(ist) Fuß.'

Bei Bildungen mit den Konkordanzzeichen der Kl. 13 wird ebenso das Bezugswort *pị* 'Ort, Platz' in der Regel ausgelassen (vgl. (45)).

(54) *nẹr wų taa bəndó-yóú, a sọm pu buro nəŋ kẹ́n-ų̀.*
'Mann, der verbrennt Speicher-seinen, er kennt (Ort), wo Asche macht Geld.'

Wie bereits dargestellt wurde (vgl. 3.3.10), hat die Kl. 13 neben der lokativen auch temporale Bedeutung. Eine der Bildungsweisen von Temporalsätzen erfolgt dementsprechend mit den Konkordanzzeichen (*pų-́* und *-ų́*) dieser Klasse.

75 *nọọ* ist eine Kurzform von *nųwa* 'Leute'.

76 Die Vokallänge des Pronomens, die hier im Unterschied zu der unter (84) im Abschnitt II, 2.4.3 zitierten Form festzustellen ist, kann darin begündet sein, daß dieses Pronomen unterliegend zweisilbig ist, worauf ja auch die Verbindung mit zwei Tönen in der isolierten Form hinweist.

(55) *pų báá-wų̀, yi tusó wų́raį̀* 'als er kam, begannen wir die Arbeit.'
pų nųrų́ kwambə̹la sę́ę-wų ... 'als die Frau die Kleider faltete, ...'
pų nę́r ję mwan-ų̀ '(zu der Zeit) als der Mann aß; = (dort) wo ...'.

Temporalsätze können (fakultativ ?) ebenfalls mit den Morphemen *kų* und *-ų̀* gebildet werden, die den Konkordanzzeichen der Kl. 9 gleichen. Eine gleichzeitige lokative Bedeutung scheint jedoch nicht gegeben zu sein.

(56) *kų baa-wų, yi tusó wų́raį̀* 'als er kam, begannen wir die Arbeit.'
kų nųrų́ kwambə̹la sę́ę-wų̀, 'als die Frau die Kleider faltete,
kęn ywíyo səmá. fiel Geld zu Boden'.
ku gundu gwatá-ų̀, 'Als der Regen aufhörte,
yǫų́ twángų́wà war der Fluß gefüllt'.

Diese temporale Funktion der Kl. 9 (so es sich auch tatsächlich um diese Klasse handelt) kann lediglich mit der Zuordnung der Verbalnomen zu dieser Klasse in Verbindung gebracht werden. Die übrigen semantischen Kategorien wie 'Bäume und Holz' lassen keine Beziehung erkennen. Es sei aber auf das Verbalnomen in der Kl. 5:

(57) *ku-kwíyó-ù* 'Hinhocken, Hinknien'

hingewiesen, das eben die gleichen Morpheme aufweist, wie sie bei den Temporalsätzen (56) gebraucht sind. Parallel zu dem Verbalnomen (57) sind in der Kl. 5 drei weitere Verbalnomen zu finden, die wiederum mit den gleichen Morphemen wie die Temporalsätze (55) gebildet sind (vgl. 3.3.3.1 (65)-(67)).

5. ADJEKTIVE

Das Waja besitzt eine Anzahl Nomina, die als Adjektive anzusehen sind. Sie gehören keiner Nominalklasse an. Auf Grund ihrer Struktur und ihres syntaktischen Verhaltens sind sie drei verschiedenen Gruppen zuzuordnen. Die erste Gruppe bilden Adjektivstämme, die in der Regel nur attributiv gebraucht werden.

(1) *duu-* 'groß' *bwịị-* 'schlecht, zerstörerisch'
pii- 'schwarz' *rəp-* 'naß'
pục- 'neu' *pẹẹ-* 'dunkelrot, rotbraun'.

Charakteristisch ist, daß sie stets in Verbindung mit den Konkordanzzeichen des regierenden Substantivs vorkommen, wobei in der Regel auch das Suffix der Kl. 1 und 3 *-ẹ* segmental angefügt wird.

(2) *nẹr wụ duw-e* 'großer Mensch'
sẹẹ wụ pục-ẹ 'neue Sachen'
sẹẹ wụ rəp-e 'nasse Sachen'
yụụ wụ rəp-u 'nasse Matte'
kẹn dụ pii (< piy-i) 'schwarzes Metall'.

Mit den Wortstämmen (1) können aber auch Substantive gebildet werden. Beispiele sind:

(3) *pii-rè* 'Schwärze' (Kl. 7) *pụcị-rị* 'Neuheit' (Kl. 11, 10 ?).

Eine zweite Gruppe von Adjektiven kann dadurch klassifiziert werden, daß sie zum einen ohne Konkordanzaffixe selbständig in der Sprache vorkommen, wobei einige von ihnen Singular- und Pluralformen haben.

(4) *tə̣ŋ* 'angenehm'
banyịna / nyịtə̣tị 'klein; wenig'
gwatə̣-ŋ / gwatə̣-ndị 'kurz, klein'.

Zum anderen wird ihnen in attributiver Stellung in der Regel das Konkordanzsuffix des Substantivs suffigiert, wobei das Suffix der Kl. 1 und 3 segmental nicht aufscheint.

(5) *nẹr wụ tə̣ŋ* 'angenehmer Mann'
yịr tụ tə̣ŋ-ị 'angenehmes Ding'
nẹr wụ banyịna 'kleiner Mann'
yụụ wụ banyịná-ụ́ 'kleine Matte'
nụwa bụ́ nyịtə̣tụ-wa 'kleine Leute'
gun sụ nyịtə̣tị 'kleine Ziegen'
nẹr wụ gwatə̣ŋ 'kurzer Mann'
sou kụ́ gwatə̣ŋ-ụ̀ 'kurzer Baum'

nụwa bụ́ gwatạndụ́-wà	'kurze Leute'
souri tụ gwátạndị	'kurze Bäume'.

Ein weiterer Unterschied zu den Beispielen (1) besteht darin, daß sie wie unter (6) auch prädikativ gebraucht werden können. Qualitatives Sein wird im Waja ohne Partikel und ohne Konkordanz ausgedrückt.

(6)	*babụya bányịna*	'das Kind (ist) klein'
	sou bányịna	'der Baum (ist) klein'
	sowi bányịna	'die Bäume (sind) wenig'
	sowi nyịtạtị	'die Bäume (sind) klein'
	pungé gúndù banyịna	'gib mir ein wenig Wasser'
	pwala dúrúmbolòm	'der Mond (ist) rund'.

Die dritte Gruppe von Adjektiven unterscheidet sich von den beiden anderen hauptsächlich dadurch, daß sie in attributiver Stellung selten die Konkordanzsuffixe des regierenden Substantivs aufweisen, obwohl der Gebrauch der Suffixe von den Sprechern akzeptiert wird. Dieser Gruppe gehören insbesondere konsonantisch auslautende Adjektive an, wobei neben Belegen mit auslautendem Nasal eine Gruppe von Adjektiven besonders auffällt, die alle auf *-k* auslauten. Einige Beispiele haben jeweils besondere Pluralformen.

(7)	*jọmbọrọ̀m ~ jọmrọ̀m*	'sauer'	*nạpạndàŋ*	'klebrig'
	kọmbọrọ̀m ~ kọmrọ̀m	'schwer'	*ciŋcìŋ*	'gesund; fest'
	kwẹrẹ̀k	'bitter'	*cọkọrọk*	'lang, hoch'
	bụbụ̀k	'weich, sanft'	*pọpụlọk*	'weiß'
	dak	'klar'	*wulòk*	'heiß'
	lẹpẹ̀-k / lẹpẹ-ndị	'weit (Flächen)'	*lapà-k / lapa-ndị*	'flach'.

Adjektive dieser Gruppe werden sowohl prädikativ (8) als auch attributiv gebraucht (9). Im letzteren Fall tritt das Konkordanzsuffix meist nicht auf. Von den Kl. 1 und 3 abgesehen, können Konkordanzsuffixe jedoch antreten, wobei das auslautende *-k* substituiert wird.

(8)	*para lẹpẹ̀k*	'das Feld (e.g. Fußball-) ist weit; das weite Feld'
	parandị lẹpẹndị	'die Felder sind weit; die weiten Felder'.

(9)	*sou kụ́ kwẹrẹ̀k*	'ein bitterer Baum'
	bịyaụ kụ́ bụbụ̀k	'eine sanfte Haut'
	sou kụ́ kọmbọrọm(-ụ̀)	'ein schweres Holz'
	nẹr wụ pọpụlọk	'weißer Mann'.
	kẹn dụ pọpụlọk ~ kẹn dụ pọpụlọ́-ì̩	'weißes Metall (Zink?)'
	nụwa bụ́ pọpụlọ-wa	'weiße Leute'
	sou kụ́ pọpụlo-ụ	'weiße Bäume'.

Die relativ große Zahl der Belege mit auslautendem *-k*, die sich auffällig von der Lautstruktur der übrigen Lexeme der Sprache abheben, sowie der Suffixwechsel bei den Formen (8) und den Beispielen (10) deuten darauf hin, daß ein suffigiertes *-k* als ein besonderes Bildungsmorphem bei einer Gruppe von Adjektiven anzusehen ist. Die folgende Ableitung ist (bislang) jedoch ein Einzelfall.

(11) *wuló-ú* 'Hitze, heiße Jahreszeit' *wulò-k* 'heiß'.

Unter den Belegen mit auslautendem *-k* befinden sich ebenfalls auffällig mehrere Entsprechungen mit benachbarten tschadischen Sprachen.[77] Einige dieser Beispiele könnten somit als Lehnwörter im Waja angesehen werden. Ob auch eine morphologische Lehnbeziehung besteht, muß noch untersucht werden.

77 Tan.: *kẹrẹk* 'bitter'; *bukbuk* 'soft'; Kan.: *popolok* 'weiß'; *kérèk* 'bitter'; *wúlàk* 'heat'; Tera: *cokurok* 'strong'. Vgl. hierzu (7).

V MORPHOLOGIE DES VERBS

1. ÜBERSICHT

Die Funktionselemente der verbalen Morphologie werden überwiegend dem Verbalstamm suffigiert. Durch Suffixe werden die drei grundlegenden Bildungen der verbalen Morphologie des Waja:

- die definite Verbform (def. Form) (= Zitierform),
- die indefinite Verbform (indef. Form) und
- das Verbalnomen (VN)

markiert. Ebenfalls suffigiert werden die Objektspronomen sowie die verschiedenen verbalen Erweiterungsmorpheme (s. 5.). Vor dem Verb steht das Subjekt, und dementsprechend sind die Subjektspronomen präponiert.

Bei der Bildung der Verbformen (s. 3.) lassen einfache (= nicht-erweiterte) Verben eine Reihe morpho(phono/tono)logischer Unterschiede erkennen, wobei die größte Formenvielfalt jeweils in der def. Form gegeben ist. Diese Unterschiede stehen bei der Mehrzahl der Verben mit der jeweiligen Struktur der Verbalstämme in Zusammenhang. Die Struktur der Verbalstämme dient deswegen auch als Grundlage der Zuordnung dieser Verben zu den Verbalklassen I - III (s. 4.), wobei die Tonstruktur der Verbalstämme zusätzlich zur Unterdifferenzierung berücksichtigt wird. Daneben kommen zwei kleinere Gruppen einfacher Verben vor, die aufgrund ihrer morphologischen Besonderheiten eigenen Verbalklassen zuzuordenen sind. Die Verbalklasse IV hebt sich vor allem durch ein Suffix *-ị̀* in der def. Form von den anderen Verbalklassen ab. Die Verben der Verbalklasse V, die semantisch 'Bewegungen und Körperpositionen' bezeichnen, unterscheiden sich durch die Suffigierung pronominaler Elemente in den verschiedenen Verbformen von allen anderen Verben.

Die morphotonologischen Prozesse innerhalb der Verbalphrase sind im Waja z.T. sehr komplex und noch nicht in allen Einzelheiten bekannt. Dies hat seine Ursache u.a. darin, daß:
- Subjektspronomen bildungsspezifisch unterschiedlich tonmarkiert sind, wobei ihre jeweilige Tonstruktur den Stammton des nachfolgenden Verbs verändern kann;
- sowohl die Töne der Suffixe als auch die der Erweiterungsmorpheme sich gegenseitig beeinflussen;
- Erweiterungsmorpheme miteinander kombiniert vorkommen können, wobei durch Kontraktionen eine Reihe von nur tonal differenzierten Formen entstehen können.
Dies kann an Hand der folgenden Beispiele veranschaulicht werden:

(1)	*ma naà*	'du hast getrunken'
	ma naa gundù	'du hast Wasser getrunken'
	ma naa gúndù	'du trinkst Wasser'
	ma náa gundù	'du solltest Wasser trinken'
	ma naá gúndù	'du hast Wasser damit getrunken'
	ma náá gúndù	'du solltest Wasser damit trinken'

ma naa gundû	'du hast im Wasser getrunken'
ma naá gundû	'du trinkst im Wasser'
ma náa gundû	'du solltest im Wasser trinken'
má ! náa gúndù	'du solltest kein Wasser trinken'
má ! náá gundû	'du solltest nicht im Wasser trinken'.

Der Tonkontrast dieser Beispiele ist jeweils deutlich hörbar. Bei einigen anderen Bildungen hingegen werden die jeweils unterliegenden unterschiedlichen Tonstrukturen nahezu identisch realisiert. Oft ist dies wie bei den Formen unter (2) durch einen 'Downstep' bedingt:

(2)	*a pə̣rá-ŋà*	'sie fragten; er fragte mehrmals' (Pl.)
	a pə̣rá-!-yirò	'sie fragten uns'
	a pə̣rá-!-yiro	'sie fragten nach uns'.
Vgl.:	*a pə̣rá*	'er fragte, er hat gefragt'
	a pə̣rá-yírò	'er fragte uns'
	a pə̣rá-yiro	'er fragte nach uns'.

Eine detaillierte Behandlung dieser Prozesse, die für die Verben der verschiedenen Verbalklassen - wegen z.T. unterschiedlicher Realisierungen - jeweils gesondert darzustellen wäre, würde den Rahmen dieser Darstellung bei weitem überschreiten. Des weiteren erlaubt der momentane Forschungsstand - aufgrund eben dieser komplexen tonalen Gegebenheiten - noch keine umfassende Darstellung des TAM-(Tempus-Aspekt-Modus-)Systems des Waja. In diesem Kapitel werden deshalb nur die einzelnen Funktionselemente der verbalen Morphologie vorgestellt. Die Bezeichnungen der verschiedenen Verbformen ist als vorläufig zu betrachten.

2. Die STRUKTUR der VERBALSTÄMME

Als Grundlage der Darstellung der Struktur der einfachen Verbalstämme dient die definite Form, wie sie in der 3. Pers. Sg. des Perfekts gebraucht wird. Das Subjektspronomen lautet *a*, das hier aber immer weggelassen wird. Die Bedeutung ist im Deutschen im Infinitiv wiedergegeben. Bei mehrsilbigen Verbalstämmen (3) und (4) sind die Suffixvokale der Verbform jeweils abgetrennt. KV- Verben (1) sind hier in der Form zitiert, wie sie vor folgendem nominalen Objekt verwendet werden. Ihre Tonstruktur kann noch nicht befriedigend analysiert werden. Bei der Mehrzahl der Beispiele ist in der 3. Pers. Sg. des Perfekts ein freier H (°) anzusetzen, der jeweils auf der ersten Silbe eines folgenden nominalen Objektes realisiert wird (s. 4.1 und II, 4.2.2).

(1) KV(-):	*kọ °*	'sehen'	*jẹ °*	'essen'
	ca °	'kochen'	*ku °*	'herausziehen'
	mọ °	'bauen'	*dụ °*	'(ver)lassen'
	swa	'kicken'	*cị*	'grüßen'.
(2) KVV(-)[1]:	*mẹ́ẹ́*	'besiegen'	*kọ́ọ́*	'mahlen'
	náà	'trinken'	*nyaa*	'überwältigen'
	bị́ị̀	'schneiden'	*kwẹẹ*	'tragen helfen'
	dúù	'ankleiden'.		
(3) KVK-:	*mónd-ó*	'vergessen'	*nyị́ng-á*	'finden'
	gám-á	'sammeln'	*yáŋ-à*	'rösten, braten'
	dúm-ò	'beißen'	*cul-ó*	'hinabsteigen'
	gwat-á	'aufhören'	*sẹk-a*	'wählen'
	kac-a	'ernten'	*sọm-a*	'kennen, wissen'
	bẹ́l-ị̀	'lecken'	*cár-ị̀*	'säubern, waschen'.
(4) KVVK-, KVKK-, KVK(K)VK-:				
	píít-ó	'anblasen'	*riit-ó*	'alt/reif werden'
	cáás-á	'mischen'	*sẹẹt-a*	'schärfen'
	láŋt-á	'baden'	*jịmt-á*	'untertauchen'
	rẹ́ms-á	'einbrechen'	*lẹmt-a*	'flach machen'
	tụ́kụ́l-á	'entdecken'	*gúmbúl-ó*	'rollen'.
(5) KVKV(-):	*tịya*	'schießen'	*lịya*	'jmd. aufhalten'.

Die Mehrzahl der Verbalstämme hat die Struktur (3). Die Strukturen unter (4) kommen bei einfachen Verben selten, bei Ableitungen hingegen sehr häufig vor. Viele der KVV(-) und KV(-) Verbalstämme gehören zu den Hochfrequenzverben der Sprache. Zusammen stellen sie ca. ein Drittel der Belege. Die Struktur KVKV(-) (5) ist nur bei sehr wenigen einfachen Verbalstämmen anzutreffen.

---

1 Zur Problematik der Unterscheidung zwischen KVV- und KVK- bei hohen Stammvokalen s. II, 1.1.7 und II, 2.3.1.

3. Die VERBFORMEN

Die Bildung der Verbformen geschieht im Waja durch Suffixe, die bei einfachen Verben direkt an den Verbalstamm, bei erweiterten Verben an die Erweiterung(en) antreten. Die größte Vielfalt unterschiedlicher Bildungselemente ist in der def. Form gegeben, weshalb sie als Ausgangspunkt für die Klassifizierung der Verben dient. Um zu dieser Vielfalt einen Zugang zu bekommen, wird hier zunächst die Bildung der Verbalnomen dargestellt, die sich insgesamt gesehen als sehr homogen erweist.

3.1 Die Bildung der Verbalnomen (VN)

Die Verbalnomen, mit denen der Progressiv (s. 6.1) gebildet wird, werden - von wenigen Ausnahmen abgesehen - für alle Verben gleich gebildet: das Suffix der Nominalklasse 9 *-gụ̀* wird dem Verbalstamm suffigiert. Bei den folgenden Beispielen ist jeweils das Verb in der def. Form der 3. Pers. Sg. des Perfekts dem VN gegenübergestellt.

(1)	VN:		3. Pers. Sg. Perfekt:
	kọ-gụ̀	'Sehen'	*a kọ °*
	ta-gụ̀	'Fangen'	*a tẹ́-ẹ̀*
	ji-gù	'Töten'	*a jí-yò*
	kọọ-gụ̀	'Mahlen'	*a kọ́ọ́*
	naa-gụ̀	'Trinken'	*a náà*
	cuu-gù	'Verkaufen'	*a cuú-yo.*
(2)	*dum-gù*	'Beißen'	*a dúm-ò*
	bal-gụ̀	'Schreiben'	*a bál-á.*
(3)	*bẹl-gụ̀*	'Lecken'	*a bẹ́l-ị̀*
	wụn-gụ̀	'Abhäuten'	*a wụ́n-ị̀.*
(4)	*yar-gụ̀*	'Vermischen'	*a yar-a*
	yar-gụ̀	'Landen'	*a yar-á*
	yar-gụ̀	'Fallen'	*a yár-à*
	yar-gụ̀	'Übertreffen'	*a yár-ị̀.*
(5)	*tuk-u-gù*	'Verstecken'	*a tuk-ó*
	tụk-ụ-gụ̀	'Beenden'	*a tụ́k-á*
	cand-ə̣-gụ̀	'Fegen'	*a cánd-á.*

Die Beispiele zeigen, daß *-gụ̀* direkt an den Stamm antritt, wenn im Stammauslaut ein Vokal (1) oder ein Sonorant (2) steht. Lautet der Verbalstamm auf einen Obstruenten (5) aus, wird der Silbenstruktur entsprechend ein Hilfsvokal ([ə̣] oder [ụ]) eingeschoben. Ferner wird deutlich, daß weder Suffix- noch Tonunterschiede der def. Form bei der Bildung der VN ihren Niederschlag finden (vgl. (4), (5)). Man kann annehmen, daß durch das Suffix die Tonstruktur dahingehend verändert wird, daß die VN bei allen

Verben tonal gleich realisiert werden, und damit auch Unterschiede nivelliert werden, die ansonsten vorhanden sind. Weitere Beispiele hierfür sind:

(6)	*taa-gụ̀*	'(Ver)Brennen'	*a táà*	'sie hat verbrannt'
	taa-gụ̀	'Passen'	*a taá-ya*	'es hat gepaßt'
	ca-gụ̀	'Treffen'	*a cẹ-ẹ*	'sie hat getroffen'
	ca-gụ̀	'Kochen'	*a cẹ́-ẹ̀*	'sie hat gekocht'.

Eine hiervon abweichende Bildung des VN - und zwar mit den Nominalklassen 5 und 12 - zeigen die wenigen Verben, die der Verbalklasse V angehören (7a) (vgl. 4.5). Von diesen abgesehen, sind nur noch zwei weitere Verben belegt (7b), deren VN ebenfalls mit der Nominalklasse 12 gebildet wird. Von einem der beiden liegt aber auch die 'regelmäßige' Form des VN nach Kl. 9 vor.

(7a)	*pạsụ*	'Sitzen' (Kl. 5)	*a sạ sị́yáụ́*	(def.)
	dəŋ-mà	'Eintreten' (Kl. 12)	*a dí-írò*	(def.)
b)	*rii-ma*	'Lachen' (Kl. 12)	*a riy-o*	(def.)
	cị-ị-mâ	'Grüßen' (Kl. 12)[2]	*a cị-ya*	(def.)
	cị-gụ̀	'Grüßen' (Kl. 9).		

3.2 Die definite Verbform (def.)

Die Ursachen der morphologischen Vielfalt der definiten Verbform sind, daß neben den verschiedenen Bildungsmorphemen, einige Verbalerweiterungen vorhanden sind, die nur in der def. Form durch spezifische Morpheme markiert werden (s. 5.). Die Bezeichnung 'definite' Verbform wird gewählt, weil Bildungen mit dieser Form einen 'bestimmten' (oder konkreten) Zeitbezug aufweisen. Komplementär wird ein 'unbestimmter' (oder nicht-konkreter) Zeitbezug mit der 'indefiniten' Verbform (s. 3.3) ausgedrückt. 'Definiter' Zeitbezug kann auch dann gegeben sein, wenn die Handlung noch nicht stattgefunden hat. Mit der def. Form werden der Imperativ, das Perfekt und der Subjunktiv gebildet (s. 6.2).

In der folgenden Darstellung werden die Beispiele, wenn nicht anders angegeben, in der 3. Pers. Sg. Perfekt zitiert. Diese Form hat den Vorzug, daß hier vor allem die tonalen Unterschiede zwischen den einzelnen Bildungen und Verbalstämmen am deutlichsten zum Vorschein kommen.

3.2.1 Die Bildung der def. Form bei einfachen Verbalstämmen

Die def. Form wird im Waja hauptsächlich durch die Suffixvokale *-a* ~ *-o* markiert. Wie bereits im Abschnitt II, 2.4 beschrieben wurde, sind diese beiden Suffixvokale vokal-

---

2 Die Vokallänge kann nicht erklärt werden. Vgl. aber auch die Bildung der VN mit *-mà* unter 4.5.

harmonisch bedingte Varianten eines einzigen Morphems, wobei *-a* nur nach engen und *-o* nur nach weiten Vokalen antritt. *-a ~ -o* bildet die def. Form bei der Mehrzahl der einfachen Verbalstämme und wird auch der def. Form aller Verben suffigiert, die mit den Morphemen -V*ŋ-*, -(V)*n-́* oder *-(į́)y-* erweitert sind (s. 5.).

KV- Verben bilden die def. Form überwiegend mit den Suffixvarianten *-yà ~ -yò*, die aber bei nicht-hohen Stammvokalen mit dem Stamm kontrahieren. Eine weitere Suffixvariante ist bei einer kleineren Gruppe von nicht-erweiterten Verben festzustellen, bei denen diese Verbform mit *-ị̀* gebildet wird. Zur Veranschaulichung der Bildungsweise ist im folgenden der 3. Pers. Sg. Perfekt das jeweilige VN gegenübergestellt.

3.2.1.1 Bildungen mit *-a ~ -o*

Lautet der Verbalstamm auf einen Konsonanten aus, tritt das Suffix der def. Form *-a ~ -o* direkt an:

(8)	*a dúm-ò*	'er hat gebissen'	*dum-gù* (VN)
	a sọm-a	'er hat gekannt'	*sọm-gụ̀* (VN)
	a tuk-ó	'er hat versteckt'	*tuk-u-gù* (VN)
	a tụ́k-á	'er hat beendet'	*tụk-ụ-gụ̀* (VN)
	a láŋt-á	'er hat gebadet'	*laŋt-ə̣-gụ̀* (VN)
	a súkúr-ó	'er hat ausgehöhlt'	*sukur-gù* (VN).

Bei den Verben unter (9) kann alternativ die Struktur KVK- oder KVV- angenommen werden.[3] Im ersteren Fall entspricht die Bildungsweise der der Beispiele (8), im letzteren Fall ist anzunehmen, daß durch den Suffixvokal der zweite Vokal unsilbisch und damit zu einem Halbvokal wird.

(9)	*a pị́y-a*	'er hat besungen'	*pịị-gụ̀* (VN)
	a siy-o	'er hat getanzt'	*sii-gù* (VN)
	a jíy-ò	'er hat geschrien'	*jii-gù* (VN)
	a nụ́w-à	'er hat gehört'	*nụụ-gụ̀* (VN)
	a cụw-a	'er hat gemessen'	*cụụ-gụ̀* (VN)
	a wúw-ò	'er hat geblasen'	*wuu-gù* (VN)
	a júw-ó	'er hat bewässert'	*juu-gù* (VN).

Die Beispiele (8) und (9) zeigen, daß *-a ~ -o* sowohl mit einem H, einem NH, als auch mit einem T realisiert vorkommt. Inwieweit diesem Suffix unterliegend ein bestimmter Ton zuzuordnen ist, ist noch unklar. Einfluß auf die Realisierung hat jedenfalls die jeweilige Tonstruktur des Verbs. Auf diese Frage wird bei der Behandlung der Verbalklassen noch eingegangen (s. 4.3).

Lauten KVKV- und KVV- Verben auf einen Vokal mit dem Merkmal [nicht-hoch] oder [tief] aus, verschmilzt das Suffix mit dem Stammauslaut.

3 Vgl. II, 1.1.7 und II, 2.3.1.

(10)	*a tịya*	'er hat geschossen'	*tịya-gụ̀* (VN)
	a pwịyá	'es hat gedämmert'	*pwịya-gụ̀* (VN)
	a kọ́ọ́	'er hat gemahlen'	*kọọ-gụ̀* (VN)
	a náà	'er hat getrunken'	*naa-gụ̀* (VN)
	a lẹ́ẹ́	'er hat geantwortet'	*lẹẹ-gụ̀* (VN).

Dies trifft auch für eine kleine Gruppe KV- Verben zu, die sich als Ausnahmen zu den übrigen KV- Verben darstellt (vgl. (12)-(16) unten).

(11)	*a kọ* °	'er hat gesehen'	*kọ-gụ̀* (VN)
	a kọ báị	'er hat einen Hund gesehen'	
	a jẹ °	'er hat gegessen'	*jẹ-gụ̀* (VN)
	a jẹ mwánẹ̀	'er hat Essen gegessen'	
	a rẹ °	'er hat (mehr-als eins) gefangen'	*rẹ-gụ̀* (VN)
	a rẹ yídì	'er hat Vögel gefangen'.	

Von den insgesamt sechs (bisher bekannten) Verben, die zu dieser Gruppe zu zählen sind, haben bemerkenswert viele, nämlich vier, den Stammvokal /*ẹ*/, die beiden übrigen /*ọ*/ und /*o*/. Auch das KV- Verb (14) unten, das ebenso auffällig das einzige Beispiel mit /*ẹ*/ der weitaus größeren Gruppe der übrigen KV- Verben darstellt, zeigt in der kurz gesprochenen Variante nur ein tonales Suffix. Die Verben (11) und (12)-(16) unterscheiden sich aber auch in der Bildung der indef. Form (vgl. 3.3 (37) und (39)).

3.2.1.2 Die def. Form der KV- Verben

Bei der Mehrzahl der KV- Verben wird die def. Form durch *-yà* ~ *-yò* markiert, das bei nicht-hohen Stammvokalen mit dem Verbalstamm teilweise verschmilzt, wobei je nach Vokal des Verbs unterschiedliche Lautveränderungen zu beobachten sind (vgl. III, 1.1.1). Anhand der VN und der Konstruktionen mit nachfolgendem Objekt ist festzustellen, daß bei Stammvokal /*ọ*/ (12) Labialisierung des Konsonanten und gleichzeitig Palatalisierung des Vokals auftritt. Bei den Beispielen (13) wird der Stammvokal /*a*/ durch den Einfluß des Suffixes erhöht und nach vorne verschoben (palatalisiert). Bei Stammvokal /*ẹ*/ wird durch das Suffix nur die Quantität des Vokals verändert (14). Bei hohen Stammvokalen (15)-(16) verschmilzt das Suffix nicht mit dem Verbalstamm. Bei /*ụ*/ und /*u*/ (16) wird durch das Suffix aber zusätzlich Labialisierung des Konsonanten und Palatalisierung des Vokals ausgelöst. (Einige der kontrahierten Formen können alternativ kurz oder lang realisiert werden).

(12)	*a mwẹ́ẹ̀* ~ *mwệ*	'er hat gebaut'	*mọ-gụ̀*
	a mọ láa	'er hat ein Haus gebaut	
	a pwẹẹ ~ *pwẹ*	'er hat eingeholt'	*pọ-gụ̀*
	a pọ nẹ́rẹ̀	'er hat den Mann eingeholt'.	

(13)	*a cẹ́ẹ̀* ~ *cệ*	'er hat gekocht'	*ca-gụ̀*
	a ca mwánẹ̀	'er hat Essen gekocht'	

	a pẹẹ ~ pẹ	'er hat gestampft'	*pa-gụ̀*
	a pa nááwụ̀	'er hat mit dem Fuß gestampft'.	
(14)	*a dẹ́ẹ̀ ~ dệ*	'er hat getragen'	*dẹ-gụ̀*
	a dẹ sówi	'er hat Holz getragen'.	
(15)	*a pị́-yà*	'er hat gepflanzt'	*pə̣-gụ̀*
	a pə̣ jámà	'er hat Hirse gepflanzt'	
	a jí-yò	'er hat getötet'	*ji-gù*
	a ji gúnò	'er hat eine Ziege getötet'.	
(16)	*a dwị́-yà*	'er hat verlassen'	*dụ-gụ̀*
	a dụ láa	'er hat das Haus verlassen'	
	a kwí-yò	'er hat herausgezogen'	*ku-gù*
	a ku sị́ị	'er hat Gras herausgezogen'.	

Bei KV- Verben wird *-yà ~ -yò* jedoch nur dem Verbalstamm suffigiert. Bei der Mehrzahl der Erweiterungen (s. 5.) und nach pronominalem Objekt (s. 3.2.1.4) wird die def. Form 'regelmäßig' durch das Suffix *-a ~ -o* markiert.

(17)	*a dụ-ḿn-à*	'er hat dich verlassen'
	a kú-mn-ò	'er hat dich herausgezogen'.

Diese Bildungsweise trifft aber nicht für alle KV- Verben zu. Außer der kleinen Gruppe KV- Verben, die oben angesprochen wurde (s. (11)), zeigen auch die KV-Verbalstämme der Verbalklasse V andere morphologische Vorgänge (s. V, 4.5).

3.2.1.3 Bildungen mit dem Suffix *-ị̀*

Eine kleine Gruppe von Verben weist in der def. Form ein tieftoniges Suffix *-ị̀* auf. Es tritt nur bei wenigen Verbalstämmen mit der Struktur KVK- (18) und KVV- (19) auf, die wegen dieser Besonderheit einer eigenen Verbalklasse zugeordnet sind (s. 4.4). Da die Vokalfolge bei den Beispielen (19) stets nur aus hohen Vokalen besteht, kann angenommen werden, daß auch hier die Struktur KVK- zugrunde liegt.[4] Alle Beispiele zeigen das gleiche Tonmuster: der Verbalstamm trägt in der def. Form einen H, das Suffix wird immer mit T realisiert.

(18)	*a swát-ị̀*	'er hat kastriert'	*swat-ə̣-gụ̀* (VN)
	a wánd-ị̀	'er hat gepriesen'	*wand-ə̣-gụ̀* (VN)
	a bẹ́l-ị̀	'er hat geleckt'	*bẹl-gụ̀* (VN)
	a pə́r-ì	'er hat gesponnen'	*pər-gù* (VN)
	a cíl-ì	'er hat geschmolzen'	*cil-gù* (VN).

4 Vgl. II, 1.1.7 und II, 2.3.1.

(19) *a bį̍į̀ (bį́y-į̀?)* 'er hat geschnitten' *bįį-gụ̀* (VN)
a tį́į̀ (tį́y-į̀?) 'er hat berührt' *tįį-gụ̀* (VN)
a júw-ì 'er hat eingedellt' *juu-gù* (VN).

Werden diese Verben - z.B. mit dem Pluralmorphem - erweitert, oder ein Objektspronomen tritt an den Verbalstamm an, so wird die def. Form - wie bei allen anderen Verben auch - mit *-a* ~ *-o* markiert.

(20) *a bẹ́l-į̀* 'er hat geleckt' *a bẹ́l-ẹ́ŋ-à* (Pl.)
a bẹ́l-mạn-à 'er hat dich geleckt'
a pə́r-ì 'er hat gesponnen' *a pə́r-óŋ-ò* (Pl.)
a pə́r-mən-o 'er hat für dich gesponnen'.

Ein Vokalsuffix *-į* wird innerhalb der verbalen Morphologie ansonsten nur bei der Bildung der *indefiniten* Form (s. 3.3) gebraucht.[5]

3.2.1.4 Die Markierung der def. Form an den Objektspronomen

Objektspronomen werden in der 1. und 2. Pers. Sg. und Pl. bei nicht-erweiterten Verben dem Verbalstamm suffigiert. Hierbei werden die Pronominalstämme (21) verwendet. Der Vokal des Pronomens der 1. Pers. Pl. wird stets weit realisiert (s. II, 2.4.3).

(21)	Sg.:	Pl.:
1. Pers.:	*-ng-*	*-yir-*
2. Pers.:	*-mạn-*	*-mbạr-*.

Das Suffix der def. Form tritt an den Pronominalstamm an. Die vokalharmonisch bedingten Suffixvarianten der direkten Objektspronomen lauten somit:

(22)	Sg.:	Pl.:
1. Pers.:	*-ng-e* ~ *-ng-ẹ*	*-yír-ò*
2. Pers.:	*-mə́n-ò* ~ *-mạ́n-à*	*-mbə́r-ò* ~ *-mbạ́r-à*.

Mit Ausnahme der 1. Pers. Sg. - die auch in der tonalen Realisierung abweicht, da das pronominale Element nur ein tontragendes Segment aufweist - werden allen anderen Pronomen *-a* ~ *-o* suffigiert. *-ẹ* kommt als Suffix der def. Form sonst nicht vor.

(23) *a kọ́-ng-ẹ̀* 'er hat mich gesehen'
a kọ-ḿn-à 'er hat dich gesehen'
a kọ-yír-ò 'er hat uns gesehen'
a ruu-ng-é 'er hat mich auf den Weg gebracht'
a ruu-mə́n-o 'er hat dich auf den Weg gebracht'.

5 Die Erweiterung *-į́ya* ~ *-íyo* kann allerdings bei einigen Verben selbst in Pausastellung zu *-į́* ~ *-í* verkürzt werden (s. 5.2).

Bei transitiven Verben ist ein 'neutrales' direktes Pronomen bereits inhärent in der Verbform enthalten. Soll für die 3. Personen ein pronominales direktes Objekt speziell hervorgehoben werden, werden die absoluten Pronomen der 3. Personen verwendet, die syntaktisch wie ein nominales Objekt behandelt werden.

(24)		
	a kọ	'er hat (ihn/sie/es) gesehen'
	a kọ yộ	'er hat ihn/sie/es gesehen'
	kọ-mən-bụ̀	'er hat dich nicht gesehen'
	kọ-bụ ! yộ	'er hat ihn/sie/es nicht gesehen'
	kọ-bụ ! pmmà	'er hat ihn/sie/es nicht gesehen'
	kọ-bụ ! gunò	'er hat die Ziege nicht gesehen'.

Mit *-a* ~ *-o* wird die def. Form auch dann markiert, wenn dem Verb ein indirektes Objektspronomen suffigiert ist. Bis auf die erste 1. Pers. Sg, die mit einer Partikel *-n-* erweitert ist, sind diese Pronomen nur tonal von den direkten Pronomen (22) zu unterscheiden. Der auslautende Ton ist hier unterliegend als H aufzufassen. Im Auslaut wird er in der Regel NH realisiert. Die vokalharmonisch bedingten Varianten sind:

(25)	Singular:	Plural:
1. Pers.:	*-ŋə-n-o*, *-ŋə̣-n-a*[6]	*-yir-o*
2. Pers.:	*-mən-o*, *-mə̣n-a*	*-mbər-o*, *-mbə̣r-a*.

Für die 3. Pers. Sg. und Pl. wird auch hier bei indirektem Objekt das absolute Pronomen gebraucht, das wie ein indirektes nominales Objekt mit *man* angeschlossen wird. Beispiele:

(26)		
	a ca-ŋə̣na	'er traf für mich' (*a ca-ngẹ́* 'er traf mich')
	a cuú-yiro	'er hat für uns verkauft' (*a cuu-yírò* 'er hat uns verkauft')
	a cuú man nụrẹ	'er hat für die Frau verkauft'
	a kẹ́ẹ́ man yọ̀	'er hat für ihn verjagt' (*a kẹ́ẹ́ yộ* 'er hat ihn verjagt')
	a kẹ́ẹ́-mə̣na	'er hat für dich verjagt'
	a mátá-mə̣na	'er hat für dich beendet'.

3.3 Die indefinite Verbform (indef.)

Die Bezeichnung 'indefinit' für diese Verbform wird daraus abgeleitet, daß die Bildungen mit dieser Verbform einen 'unbestimmten' (nicht-konkreten) Zeitbezug aufweisen. Komplementär wird ein 'bestimmter' (konkreter) Zeitbezug mit der 'definiten' Verbform (s. 3.2) ausgedrückt. So bezeichnet die indef. Form auch gewohnheitsmäßiges Handeln. Mit dieser Verbform wird das Präsens gebildet und mittels weiterer Morpheme werden von ihr das Futur, dessen Negation, sowie die Negation des Imperativs und Subjunktivs abgeleitet.

6 Die Lautveränderung bei der /ng/ bei Antritt von /n/ zu /ŋ/ wird, ist regelmäßig (s. III, 1.4.1).

Die morphophonologischen Parallelen der indef. Form zur Nominalklasse 7 (s. IV, 3.3.4) sind bereits angesprochen worden. Inwieweit auch semantische Beziehungen vorhanden sind und ob die indef. Form als verbonominale Bildung aufzufassen ist, bleibt späteren Untersuchungen vorbehalten. Für diese Annahme spricht aber, daß bei den Bildungen mit dieser Verbform die gleichen Subjektspronomen wie beim Progessiv, der ebenfalls mit einer nominalen Verbform, dem VN gebildet ist, verwendet werden (vgl. 6.). Eine weitere Parallele ist in der Tonveränderung gegeben, die jeweils zwischen den VN und der Bildung des Progressivs einerseits und der indef. Form und den Substantiven der Kl. 7 andererseits festzustellen ist.

3.3.1 Die Markierung der indef. Form bei einfachen Verbalstämmen

Die indef. Form wird durch mehrere Suffixvarianten markiert, die fast alle auf zwei Morpheme *-ị* und *-rẹ* zurückzuführen sind, wobei aber weitere tonale Varianten noch zu berücksichtigen sind.

Die Beispiele werden, wenn nicht anders angegeben, in der 3. Pers. Sg. zitiert. Das (tonmarkierte?) Subjektspronomen dieser Form lautet ø. Die Wiedergabe erfolgt mit dem deutschen Präsens.

3.3.1.1 Bildungen mit *-ị* °

Einfache Verben, deren Verbalstämme auf Konsonanten auslauten und bei denen die def. Form mit *-a* ~ *-o* markiert wird, bilden mehrheitlich die indef. Form mit dem Suffix *-ị* °. Es tritt nur bei einer kleinen Gruppe von intransitiven Verben nicht auf, bei der das Suffix der def. Form tieftonig realisiert wird (s. (35) unten).

(27)	*pụ́k-ị* °	'er röstet'	*a pụ́k-á*	(def.)
	píít-i °	'er bläst (an)'	*a píít-ó*	(def.)
	púw-i °	'es verdirbt'	*a púw-ó*	(def.)
	rẹ́ms-ị °	'er bricht ein'	*a rẹ́ms-á*	(def.)
	tụ́kụ́l-ị °	'er entdeckt'	*a tụ́kụ́l-á*	(def.).
(28)	*gwat-ị* °	'er hört auf'	*a gwat-á*	(def.)
	jịmt-ị °	'er taucht unter'	*a jimt-á*	(def.)
	riit-i °	'er wird alt'	*a riit-ó*	(def.)
	də̣r-ị °	'er kühlt ab'	*a də̣r-á*	(def.)
	jul-i °	'er steigt hinab'	*a jul-ó*	(def.).
(29)	*cap-ị* °	'er hackt Holz'	*a cap-a*	(def.)
	pod-i °	'er zieht heraus'	*a pod-o*	(def.)
	tịy-ị °	'er probiert'	*a tịy-a*	(def.)
	sum-i °	'er deckt zu'	*a sum-o*	(def.)
	kwambə̣l-ị °	'er faltet'	*a kwambə̣l-a*	(def.).

Der H der def. Form der Verben (27) bleibt in der indef. Form erhalten. Der Unterschied im Tonmuster der def. Form der Verben (28) und (29) ist in der indef. Form nicht vorhanden. In beiden Fällen wird die indef. Form mit einer Folge von NH Tönen realisiert. Das Suffix der indef. Form ist jedoch mit einem folgenden H [°] verbunden, der z.B. auf der ersten Silbe eines folgenden nominalen Objektes realisiert wird.

(30)	*móndi lάá-mú*	'er vergißt unser Haus' (*a móndó laa-mú* 'er hat ...' (def.))
	pų́kį néme	'er röstet Fleisch' (*a pų́ká neme* 'er hat ...' (def.))
	dərį nyį́nmà	'er kühlt Bier'.

Die gleichen tonalen Gesetzmäßigkeiten sind auch bei den folgenden Beispielen festzustellen, die in der def. Form das Tonmuster H+T aufweisen und deren Wortstamm auf einen Nasal oder einen Halbvokal auslautet. Für die beiden letztgenannten Verben sind jeweils Varianten bei der Bildung der indef. Form belegt, auf die unten (s. 3.3.1.5) noch eingegangen wird.

(31)	*yaŋ-i* °	'er brät'	*a yáŋ-à*	(def.)
	mįy-į °	'er schluckt'	*a mį́y-à*	(def.)
	cum-i °	'er schmiedet'	*a cúm-ò*	(def.)
	dum-i ° ~ *dune* °	'er beißt'	*a dúm-ò*	(def.)
	tẹn-į ° ~ *tẹnẹ* °	'er kauft	*a tẹ́n-à*	(def.).

Lautet der Verbalstamm der Verben auf einen (konsonantischen) Sonoranten aus, ist der Ausfall des Suffixvokals der indef. Form vor nominalem Objekt ein regelmäßiger Prozeß (s. III, 3.). Der Ton des Suffixmorphems bleibt jedoch erhalten und bedingt wie bei (30), daß die folgende Silbe mit einem H realisiert wird. (Ebenso regelmäßig fällt im Perfekt das tieftonige Suffix der def. Form dieser Verben vor einem Objekt aus, wobei der T in der 1. und 3. Pers. Sg. einen 'Downstep' (!) verursacht.)

(32)	*cum kẹ́nẹ̀*	'er schmiedet Eisen' (*a cúm ! kẹnẹ̀* (def.))
	yaŋ néme	'er brät Fleisch' (*a yáŋ ! neme* (def.))
	jul dwíi	'er beugt den Kopf; = er ist ein Muslim' (vgl. (28)).

Bei vielen KVV- Verben wird, unabhängig von ihrer Tonstruktur, die indef. Form durch das Sufffix *-yį* ° markiert. *-yį* ° kann als Variante von *-į* ° angesehen werden, wenn das Verb auf eine Vokalfolge mit nicht-hohen Vokalen auslautet.

(33)	*kǫ́ǫ́-yį* °	'er mahlt'	*a kǫ́ǫ́*	(def.)
	naa-yį °	'er trinkt'	*a náà*	(def.)
	wǫǫ-yį °	'er wischt'	*a wǫǫ*	(def.)
	cẹẹ-yį °	'er schneidet ab'	*a cẹẹ*	(def.).

-yį ° fällt in der Regel vor nominalem Objekt aus, wobei der H [°] auf der ersten Silbe des Objekts realisiert wird (vgl. (30)).

(34) *cẹẹ sị́ị̀* 'er schneidet Gras'
naa gúndù 'er trinkt Wasser'
kọ́ọ́ jámà 'er mahlt Hirse'.

3.3.1.2 Bildungen mit *-ị́ị̀*

Während die Verben (31), deren def. Form durch *-à* ~ *-ò* markiert wird, als transitiv bezeichnet werden können, zeigt eine kleine Gruppe von intransitiven Verben, deren def. Form ebenfalls durch tieftoniges *-à* ~ *-ò* markiert ist, in der indef. Form das Suffix *-ị́ị̀*. Sie unterscheiden sich von den transitiven Verben (31) auch dadurch, daß hier kein Beispiel mit einem stammauslautenden Nasal vorkommt.

(35) *yar-ị́ị̀*	'fallen'	*a yár-à*	(def.)
pụt-ị́ị̀	'stolpern'	*a pụ́t-à*	(def.)
yir-íì	'sauber werden'	*a yír-ò*	(def.).

Diese Bildung weicht zudem auch tonal von der der Verben (31) ab, sie ist nicht mit einem folgenden H verbunden, vielmehr fällt der letzte Vokal vor einem folgenden Nomen aus und der T wird als 'Downstep' realisiert.

(36) *yarị́ ! sou* 'er fällt vom Baum'
yarị́ ! səmá 'er fällt hin (auf den Boden)'.

Das gleiche Suffix könnte auch bei der Bildung der indef. Form der sechs KV- Verben der Verbalklasse Id (vgl. 4.1) angenommen werden, deren indef. Form von allen anderen Bildungen abweicht (vgl. hierzu (33)). Sowohl die Vokallänge der indef. Form als auch ihre tonale Realisierung könnten dadurch erklärt werden.

(37) *kwẹ́ẹ́-yị̀*	'er sieht'	*a kọ °*	(def.)
jẹ́ẹ́-yị̀	'er ißt'	*a jẹ °*	(def.).

Entsprechend den Beispielen (35)-(36) tritt auch bei diesen Verben vor nominalem Objekt ein 'Downstep' auf, wobei die Verbform verkürzt wird.

(38) *kwẹ́ẹ́ ! nẹrẹ̀* 'er sieht einen Mann'
jẹ́ẹ́ ! mwanẹ̀ 'er ißt das Essen'.

3.3.1.3 Bildungen mit *-rẹ °* (*-rị °*)

Die indef. Form der meisten KV- Verben wird mit dem Suffix *-rẹ °* gebildet. Dieses Suffix hat die freie Variante *-rị °*.

(39) indef.:		def.:	VN:
ca-rẹ °	'er kocht'	*a cẹ́ẹ̀*	*ca-gụ̀*
pọ-rẹ °	'er holt ein'	*a pwẹẹ*	*pọ-gụ̀*
dẹ-rẹ °	'er trägt'	*a dẹ́ẹ̀*	*dẹ-gụ̀*
ku-re °	'er zieht heraus'	*a kwí-yò*	*ku-gù*
cị-rẹ °	'er grüßt'	*a cị-ya*	*cị-gụ̀*.

Die indef. Form zeigt, unabhängig von den Tönen der def. Form, bei allen Verben die gleiche Tonstruktur. Übereinstimmend mit den Bildungen mit *-ị* °, ist auch *-rẹ* ° mit einem folgenden H (°) verbunden. Der auslautende Vokal des Suffixes fällt vor einem Objekt regelmäßig aus.

(40) *kur sị́ị*	'er zieht Gras heraus'
pọr nụ́rẹ	'er holt die Frau ein'
dẹr sẹ́ẹ̀	'er trägt die Last'.

Außer bei KV- Verben kommt das indef. Suffix *-rẹ* ° - mit gleicher tonaler Struktur - nur noch bei Verben vor, die in der def. Form mit *-ị́y-* erweitert sind (s. 5.2).

3.3.1.4 Bildungen mit *-́rẹ̀* (*-dệ* ~ *-dị̂*)

Verben der Verbalklasse IV, bei denen die def. Form mit dem Suffix *-ị̀* markiert ist, bilden die indef. Form mit dem Suffix *-́rẹ̀*. Lautet der Verbalstamm auf einen Obstruenten aus, wird ein Hilfsvokal vor dem Suffix artikuliert, der den H des Suffixes trägt.

(41) *gwas-ạ́-rẹ̀*	'er fürchtet'	(*a gwás-ị̀* (def.))
bịị́-rẹ̀ (< *bịy-ị́-rẹ̀* ?)	'er schneidet'	(*a bị́(y)-ị̀* (def.))
swat-ạ́-rẹ̀ ~ *swat-ị́ị̀*	'er kastriert'	(*a swát-ị̀* (def.)).

Bemerkenswert ist hier die Variante des letztgenannten Beispiels, die der Bildung der indef. Form der Verben (35) entspricht. Da alle Belege (41) und (35) in der def. Form das Tonmuster H+T aufweisen, ist hier möglicherweise ein Zusammenhang mit der Tonstruktur der Suffixe der indef. Form (*-́rẹ̀* und *-ị́ị̀*) zu sehen.

Lautet der Verbalstamm wie bei den folgenden Verben auf /*l*/ oder /*r*/ aus, wird die indef. Form durch die Suffixvarianten *-dị̂* (oder *-dệ*) markiert. (Die Variante *-dị̂* wird hier bevorzugt).

(42) *pər-dî*	'er spinnt'	*a pə́r-ì* (def.)
wụl-dị̂	'er gräbt'	*a wụ́l-ị̀* (def.).

Der Tonstruktur der Suffixe entsprechend, tritt ein 'Downstep' auch bei diesen Verben in der indef. Form vor einem folgenden Objekt auf.

(42) *pərdí ! landị*	'er spinnt Baumwolle'
gwasạ́r ! gunò	'er fürchtet Ziegen'.

Von den genannten Verben abgesehen, wird die indef. Form nur noch bei wenigen einfachen Verben mit *-̗rẹ̀* und den bedingten Varianten *-dị̂* ~ *-dệ* gebildet. Das Tonmuster dieser Verben ist in der def. Form immer H+T:

(44)	*taá-rẹ̀*	'er verbrennt (es)'	*a táà* (def.)
	bọọ́-rẹ̀	'er stirbt'	*a bwâ* (def.)
	ywií-rè	'er gießt ein wenig'	*a ywíyò* (def.)
	lịyá-rẹ̀	'er verläuft sich'	*a lị́yà* (def.).

3.3.1.5 Bildungen mit *-nẹ*?

Auslautendes *-nẹ* ° tritt in der indef. Form nur bei wenigen nicht-erweiterten KVK- Verben in Varianten zu den 'regelmäßigen' Bildungen mit dem Suffix *-ị* ° auf. Bei allen Beispielen lautet der Stamm überwiegend auf */m/* aus. Darüber hinaus kommt *-nẹ* ° sowie eine tonale Variante *-̗nẹ̀* bei der Bildung der indef. Form der mit dem Pluralmorphem -Vŋ- erweiterten Verben vor.

(45)	*rụm-ị* ° ~ *rụnẹ* °	'er riecht'	*rụm-a* (def.)
	tụm-ị ° ~ *tụnẹ* °	'er schickt'	*tụm-a* (def.)
	sọm-ị ° ~ *sọnẹ* °	'er kennt'	*sọm-a* (def.)
	dum-i ° ~ *dune* °	'er beißt'	*dúm-ò* (def.)
	lam-ị ° ~ *lanẹ* °	'er kommt an'	*lám-à* (def.)
	tẹn-ị ° ~ *tẹnẹ* °	'er kauft'	*tẹ́n-à* (def.)
	tịyá-nẹ̀	'er bedenkt'	*tị́yá-ŋà* (def.)
	kuwo-ne °	'er kriecht'	*kuwo-ŋô* (def.)

Es ist zwar zu vermuten, daß *-nẹ* ° (und *-̗nẹ̀*) phonologisch bedingte Suffixvarianten sind, unklar ist jedoch von welchem Suffix. In der Sprache gibt es nämlich mehrere Beispiele, bei denen ein Suffix, das mit */r/* anlautet, nach einem Nasal mit anlautendem */d/* realisiert wird (vgl. III, 1.6.2).

3.3.1.6 Die Markierung der indef. Form an den Objektspronomen

Ist dem Verbalstamm ein Objektspronomen (der 1. und 2. Pers. Sg. und Pl.) suffigiert, so tritt das Suffix *-ị* der indef. Form an den Pronominalstamm an. Die Pronominalstämme sind bereits unter 3.2.1.4 (s. (21) oben) dargestellt worden. Diese Bildungsweise ist bei allen Verben gleich.

(46)	*kọ-ngị̂* (< *kọ-ngə̣́-ị̀*)	'er sieht mich'
	kọ-ḿn-ị̀	'er sieht dich'
	kọ-yír-ì	'er sieht uns'
	kọ-mbə̣́r-ị̀	'er sieht euch'

kwẹ́ẹ́-yị̀	'er sieht (ihn/sie/es)'
kwẹ́ẹ́ ! yọ̀	'er sieht ihn/sie/es'.

Das letztgenannte Beispiel zeigt, daß auch hier das Objektspronomen der 3. Pers., wenn es ausdrücklich genannt wird, wie ein nominales Objekt behandelt wird. Weitere Beispiele sind:

(47)	*yara-mạn-ị́ álị́*	'er mischt für dich Blätter zur Suppe'
	móndó-mə́n-i	'er vergißt dich'
	mónó-ng-î (< *-ngə́-ì*)	'er vergißt mich'
	móndi yộ	'er vergißt ihn'.

4. VERBALKLASSEN

Grundlage der Einteilung der Verben in die verschiedenen Verbalklassen (Vkl.) ist die definite Verbform in der 3. Pers. Sg. des Perfekts. Wie die Bildung der Verbformen gezeigt hat (s. 3.), sind morphologische Unterschiede z.T. durch die segmentale Struktur der Verbalstämme determiniert. Die Mehrzahl der Verben sind deshalb zunächst nach ihrer Struktur drei Hauptklassen (I - III) zugeordnet, die, unter Berücksichtigung der tonalen Realisierung sowie der Unterschiede bei der Bildung der Verbformen und Verbalerweiterungen, durch Kleinbuchstaben in weitere Unterklassen gegliedert sind. Die Verben der Verbalklasse IV, der nur eine kleine Anzahl von KVK- (und KVV-?) Verben angehören, heben sich durch die Bildung der def. Form mit einem tieftonigen Suffix *-ị̀* von den Verben der Klassen I -III ab. Die Verbalklasse V schließlich enthält eine kleine Gruppe von Verben, die primäre Körperpositionen und Bewegungsarten bezeichnen. Sie unterscheidet sich morphologisch - durch die Suffigierung pronominaler Elemente in den verschiedenen Verbformen - von allen anderen Klassen.

4.1 Verbalklasse I (KV-)

Dieser Verbalklasse sind, von den Verben der Verbalklasse V abgesehen (s. 4.5), alle einfachen KV- Verben der Sprache zugeordnet. Tonale und morphologische Unterschiede ergeben eine weitere Einteilung in vier Untergruppen. Die folgende Tabelle zeigt die diagnostischen Formen. Zitierform ist - wenn nicht anders angegeben - jeweils die 3. Pers. Sg. Die Bildung der Verbformen dieser Verben ist bereits vorgestellt worden (s. 3. (11)-(16) und (37)-(40)). Die def. Form wird in der 3. Pers. Sg. des Perfekts ohne Objekt (o. O.) und mit folgendem nominalen Objekt (m. O.) zitiert. Die Bildung der Altrilokal/Ventiverweiterung (Altr.) wird unter 5.4 dargestellt.

(1)	VN	def. o. O.	def. m. O.	indef.	def. Altr.	
Ia:	*ca-gụ̀*	*a cẹ́-ẹ̀*	*a ca* °	*ca-rẹ* °	*a cá-á*	'kochen'
	yị-gụ̀	*a yị́-yà*	*a yị* °	*yị-rẹ* °	*a yụ́-wẹ́*	'erhalten'
Ib:	*ca-gụ̀*	*a cẹ-ẹ*	*a ca*	*ca-rẹ* °	*a ca-a*	'treffen'
	cị-gụ̀	*a cị-ya*	*a cị*	*cị-rẹ* °	*a cụ-wẹ*	'grüssen'
Ic:	*mọ-gụ̀*	*a mwẹ́-ẹ̀*	*a mọ* °	*mọ-rẹ* °	*a mọ-ọ*	'bauen'
	dẹ-gụ̀	*a dẹ́-ẹ̀*	*a dẹ* °	*dẹ-rẹ* °	*a dẹ-ẹ*	'tragen'
	yị-gụ̀	*a yị́-yà*	*a yị* °	*yị-rẹ* °	*a yụ-wẹ*	'rufen'
Id:	*jẹ-gụ̀*	*a jẹ*	*a jẹ* °	*jẹ́ẹ́-yị̀*	*a jẹ́-ẹ́*	'essen'
	kọ-gụ̀	*a kọ*	*a kọ* °	*kwẹ́ẹ́-yị̀*	*a kọ́-ọ́*	'sehen'.

Die Verben der Unterklassen Ia, Ib und Ic bilden die def. und indef. Form mit den gleichen Morphemen. Id unterscheidet sich dagegen bei der Bildung dieser Verbformen erheblich von den übrigen drei Unterklassen. Id ist lediglich bei sechs Verben belegt, von denen vier den Stammvokal /ẹ/ aufweisen. Stammvokal /ẹ/ wiederum kommt bei Verben der anderen drei Unterklassen nur bei *dẹ-* (Ic) vor. Möglicherweise ist hier ein phonologischer Zusammenhang gegeben.

Die Unterklassen Ia, Ib und Ic unterscheiden sich nur tonal voneinander, wobei der Unterschied zwischen Ia und Ic nur in der Altrilokal-/Ventiverweiterung zum Vorschein kommt. Ia, Ic und Id wiederum sind in der 3. Pers. Sg. Perfekt mit einem H (°) verbunden, der auf der ersten Silbe eines folgenden Objekts realisiert wird.

(2)	Ia:	*a ca mwánẹ̀*	'er hat Essen gekocht'
	Ic:	*a mọ láa*	'er hat ein Haus gebaut'
	Id:	*a kọ báị̀*	'er hat einen Hund gesehen'.

In jeder Unterklasse finden sich Verben, die sowohl als intransitiv als auch als transitiv angesehen werden können. Beispiele sind:

(3)	*a twẹ́-ẹ̀*	'er hat vermischt; er ist wiedererstarkt' (Ia)
	a pwẹ-ẹ	'er hat eingeholt; es ist geflossen' (Ib)
	a mwẹ́-ẹ̀	'er hat gebaut; es ist geschwollen' (Ic)
	a yẹ °	'er (männliches (Haus-)Tier) hat (sie) bestiegen; er hat sich (am Feuer) aufgewärmt' (Id).

Eine Besonderheit der KV- Verben, die für alle vier Unterklassen gleichermaßen zutrifft, ist, daß bei einigen Verbalerweiterungen ein meist velarer Laut zusätzlich zwischen Verbalstamm und Bildungsmorphem auftritt, der z. B. bei der Intransitiv/-Passiverweiterung /*w*/ und bei der Destinativerweiterung /*ŋ*/ lautet. Auch das /*k*/ der Pluralerweiterung *-kVŋ-* kann in diesem Zusammenhang gesehen werden,[7] obwohl es ebenfalls bei KVV- Verben vorkommt. Neben dieser Pluralbildung ist bei der Mehrzahl der KV- Verben jedoch noch eine weitere Bildung belegt. (Weitere Beispiele sind in der Darstellung der verschieden Verbalerweiterungen enthalten (s. 5.1)).

(4)	*mọ-gụ̀*	'Bauen'	*a mọ́-kọ́-ŋà ~ a mwẹ́ẹ́-ŋà*	(Pl.).
	a mọ́-w-wà	(Intr.)	*a mọ-ŋ-na*	(Dest.).

4.2 Verbalklasse II (KVV-)

Die Verbalklasse II enthält einfache KVV- Verben. Ihr können mit Sicherheit nur Verben mit nicht-hohen Stammvokalen zugeordnet werden. Verben mit hohen Vokalen lassen sich, wie bereits mehrfach dargestellt, häufig nicht von KVK_2- Verben, bei denen K_2 ein Halbvokal ist, unterscheiden. Die diagnostischen Formen zur Untereinteilung dieser Verbalklasse sind die def. und die indef. Form. Die Bildung dieser Formen ist bereits unter 3. (s. (10) und (33)) vorgestellt worden.

7 Siehe hierzu auch II, 1.1.3.2.

(5)	VN	def.	indef.	
IIa:	*mẹẹ-gụ̀*	*a mẹ́ẹ́*	*mẹ́ẹ́-yị °*	'besiegen'
	kọọ-gụ̀	*a kọ́ọ́*	*kọ́ọ́-yị °*	'mahlen'
IIb:	*wọọ-gụ̀*	*a wọọ*	*wọọ-yị °*	'wischen'
	wọọ-gụ̀	*a wọọ*	*wọọ-yị °*	'wischen'
	(bụụ-gụ̀	*a bụw-a*	*bụ(ụ)-wị °*	'schlagen')
IIc:	*naa-gụ̀*	*a náà*	*naa-yị °*	'trinken'
	gọọ-gụ̀	*a gọ́ọ̀*	*gọọ-yị °*	'beenden'
	(jii-gù	*a jíy-ò*	*ji(i)-yi °*	'schreien')
IId:	*taa-gụ̀*	*a táà*	*taá-rẹ̀*	'verbrennen'
	(twii-gù	*a twíy-ò*	*twií-rè*	'schwer sein').

IIa, IIb und IIc können tonal differenziert werden. Für IId sind nur wenige Verben belegt. Sie unterscheiden sich von denen der Vkl. IIc durch die Bildung der indef. Form (*-́rẹ̀* an Stelle von *-yị* °). Die Mehrzahl der Verben der Vkl. IId kann jedoch aufgrund der Varianten der indef. Form sowohl IId als auch IIc zugeordnet werden.

(6)	*a swáà*	'er hat (den Speer) geworfen'	*swaá-rẹ̀ ~ swaa-yị* (indef.)
	a cwáà	'er hat vermieden'	*cwaá-rẹ̀ ~ cwaa-yị* (indef.).

Bei Pluralerweiterungen wird die Vokalfolge der KVV- Verben aufgelöst (vgl. 5.1).

(7)	*a náà*	'er hat getrunken'	*a ná-ká-ŋà* (Pl.)
	a wọọ	'er hat gewischt'	*a wọ-kọ-ŋâ* (Pl.)
	(*a bụw-a*	'er hat geschlagen'	*a bụ-wa-ŋâ* (Pl.)).

4.3 Verbalklasse III (KVK- (KVVK-, KVKK- , KVKVK-))

Der Verbalklasse III gehören die meisten Verben des Waja an. Aufgrund der tonalen Unterschiede lassen sich fünf Unterklassen unterscheiden. Die diagnostischen Formen sind jeweils die def. und die indef. Form. Die def. Form wird hier stets durch das Vokalsuffix *-a* ~ *-o* markiert, das aber tonal verschieden realisiert wird.

(8)	def.	indef.	
IIIa:	*a sụ́w-á*	*sụ́w-ị °*	'anschauen'
	a gám-á	*gám-ị °*	'sammeln'
	a tụ́kụ́l-á	*tụ́kụ́l-ị °*	'entdecken'
	a mónd-ó	*mónd-i °*	'vergessen'
	a píít-ó	*píít-i °*	'(an)blasen'
	a rẹ́ms-á	*rẹ́ms-ị °*	'einbrechen'.

IIIb:	*a pod-o*	*pod-i °*	'herausziehen'
	a cwaar-a	*cwaar-ị °*	'schleichen'
	a gongul-o	*gongul-i °*	'krümmen'
	a cịm-a	*cịm-ị °*	'festhalten'
	a tụm-a	*tụm-ị ° ~ tụnẹ °*	'schicken'
	a sọm-a	*sọm-ị ° ~ sọnẹ °*	'wissen, kennen'.
IIIc:	*a cul-ó*	*cul-i °*	'hinabsteigen'
	a jịmt-á	*jịmt-ị °*	'untertauchen'
	a gər-á	*gər-ị °*	'wachsen'
	a riit-ó	*riit-i °*	'alt/reif werden'
	a yar-á	*yar-ị °*	'landen'
	a pun-ó	*pun-i °*	'blühen'.
IIId:	*a yáŋ-à*	*yaŋ-ị °*	'braten'
	a pọ́ŋ-à	*pọŋ-ị °*	'folgen'
	a cúm-ò	*cum-i °*	'schmieden'
	a dúm-ò	*dum-i ° ~ dune °*	'beißen'
	a tẹ́n-à	*tẹn-ị ° ~ tẹnẹ °*	'kaufen'.
IIIe:	*a yár-à*	*yar-ị́ị̀*	'fallen'
	a pụ́t-à	*pụt-ị́ị̀*	'stolpern'
	a yír-ò	*yir-íì*	'sauber werden'.

Sowohl der Stamm als auch das def. Suffix der Vkl. IIIa wird mit einem H realisiert. Zu IIIa gehören überwiegend transitive Verben, aber auch mehrere intransitive und Zustandsverben zeigen dieses Tonmuster. Weitere Beispiele sind:

(9)	*a lár-á*	'er hat versagt; es ist mißlungen'
	a kwár-á	'er hat/ist erschöpft'
	a rémc-ó	'er ist erschrocken'
	a cẹ́n-á	'er ist feindselig (geworden)'.

Das Suffix der Verben IIIc, deren Verbalstamm aber keinen H trägt, wird ebenfalls hochtonig realisiert. Die Verben dieser Unterklasse können als intransitiv angesehen werden. Die Verben von IIIb, bei denen sowohl der Verbalstamm als auch das Suffix NH realisiert werden, sind wiederum als transitiv anzusehen. Aus der Realisierung des Suffixes der drei Unterklassen IIIa, IIIb und IIIc kann eine Beziehung zwischen hochtonigem Suffix und Intransitivität hergestellt werden. Bei IIIa fällt die hochtonige Markierung der Intransitivität mit dem H des Verbalstammes zusammen. Bei nicht-hochtonigem Verbalstamm (IIIb und IIIc) hingegen wird nur bei den intransitiven Verben (IIIc) das Suffix hochtonig realisiert.

Diese Analyse kann jedoch noch nicht die tonalen Strukturen bei den beiden weiteren Unterklassen IIId und IIIe erklären, die beide in der def. Form H+T mit tieftonigem Suffix realisiert werden. Im Vergleich zu IIIa - IIIc ist IIId aber durch eine phonologische Besonderheit gekennzeichnet: ihr gehören fast nur Verben an, deren

Stamm auf einen Nasal auslautet. Sie sind alle als transitiv aufzufassen. Unter den insgesamt nur fünf (bisher bekannten) Verben der Unterklasse IIIe hingegen, die wiederum alle als intransitiv bezeichnet werden können, ist kein Beispiel enthalten, das einen auslautenden Nasal aufweist. IIIe unterscheidet sich aber auch morphologisch bei der Bildung der indef. Form von den anderen Unterklassen der Verbalklasse III.

Die KVK- Verben mit auslautendem (meist) bilabialen Nasal, die in der indef. Form die Variante mit auslautendem *-nẹ* ° aufweisen, sind nur in den Verbalklassen IIIb und IIId zu finden. Sie sind transitiv.

4.4 Verbalklasse IV (KVK-*ị̀*)

Die Verbalklasse IV ist dadurch definiert, daß alle Verben, die ihr zugeordnet werden, in der def. Form das Suffix *-ị̀* aufweisen. Diese Verbalklasse enthält nur eine kleine Anzahl KVK- und möglicherweise einige KVV- Verben, die alle als transitiv anzusehen sind. Diese Verbalklasse zeichnet sich auch durch das einheitliche H+T Tonmuster in der def. Form aus. Die Bildung der indef. Form ist für alle Verben ebenfalls gleich, wobei die bedingten Varianten *-rẹ̀* und *-dệ* (~ *-dị̂*) nach */l/* und */r/* lauten.

	def.:	indef.:	
(10)	*gwás-ị̀*	*gwas-ạ́-rẹ̀*	'fürchten
	swát-ị̀	*swat-ạ́-rẹ̀*	'kämmen
	pər-ì	*pər-dê*	'spinnen'
	bẹ́l-ị̀	*bẹl-dị̂*	'lecken'
	bị́ị̀ (bị́y-ị̀ ?)	*bịị́-rẹ̀*	'schneiden'
	tị́ị̀ (tị́y-ị̀ ?)	*tịị́-rẹ̀*	'anfassen'.

4.5 Verbalklasse V (Verben der Bewegung und Körperpositionen)

Eine besondere Verbalklasse bilden eine kleine Zahl von Verben, die alle zu den beiden semantischen Kategorien 'Bewegung' und 'Körperpositionen' gehören. Die Gruppe der Körperpositionen umfaßt die vier Grundhaltungen des menschlichen Körpers (11), die Bewegungsverben wiederum bezeichnen generelle Bewegungsarten:

(11)	*sạ-*	*sạ-*	'sitzen'	*tạ-* *tạ-*	'stehen, stellen'
	da(a)-	*da(a)-*	'liegen'	*ku-* *ku-*	'knien, hocken'.

(12)	*a-*	'gehen'	*ce(e)-*	'rennen, fliehen'
	ba-	'kommen'	*soo-*	'sich bewegen'
	di-	'eintreten' (Sg.)	*te(e)-*	'eintreten' (Pl.)
	ge(e)-	'besteigen'	*mwát-*	'gehen'.

Die Verben dieser beiden Gruppen unterscheiden sich morphologisch in mehrfacher Hinsicht von allen anderen Verben der Sprache.[8] Zum einen bilden sie mehrheitlich das Verbalnomen mit einer anderen Nominalklasse (vgl. 3.1):

(13)	*pạ-sụ*	'Sitzen; Platz des Sitzens' (Kl. 5)
	pạ-tụ	'Stehen; Platz des Stehens' (Kl. 5)
	pạ-dáá-wu	'Liegen; Platz des Liegens' (Kl. 5)
	ku-kúyò-ù ~ ku-kwíyò-ù	'Hocken, Knien' (Kl. 5)
	geŋ-mà	'Besteigen, Hinaufklettern' (Kl. 12)
	dəŋ-mà	'Eintreten (Singular)' (Kl. 12)
	teŋ-mà	'Eintreten (Plural)' (Kl. 12)
	sọŋ-mà	'Gehen; Reisen' (Kl. 12) (VN von *a-* 'gehen')
	cuu	'Rennen, Fliehen' (Kl. 9)
	soo-gù	'(sich) Bewegen' (Kl. 9)
	ba-gụ̀	'Kommen' (Kl. 9),

zum anderen weisen sie in der def. und indef. Form ein pronominales Suffix auf, das in der Person mit dem Subjekt übereinstimmt. Beispiele für *a-* 'gehen' sind:

(14)	*ŋ á-ngẹ̀*	'ich bin gegangen'	*yị a-(a)ndà*	'wir ... '
	ma a-mnà	'du ... '	*bụ a-mbạrà*	'ihr ... '
	a á-(á)rà	'er ... '	*a á-(á)ndà*	'sie ... '.

Wie das folgende Paradigma zeigt, entsprechen die Pronominalelemente der 1. Pers. Sg. und der 2. Pers. Sg. und Pl. den jeweiligen Objektspronomen.[9] Die Etymologie der Suffixmorpheme der übrigen Personen ist hingegen unbekannt.

(15)	*a kọ́-ngẹ̀*	'er sah mich'	*a kọ-yírò*	'er sah uns'
	a kọ-mnà	'er sah dich'	*a kọ-mbạ́rà*	'er sah euch'
	a kọ yộ	'er sah ihn'	*a kọ pạ́mà*	'er sah sie'[10].

Einige Verben weisen in den verschiedenen Formen unterschiedliche Vokallänge auf. Möglicherweise ist ein weiterer Vokal mit einzelnen Bildungselementen verbunden. Bei 'eintreten' werden für Singular und Plural verschiedene Verbalstämme gebraucht. Im folgenden sind für drei Verben jeweils die def. Form (des Perfekts) (16) und die indef. Form (17) für alle Personen angegeben.

---

8 Bemerkenswert ist, daß bei dieser sehr kleinen Gruppe Verben 3 der 4 KV- bzw. KVV- Verben mit Stammvokal /e/ vorkommen.

9 Eine vergleichbare Bildung kommt auch im Deutschen bei einigen dieser Verben vor (z.B.: ich setze mich, ich begebe mich). Bei semantisch ähnlichen Verben tritt auch in benachbarten Tschadsprachen eine vergleichbare Bildungweise auf, so im Kanakuru (Newman 1974), im Pero (Fraijzyngier 1988), im Kupto (R. Leger pers. Mitteilung). Newman (1974) bezeichnet die suffigierten Pronominalelemente als 'Intransitiv-Copy-Pronouns' (ICP). Diese Bezeichnung ist im Waja nicht anzuwenden, da die Intransitivität m.E. hier nicht das entscheidende Kriterium für diese Bildung ist.

10 Das Pronomen der 3. Pers. wird, wenn es explizit genannt wird, wie ein nominales Objekt behandelt und nicht dem Verbalstamm suffigiert.

(16) def.:

'besteigen'	'rennen'	'eintreten'
ŋ gé-ngè	*n cé-ngè*	*n də́-ngè*
ma ge-mnò	*ma ce-mnò*	*ma də-mnò*
a gé-érò	*a ce-erô*	*a dí-írò*
yi gee-ndò	*yi cee-ndô*	*yi tee-ndò*
bu gee-mb(ər)ò	*bu cee-mbə́rò*	*bu te-mbərò*
a géé-ndò	*a cee-ndô*	*a téé-ndò.*

(17) indef.:

ŋ ge-ngí	*n ce-ngí*	*n də-ngí*
ma ge-ḿni	*ma ce-ḿni*	*ma də-ḿni*
ge-érì	*ce-érì*	*dí-írì ~ dí-írè*
yi geé-ndì ~ geendí'	*yi ceé-ndí ~ cee-ndí'*	*yi tee-ndí'*
bu gee-mbə́rì	*bu cee-mbə́rì*	*bu te-mbə́rì*
gee-ndí'	*cee-ndí'*	*tee-ndí' ~ teéndi.*

Die Beispiele (14) und (16)-(17) zeigen, daß die Suffixe der Verbformen, *-a ~ -o* (def.) und *-ị* (indef.), an die Pronominalelemente antreten, wobei die def. Form der 1. Pers. Sg. eine Ausnahme darstellt. Diese Bildungsweise gleicht der Markierung der Verbformen, wenn ein Objektspronomen suffigiert ist (s. 3.2.1.4 und 3.3.1.6).

Zu den unter (17) dargestellten indef. Formen sind Varianten belegt, bei denen das gleiche Suffix wie bei der 3. Pers. Sg. auch bei anderen Subjekten verwendet werden kann.

(18)		
	ge-érì	'er steigt hinauf'
	ŋ ge-érì	'ich steige hinauf'
	yi ge-érì	'wir steigen hinauf'.

Die Verben, die Körperpositionen bezeichnen, kommen, wenn sie nicht erweitert sind, in der def. und indef. Form mit redupliziertem Stamm vor, wobei dem ersten Teil der Reduplikation das pronominale Element suffigiert wird. An den zweiten Teil tritt ein Bildungsmorphem an, das nicht gedeutet werden kann. Es folgt lautlich der Vokalklasse des Stammvokals und hängt offensichtlich auch von dessen Qualität ab. (Der 'Downstep' nach dem pronominalen Element tritt nur in der 1. Pers. Sg. des Perfekts auf. Er ist wahrscheinlich auf den Ton des Subjektspronomens des Perfekts zurückzuführen (vgl. 6.2.2)).

(19) def.:	'sitzen'	'hocken, knien'	
	n sə̣-ngə̣ ꜝ sị́-yáụ́	*ŋ kú-ngə ꜝ kwí-yóú*	'ich ...'
	ma sə̣-m sị́-yáụ́	*ma ku-m kwí-yóú*	'du ...'
	a sə̣ sị́-yáụ́	*a ku kwí-yóú*	'er ...'
	yị sə̣-ndə̣ sị́-yáụ́	*yi ku-ndu kwí-yóú*	'wir ...'
	bụ sə̣-mbə̣ sị́-yáụ́	*bu ku-mbu kwí-yóú*	'ihr ...'
	a sə̣-ndə̣ sị́-yáụ́	*a ku-ndu kwí-yóú*	'sie ...'.

Die Singularformen der beiden anderen Verben, die Körperpositionen bezeichnen, sind unter (20) angegeben. Die Pluralformen werden entsprechend gebildet.

(20)	'liegen'	'stehen, (sich) stellen'	
	n dá-ngə̣ ! dáá-wụ́	*n tə̣́-ngə̣ ! tị́-yáụ́*	'ich ...'
	ma da-m dáá-wụ́	*ma tə̣-m tị́-yáụ́*	'du ...'
	a da dáá-wụ́	*a tə̣ tị́-yáụ́*	'er ...'.

Die Markierung der indef. Form dieser Verben erfolgt wie bei den Verben (17) durch das Suffix *-ị*, das an das Ende der Reduplikation tritt. In der 3. Pers. Sg. wird das Morphem *-r-ə* suffigiert, das bei diesen Verben in der def. Form nicht vorhanden ist. Dieses Morphem entspricht jedoch offensichtlich dem Suffix der 3. Pers. Sg. bei den Bewegungsverben (14)-(17).

(21) indef.:		
	n sə̣-ngə̣́ sị́-yáị́	'ich ...'
	ma sə̣-ḿ sị́-yáị́	'du ...'
	sə̣-rə̣́ sị́-yáị́	'er ...'
	yị sə̣-ndə̣́ sị́-yáị́	'wir ...'
	bụ sə̣-mbə̣́ sị́-yáị́	'ihr ...'
	sə̣-ndə̣́ sị́-yáị́	'sie ...'.

(22)			
	ma da-ḿ dáá-yị́	*ma ku-ḿ kwí-yéí*	'du ...'
	da-rə̣́ dáá-yị́	*ku-rú kwí-yéí*	'er ...'.

Können die bisher gezeigten Formen innerhalb dieser Verbalklasse als 'regelmäßig' angesehen werden, so sind bei den folgenden beiden Verben einige Abweichungen festzustellen. *mwát-* 'gehen', das sich bereits durch die KVK- Struktur seines Verbalstammes von den anderen Verben unterscheidet, wird in einigen Formen wie ein Verb der Verbalklasse IV (vgl 4.4 (10)) behandelt.

(23)	def.: ('ich bin gegangen')	indef.: ('ich gehe (gewöhnlich)')
	m mwátə̣́-ngẹ̀	*m mwatə̣-ngị̂*
	mwatə̣-mə̣́nà ~ ma mwatị̀	*ma mwatə̣-mə̣́nị̀*
	a mwátị̀	*mwatə̣́-rị̀*
	yị mwat-aŋ-à	*yị mwat-á-ndị̀ ~ yị mwat-a-ndị̂*
	bụ mwat-aŋ-à	*bụ mwat-á-ndị̀ ~ bụ mwat-a-mbə̣́rị̀*
	a mwát-áŋ-à	*mwat-á-ndị̀ ~ mwat-a-ndị̂.*

Eine Ausnahme in Bezug auf die Vielfalt der möglichen Formen stellt das Verb *bá(á)* 'kommen' dar. Aufgrund des Verbalnomens *ba-gụ̀* wäre ein KV- Verb anzunehmen. Gerade mit dem Verb 'kommen' wird jedoch häufig ein Sachverhalt ausgedrückt, der die Altrilokal/Ventiverweiterung erfordert. Bei KV- Verben mit nicht-hohem Stammvokal assimiliert sich das Morphem dieser Erweiterung *-wẹ́* in der Regel an den Vokal (vgl 5.4 und III, 2.2) und wird als Vokallänge realisiert. Dies ist bei den

Formen der linken Reihe unter (24) anzunehmen, wobei im Plural in der 2. und 3. Pers. zusätzlich die Pluralerweiterung auftritt. Die rechte Reihe zeigt die pronominalen Elemente, wie sie in dieser Verbalklasse V regelmäßig vorhanden sind, an die, von der 2. Pers. Sg. abgesehen, aber noch die Altrilokal/Ventiverweiterung *-wę́* angetreten ist. Die beiden Formen der 1. und 3. Pers. Sg. der mittleren Reihe können dagegen nicht erklärt werden. Sie werden mit weiten Vokalen realisiert, so daß eine lautliche Beziehung zu den anderen Formen eigentlich nur durch das anlautende */b/* gegeben ist. Diese Formen können alle im Perfekt verwendet werden.

(24)	*m bá-a*	*m bíye*	*m bá-ngụ-wẹ*	'ich bin gekommen'
	ma ba-a		*ma bam(ẹ)*	'du ...'
	a bá-á	*a bíyé*		'er ...'
	yị baa-ŋa		*yị ba-ndụ-wẹ*	'wir ...'
	bụ baa-ŋa		*bụ ba-mbụ-wẹ*	'ihr ...'
	a báá-ŋa ~ báá		*a bá-ndụ-wẹ*	'sie ...'.

Alle drei Varianten der 1. Pers. Sg. können auch bei der Negation des Perfekts verwendet werden.

(25) *m báa-bụ̀ ~* *m bíye-bù ~* *m bá-ngụ-wẹ-bụ̀* 'ich bin nicht gekommen'.

Die gleiche Formenvielfalt ist auch bei der Bildung der indef. Form für die 1. Pers. Sg. belegt.

(25)	*m báá-yị*	*m bíye-i*	*m bá-ngụ-wẹ-ị*	'ich ...'
	ma báá-yị		*ma bám-ị*	'du ...'
	báá-yị			'er ...'
	yị bẹ́ẹ́nga-ị̀			'wir ...'.
	bụ bẹ́ẹ́nga-ị̀			'ihr ...'.
	bẹ́ẹ́nga-ị̀			'sie ...'.

5. VERBALERWEITERUNGEN

Das Waja kennt eine Reihe von verschiedenen Verbalerweiterungen, die z.T. auch miteinander kombiniert werden können. Die meisten Erweiterungsmorpheme sind nur in der definiten Verbform vorhanden, wo sie entweder vor dem Definitsuffix stehen, oder als die Markierung der erweiterten def. Form aufzufassen sind. Die hier dargestellten Erweiterungen sind alle produktiv und können mit den entsprechenden Verben gebildet werden. Einige Verbalstämme liegen nur erweitert vor.

5.1 Die Pluralerweiterung -Vŋ-

Die Pluralerweiterung ist die produktivste aller Erweiterungen im Waja. Sie ist bei Pluralsubjekt in der Regel geboten, sie kann sich aber auch subjektsunabhängig auf die Anzahl der Objekte beziehen. Des weiteren kann mit dieser Erweiterung auch Dauer, Häufigkeit und Intensität der mit dem Verb bezeichneten Handlung ausgedrückt werden. Der Plural wird durch das Pluralaffix -Vŋ- gebildet, das zwischen Verbalstamm und dem Suffixvokal (*-à* ~ *-ò*) der def. Form infigiert wird. *-à* ~ *-ò* werden bei Pluralverben tieftonig oder mit der Tonfolge H+T realisiert. Das Subjektspronomen der 3. Pers. lautet im Singular und Plural gleich.

(1)	*a tų́k-á*	'er hat (es) beendet'	
	a tų́k-áŋ-à	'sie haben (viel) beendet' (Pl.)	
	a tuk-ó	'er hat (sich) (es) versteckt'	
	a tuk-oŋ-ô	'sie haben (sich) (oft) (viel) versteckt' (Pl.)	
	a gúmbúl-ó	'er ist gerollt'	*a gúmbúl-óŋ-ò* (Pl.)
	a gẹ́l-ị̀	'sie hat (es) zerbrochen'	*a gẹ́l-ẹ́ŋ-à* (Pl.)
	a kúr-ì	'sie hat (es) durchbohrt'	*a kúr-óŋ-ò* (Pl.).

-à ~ *-ò* markieren die def. Pluralform auch bei den Verben, die bei nicht erweitertem Verbalstamm ein anderes Suffix zeigen. Beispiele sind die letztgenannten Verben der Verbalklasse IV unter (1) sowie die KV- und KVV- Verben (2)-(7), die noch weitere morphologische Besonderheiten aufweisen. So lautet bei der kleinen Gruppe der KV- Verben der Verbalklasse Id das Erweiterungsmorphem *-kVŋ-*:

(2)	*a kọ* °	'er hat (es) gesehen'	*a kọ́-kọ́ŋ-à* (Pl.)
	a jẹ °	'er hat (es) gegessen'	*a jẹ́-kẹ́ŋ-à* (Pl.).

Die KV- Verben der Verbalklassen Ia-Ic mit nicht-hohem Stammvokal bilden den Plural auf zwei verschiedene Weisen: zum einen wie bei (2) mit *-kVŋ-* und zum anderen mit *-yVŋ-*. Alternativ wäre eine Bildung als Variante anzunehmen bei der das regelmäßige Pluralsuffix -Vŋ- nicht an den Verbalstamm antritt, sondern der def. Form des Singulars suffigiert wird.

(3)	*wa-gù̦*	'Zerstreuen'	*a wá-káŋ-à* (Pl.)
	a wę́ę̀	'er hat (es) zerstreut' (def.)	*a wę-ę́ŋ-à* (Pl.)
	mǫ-gù̦	'Bauen'	*a mǫ́-kǫ́ŋ-à* (Pl.).
	a mwę́ę̀ ~ mwę̂	'er hat (es) gebaut'	*a mwę-ę́ŋ-à* (Pl.)

Bei KV- Verben mit hohem Stammvokal tritt hingegen nur eine Pluralform auf. Die Analyse dieser Bildung erlaubt jedoch auch Alternativen, wobei entweder *-kVŋ-* nach hohem Vokal als *-yVŋ-* realisiert wird, oder -V*ŋ-* an die def. Form des Singulars angetreten ist.

(4)	*yi̦-gù̦*	'Rufen'	
	a yí̦-yà	'er hat (jmd.) gerufen'	*a yí̦-yáŋ-à* (Pl.)
	ku-gù	'Herausziehen'	
	a kwí-yò	'er hat (es) herausgezogen'	*a kwí-yóŋ-ò* (Pl.).

KVV- Verben mit nicht-hohen Stammvokalen bilden den Plural in der Regel mit dem Morphem *-kVŋ-*. Es tritt an den Stamm an, wobei die Vokallänge verkürzt wird.

(5)	*kǫǫ-gù̦*	'Mahlen'	
	a kǫ́ǫ́	'sie hat gemahlen'	*a kǫ́-kǫ́ŋ-à* (Pl.)
	naa-gù̦	'Trinken'	
	a náà	'sie hat getrunken'	*a ná-káŋ-à* (Pl.)
	kwęę-gù̦	'Tragen helfen'	
	a kwęę	'er hat (jmd.) Tragen geholfen'	*a kwę-kęŋ-â* (Pl.).

Bei hohem Stammvokal tritt - den Beispielen (4) vergleichbar - das */k/* des Affixes nicht auf. Nimmt man an, daß der Plural der folgenden Verben (6) auf die gleiche Weise wie bei (5) gebildet wird, so scheint dem */k/* bei (5) ein homorganer Halbvokal bei (6) zu entsprechen. Diese Analyse der Pluralbildung erscheint durch die Parallelität mit den Beispielen (5) gerechtfertigt. Alternative Beschreibungen wie z.B.: das Pluralaffix -V*ŋ-* tritt an den Verbalstamm an, wobei der zweite Vokal zu einem Halbvokal wird, bzw., daß unterliegend eine KVK- Struktur des Verbalstammes gegeben ist, sind ebenso wahrscheinlich.

(6)	*jii-gù*	'Weinen; Schreien'	
	a jíy-ò	'er hat geweint'	*a jí-yóŋ-ò ~ jíy-óŋ-ò* (Pl.)
	cuu-gù	'Verkaufen'	
	a cuú-yo	'sie hat verkauft'	*a cu-woŋ-ô ~ a cuw-oŋ-ô* (Pl.)
	nu̦u̦-gù̦	'Hören, Fühlen'	
	a nú̦w-à	'er hat gehört'	*a nú̦-wáŋ-à ~ a nú̦w-áŋ-à* (Pl.).

Eine weitere kleine Gruppe KVV- Verben zeigt bei der Pluralbildung Varianten, die den Gegenheiten unter (3) vergleichbar sind. Es handelt sich fast aussschließlich um die Verben, bei denen Labialisierung (mit Vokalabsenkung) auftritt (s. hierzu III, 1.1.2).

(7)	*ywaa-gụ̀ ~ yọọ-gụ̀*	'(etwas) Werden'	*a ywáà* 'er ist (es) geworden'
	a ywá-áŋ-à ~ ywá-káŋ-à ~ yọ́-kọ́ŋ-à		(Pl.)
	kwaa-gụ̀ ~ kọọ-gụ̀	'Hassen; Ablehnen'	*a kwáà* 'sie hat (es) abgelehnt'
	a kwá-áŋ-à ~ kọ́-kọ́ŋ-à		(Pl.)
	bọọ-gụ̀	'Sterben'	*a bwâ* 'er ist gestorben'
	a bwa-áŋ-à ~ bwa-káŋ-à		(Pl.).

Ein Plural kann von jedem Verb gebildet werden. Wenige Ausnahmen sind belegt, bei denen ein anderer Wortstamm den Plural ausdrückt. Die beiden Verben (8c) sind nur beim Numerus des Objekts komplementär. Von beiden können bei pluralischem Subjekt regelmäßige Pluralformen gebildet werden.

(8a)	*ji-yò*	'töten'	*laca*	'schlachten; töten (Pl.)' [11]
b)	*di-*	'eintreten (eine Person)'	*te(e)-*	' - (mehrere Personen)'
c)	*ta-*	'ein Objekt fangen'	*rẹ-*	'mehrere Objekte fangen'.

Verben, die nur mit der Pluralform belegt sind, bezeichnen im allgemeinen auch Handlungen, denen eine Dauer oder Pluralität innewohnt. Von ihnen, wie auch von allen anderen pluralisch erweiterten Verben, werden Verbalnomen mit der Nominalklasse 9 *-gụ̀* gebildet, wobei *-gụ̀* an die Erweiterung antritt.

(9)	def.:		VN:
	kuwo-ŋô	'kriechen, krabbeln'	*kuwoŋ-gù*
	kụra-ŋâ	'sammeln, ein- '	*kụraŋ-gụ̀*
	mẹnẹ-ŋâ	'reparieren'	*mẹnẹŋ-gụ̀*
	dwẹẹ-ŋà	'träumen'	*dwẹẹŋ-gụ̀*
	yọrọ-ŋà	'ruhen, rasten'	*yọrọŋ-gụ̀*
	yire-ŋò	'ähneln'	*yireŋ-gù.*

Die Bildung der indef. Form bei Pluralverben läßt sich bezüglich des Suffixmorphems noch nicht eindeutig analysieren. Dieses Problem ist bereits im Abschnitt III, 1.3.3 diskutiert worden. Auf der Oberfläche lassen sich die Varianten *-nẹ ~ -nị* feststellen, die je nach Tonstruktur des Verbs, die beiden für die indef. Form charakteristischen Tonmuster aufweisen. Die Verben sind jeweils in der 3. Pers. Sg. zitiert.

	indef.:		def.:
(10)	*dwẹẹ́-nị̀*	'träumen'	*a dwẹ́ẹ́-ŋà*
	tịyá-nẹ̀	'bedenken'	*a tị́yá-ŋà*
	kaa-nị °	'begegnen'	*a kaa-ŋâ*
	kuwo-ne °	'kriechen'	*a kuwo-ŋô*
	mẹnẹ-nẹ °	'reparieren'	*a mẹnẹ-ŋâ*
	jaa-nị °	'versuchen'	*a jaa-ŋâ.*

11 Interessant erscheint, daß *laca* wahrscheinlich entlehnt ist. Vgl. Tan.: *lagzẹ*; Tera: *laχa*.

5.2. Die Verbalerweiterung *-į́y-*

Alle Verben, die mit der Verbalerweiterung *-į́y-a* ~ *-íy-o* gebildet werden, zeigen das gleiche Tommuster, unabhängig vom Tonmuster des nicht-erweiterten Verbs. Die Semantik dieser Erweiterung kann noch nicht klar umrissen werden. Bei vielen Belegen kommt ihr eine instrumentale Funktion zu.

(11) *a kọ-ọ́ya* 'er hat damit gesehen' (*a kọ* 'er hat gesehen')
a jụk-į́ya 'er hat gezeigt, - gelehrt' (*a jụ́k-á* 'er hat hingedeutet')
a pọŋ-į́ya 'er hat enthüllt' (*a pọ́ŋ-à* 'er ist gefolgt; er hat verehrt')
a pụų́-ya 'er hat zurückgegeben' (*a pụw-a* 'er hat gegeben')
a sį-į́ya 'er hat Zeit verbracht' (*a sə sį́yáų́* 'er hat gesessen')
a tọ-ọ́-ya 'er hat verwässertes Essen dem Hund gegeben' (*a twẹ́-ẹ̀* 'er hat (Essen) (mit Wasser) vermischt') (VN *tọ-gụ̀*).

Vor einem Objekt wird das Erweiterungsmorphem zu *-į́* verkürzt. Bei KVV- Verben bleibt nur der Ton erhalten.

(12) *a yik-íyo* 'er hat herausgenommen'
a yikí nụrẹ 'er hat eine Frau herausgenommen = er hat geheiratet'
a naá-ya 'er hat damit getrunken'
a naá gúndù 'er hat damit Wasser getrunken' (vgl. *a náa gundù* 'er hat Wasser getrunken').

Die Bildung der indef. Form erfolgt bei allen mit *-į́y-* erweiterten Verben mit dem indef. Suffix *-rẹ* ° mit der Varianten *-dẹ* ° nach Nasal, */r/* und */l/* (vgl. III, 1.6.2).[12]

(13) *naa-rẹ* ° 'er trinkt damit' (vgl. *naa-yį* ° 'er trinkt' (indef.)
pọŋ-dẹ ° 'er enthüllt'.

Mehrere Verben sind nur in der mit *-į́y-* erweiterten Form belegt. Bei einigen von ihnen, kann das Suffix selbst in Pausastellung zu *-į́* ~ *-í* verkürzt werden.

	def.:	indef.:	VN	
(14)	*kį-į́-ya*	*kį-į-rẹ* °	*kį-į-gụ̀*	'(zer)brechen'
	lọọ́-ya	*lọọ-rẹ* °	*lọọ-gụ̀*	'füttern'
	cuú-yo	*cuu-re* °	*cuu-gù*	'verkaufen'
	tuú-yo	*tuu-re* °	*tuu-gù*	'spucken; anfangen'
	yik-íyo	*yik-ə-re* °	*yik-ə-gù*	'herausnehmen'
	wụr-į́	*wụr-dẹ* °	*wụr-gụ̀*	'husten'
	wum-í(yo)	*wum-de* °	*wum-gù*	'öffnen'
	swar-į́(ya)	*swar-dẹ* °	*swar-gụ̀*	'ausbreiten'.

12 Bemerkenswert ist die Ähnlichkeit der def. und indef. Suffixe dieser Verben: *-į́ya* ~ *-íyo* / *-rẹ* ~ *-re* mit den entsprechenden Suffixen der KV- Verben (vgl. 4.1).

Die indef. Form ist auch bei diesen Verben mit einem H verbunden, der meist auf der ersten Silbe eines folgenden Objekts realisiert wird. Das Suffix fällt aber nicht ab.

(15)	*naarę gúndù*	'er trinkt damit Wasser' (*a naa gúndù* 'er trinkt Wasser')
	swardę kǫ́wę̀	'sie breitet das Tuch (zum Trocknen) aus'
	cuure néme	'er verkauft Fleisch'.

5.3 Die Verbalerweiterung -*ń*

Die Verbalerweiterung mit dem Morphem -*ń* drückt den Destinativ (Dest.) aus, d.h. eine Verbalhandlung, die in eine bestimmte Richtung, auf etwas drauf, an etwas dran, aus etwas heraus oder in etwas hinein gerichtet ist. Verben, die mit -*ń* erweitert sind, haben alle die gleiche Tonstruktur. Die Suffixe der jeweiligen Verbform treten an die Erweiterung an. Die def. Form wird durch -*a* ~ -*o* markiert.

(16)	*yan-na* (< *yar-na*)	'untergehen (Sonne); hineinfallen; auf etwas landen' (*a yár-à* 'er ist gefallen'; *a yar-á* 'er ist gelandet')
	kę̨ę̨-na	'hin(ein, -auf)jagen' (*a kę́ę̨́* 'er hat verjagt/gejagt').

Der unterliegende Ton des Erweiterungsmorphems ist H. Er wird in syntaktischen Konstruktionen sichtbar. Besonders häufig sind hierbei Konstruktionen, bei denen die Lokativbildungen der Substantive (s. IV, 2.2) verwendet werden.

(17)	*a kę̨ę̨-ná kanę̨*	'er hat (es) in den Raum gejagt'
	a cum-nó swę̨lę́ı̨̀	'er hat (es) auf den (/dem) Stein geschmiedet'
	a par-ná gundû	'er hat (es) ins Wasser gegossen'
	a cęn-ná bwaláų̀[13]	'er hat (es) aufs Feuer gestellt'.

Werden KV- Verben mit dem Dest. erweitert, so tritt vor das Erweiterungsmorphem -*ń* ein velarer Nasal, dessen Herkunft unklar ist (vgl. II, 1.1.3.2).

(18)	*a ku-ŋ-nó bwaláų̀*	'er hat (es) aus dem Feuer gezogen' (*a ku sı̨́i* 'er hat Gras herausgezogen')
	a yę-ŋ-ná kanę̨	'er hat sich in dem Raum aufgewärmt' (*a yę* 'er hat sich aufgewärmt')
	a pǫ-ŋ-ná gundû	'es ist ins Wasser geflossen' (*pǫ-bų* 'es ist nicht geflossen').

Die indef. Form der mit -*ń* erweiterten Verben wird mit dem Suffix -*ı̨* ° gebildet.

13 *cęn-na* < *cęr-na*, vgl. *cęr-a* 'stapeln, oben drauftun'. Hier assimiliert sich das /*r*/ an das /*n*/ des Suffixes. Bei dem vorangehenden Beispiel tritt diese Lautveränderung nicht auf.

(19)	*tẹẹ-n-ị °*	'er gießt hinein'
	dụụ-n-ị °	'es bleibt übrig'
	gundu pọŋ-n-ị́ yọụ	'Wasser fließt in den Fluß'.

5.4 Die Verbalerweiterung *-wẹ́*

Das Erweiterungsmorphem der Altrilokal/Ventiverweiterung (Altr.) *-wẹ́*, das auch erweiterten Verbalstämmen suffigiert werden kann, steht immer am Ende der def. Form. Durch *-wẹ́* wird ausgedrückt, daß die im Verb beschriebene Handlung an einem anderen Ort stattfindet, wobei m.E. ein Bezug der Handlung zum Ort des Sprechakts bzw. dem Ort der Referenz gegeben sein muß. Das gesamte Bedeutungsspektrum dieser Erweiterung bedarf aber noch weiterer Untersuchungen. Die lautgesetzlichen Veränderungen durch *-wẹ́* sind bereits unter II, 2.3.1 und III, 2.2 behandelt worden.

(20)	*a yị́-yà*	'er hat erhalten'	*a yụ́-wẹ́*	'er hat dort erhalten'
	a cuú-yo	'er hat verkauft'	*a cuu-wé*	'... dort ...'
	a tẹ́ẹ̀ (< *tá-yà*)	'er hat gefangen'	*a ta-a*	'... dort ...'
	a yará	'er ist gelandet'	*a yará-á*	'... dort ...'
	a juló	'er ist hinaufgestiegen'	*a juló-ó*	'... dort ...'
	a twiy-o	'er ist hinausgegangen'	*a twii-we*	'... herausgekommen'.

Bei den folgenden Beispielen kommt die Altrilokal/Ventiverweiterung bei bereits erweiterten Verben vor. *-wẹ́* tritt stets an das Ende der Konstruktion.

(21)	*a yara-ŋâ*	'sie sind gelandet' (Pl.)
	a yara-ŋá-á	'sie sind dort gelandet' (Pl.) + (Altr.)
	a tá-w-wà	'er ist gefangen worden' (Intr.)
	a tá-w-wẹ	'er ist dort gefangen worden' (Intr.) + (Altr.)

Zur Bildung der indef. Form wird *-ị °* dem mit *-wẹ́* erweiterten Verb suffigiert. Endet die erweiterte def. Form auf [*ọọ*], [*oo*] oder [*aa*], lautet die Variante *-yị °*, wobei bei KVK- Verben lautgesetzlich die Vokallänge verkürzt wird (s. II, 2.3).

(22)	*a kọ́-ọ́*	'er hat dort gesehen' (def.)	
	kọ́ọ́-yị °	'er sieht dort' (indef.)[14]	(vgl. *kwẹ́ẹ́-yì̩* 'er sieht')
	a twii-we	'er ist herausgekommen' (def.)	
	twiiwe-i °	'er kommt heraus' (indef.)	(*twi(y)-i °* 'er geht hinaus')
	a sụ́ká-á	'er hat dort gestossen' (def.)	
	sụ́ká-yị °	'er stößt dort' (indef.)	(*sụ́k-ị °* 'er stößt').

---

14 = 'er mahlt' (indef.); vgl. 3.3.1.1 (33).

5.5 Die Verbalerweiterung -(*ụ́*)*wà*

Das Erweiterungsmorphem -(*ụ́*)*wà* drückt die Intransitivität bzw. Passivität einer Verbalhandlung aus. Diese Erweiterung tritt in der Regel an das Ende der def. Form.

(23)	*a gọ́ọ̀*	'er hat beendet'
	a gọ́ọ́-wà	'es ist beendet worden; es hat aufgehört'
	a dúm-ò	'er hat gebissen'
	a dúm-(ú)wà	'er ist gebissen worden; es (das Feuer) ist gelöscht worden'
	a tụm-a	'er hat geschickt'
	a tụ́m-ụ́wà	'er ist geschickt worden; es ist zusammengefaßt worden'.

Nur bei KV- Verben tritt bei dieser Erweiterung eine Geminierung von /*w*/ auf, die damit erklärt werden könnte, daß das Erweiterungsmorphem zweisilbig ist, der Vokal (*ụ́*) dann nicht als epenthetisch aufzufassen ist (s. aber II, 1.1.3.2). Bei KV- Verben mit hohem vorderen Stammvokal wird zusätzlich der Vokal nach hinten verschoben.

(24)	*baị a tạ́-w-wà*	'der Hund ist gefangen worden'
	a kọ́-w-wà	'er ist (im "Busch") gesehen worden'
	a bú-w-wà	'er ist geboren (worden)'
	a pụ́-w-wà	'es ist gepflanzt (worden)'.

Die indef. Form wird bei den mit der Intr. erweiterten Verben in der Regel durch Substituierung von -(*ụ́*)*wà* durch die Suffixvarianten *-rẹ* ~ *-dẹ* (nach Nasal, /*r*/ und /*l*/) gebildet.

(25)	*a gọ́ọ́-wà*	'es hat aufgehört'	*goọ́-rẹ̀*	(indef.)
	a rọ́m-wà	'es ist wiedererwacht'	*rọm-dệ*	(indef.)
	a jaŋ-wâ	'er ist müde (geworden)'	*jaŋ-dẹ*	(indef.).

6. BILDUNGEN mit den VERBFORMEN

In den nachfolgenden Abschnitten werden die Bildungen mit den verschiedenen Verbformen beschrieben, wobei nur einfache syntaktische Konstruktionen, die die Bildungsweise jeweils veranschaulichen, berücksichtigt sind.

6.1 Bildungen mit dem Verbalnomen

Mit dem Verbalnomen (VN) (s. 3.1), wird der Progressiv gebildet. Hierbei werden dem VN die Subjektspronomen präponiert. Der Plural wird in der Regel durch das von der Pluralform des Verbs abgeleitete VN (s. 5.1) ausgedrückt. Der tieftonige Auslaut der VN wird im Progressiv H+T fallend realisiert. Er erfährt damit die gleiche tonale Veränderung, wie sie bei der lokativen Bildung festzustellen ist (s. IV, 2.2).[15]

(1) *bịị-gụ̀* 'Schneiden' (Kl. 9) *bịyaŋ-gụ̀* (Pl.) (Kl. 9)
m bịịgụ̂ 'ich bin am Schneiden, ich schneide (gerade)'
ma bịịgụ̂ 'du bist am Schneiden, du schneidest (gerade)'
a bịịgụ̂ 'er ist am Schneiden, er schneidet (gerade)'
yị bịyaŋgụ̂ 'wir sind am Schneiden, wir schneiden (gerade)'
bụ bịyaŋgụ̂ 'ihr seid am Schneiden, ihr schneidet (gerade)'
a bịyaŋgụ̂ 'sie sind am Schneiden, sie schneiden (gerade)'.

Wird ein nominales Objekt angefügt, so sind zwei Bildungsweisen festzustellen. Zum einen kann das Objekt unverändert dem VN folgen, wobei der Konturton im Auslaut des VN aufgelöst wird (2), zum anderen entsteht eine Possessivkonstruktion (3), bei der das VN das Possessum ist. Dem Possessor (dem logischen Objekt) wird dann das Konkordanzsuffix der Nominalklasse (in der Regel Kl. 9) des VN suffigiert.

(2) *a bịịgụ́ neme* 'er schneidet (gerade) Fleisch'
n sụụgụ́ yidè 'ich beobachte (gerade) einen Vogel'
n sọŋmá laị̀ 'ich gehe (gerade) nach Hause'.

(3) *a bịịgụ́ nemû* 'er ist am Schneiden des Fleisches'
n sụụgụ́ yidû 'ich bin am Beobachten des Vogels'.

Wird ein pronominales Objekt angefügt, entsteht ebenfalls eine Possessivkonstruktion (vgl. IV, 4.2):

(4) *a bịịgụ́-yọ́ụ̀* 'er ist bei seinem Schneiden', er schneidet ihn'
n sụụgụ́-mọ́ụ̀ 'ich bin bei deinem Beobachten, ich beobachte dich'.

Vor das VN kann zusätzlich noch die mit dem Konkordanzpräfix gebildete Seinspartikel *-ọ́ọ́* (s. IV, 4.1.3) treten. Hierbei fallen die Subjektspronomen der 3. Pers. Sg.

15 Die gleichen tonalen Unterschiede sind auch zwischen den indef. Formen einiger Verben und den mit dem gleichen Stamm gebildeten Substantiven der Kl. 7 festzustellen (s. IV, 3.3.4 (79)).

und Pl. aus. Der Bedeutungsunterschied zwischen den beiden Bildungen ist nicht bekannt. Vgl. das folgende Beispiel mit einem Verb der Verbalklasse V (s. 4.5):

(5)	*m pą̧sų́ ~*	*ŋ w-ǫ́ǫ pą̧sų́*	'ich bin am Sitzen'
	ma pą̧sų́ ~	*ma w-ǫ́ǫ pą̧sų́*	'du ...'
	a pą̧sų́ ~	*w-ǫ́ǫ pą̧sų́*	'er ...'
	yį pą̧są̧ndį́ ~	*yį b-ǫ́ǫ pą̧są̧ndį́*	'wir ...'
	bų pą̧są̧ndį́ ~	*bų b-ǫ́ǫ pą̧są̧ndį́*	'ihr ...'
	a pą̧są̧ndį́ ~	*pmma b-ǫ́ǫ pą̧są̧ndį́*	'sie ...'.

Weitere Beispiele sind:

(6)	*yidi sǫ́ǫ yemengû ~ yidi yemengû*	'Vögel sind am Fliegen
	sou kǫ́ǫ pą̧tų́ nyínou punú ~ sou pą̧tų́ nyínou punú	'ein Baum steht vorm Haus'.

Die Negation des Progressivs erfolgt durch die Partikel *yaa*, die vor das VN gestellt wird. Das Subjektspronomen der 3. Pers. Sg. und Pl. lautet ø. Der H der Negationspartikel in der 1. Pers. Sg. ist auf den Ton des Pronomens zurückzuführen.

(7)	*n yáa bįįgû̧*	'ich bin nicht am Schneiden, ich schneide gerade nicht'
	ma yaa bįįgû̧	'du bist nicht am Schneiden, du schneidest gerade nicht'
	yaa bįįgû̧	'er ist nicht am Schneiden, er schneidet gerade nicht'.

6.2 Bildungen mit der definiten Verbform

Mit der def. Form (s. 3.2) werden der Imperativ, das Perfekt, die Negation des Perfekts und der Subjunktiv gebildet.

6.2.1 Der Imperativ

Der Imperativ wird mit der def. Form ausgedrückt. Der imperative Plural wird durch das Subjektspronomen *bų* angezeigt. Vor der imperativen Verbalform ist ein T anzusetzen, da ein H auf der ersten Silbe des Verbs regelmäßig NH realisiert wird.

(8)	*sųka*	'stoß!'	*bų sųka*	'stoßt!'
	sųka-ngę́	'stoß mich!'	*sųka gúnò*	'stoß die Ziege!'
	juló	'steig herab!'	*bu juló*	'steigt herab!'

Die Imperativform der Verben der Verbalklasse V (s. 4.5) zeigt das suffigierte Pronominalelement der 2. Pers. Sg. bzw. Pl.

(9) *ge-mnò* 'besteige!' *sə̣-m sị́yáų́* 'setz dich!'
te-mbərò 'tretet ein!'.

6.2.2 Das Perfekt

Zur Bildung des Perfekts werden der def. Form Subjektspronomen präponiert, die das folgende spezifische Tonmuster aufweisen:

(10)				
	n°	1. Pers. Sg.	*yị*ˋ	1. Pers. Pl.
	*ma*ˋ	2. Pers. Sg.	*bų*ˋ	2. Pers. Pl.
	a	3. Pers. Sg.	*a*	3. Pers. Pl.

Dem Pronomen der 1. Pers. Sg. folgt ein H, der auf der ersten Silbe des folgenden Verbs (oder Morphems) realisiert wird. Im Auslaut der Pronomen der 2. Pers. Sg. und der 1. und 2. Pers. Pl. steht ein T, der einen nachfolgenden H auf NH absenkt. Das Pronomen der 3. Pers. Sg. und Pl. trägt unterliegend einen H (oder keinen Ton ?). Nach *a* kommt ein unterliegender H auf der ersten Silbe des Verbs zum Vorschein. Der Ton des Verbs kann allerdings bereits durch Suffixe modifiziert sein. Der Einfluß der Pronomen auf den Ton des Verbs kann an den Verben der Vkl. III gezeigt werden.

(11)	*m móndo*	'ich habe vergessen'	(Vkl. IIIa)
	ma mondo	'du hast vergessen'	
	a móndó	'er hat vergessen'.	
(12)	*m pára*	'ich habe gegossen'	(Vkl. IIIb)
	ma para	'du hast gegossen'	
	a para	'er hat gegossen'.	
(13)	*n yárá*	'ich bin gelandet'	(Vkl. IIIc)
	ma yará	'du bist gelandet'	
	a yará	'er ist gelandet'.	
(14)	*n yár-à*	'ich bin gefallen'	(Vkl. IIIe)
	ma yar-à	'du bist gefallen'	
	a yár-à	'er ist gefallen'.	

Die Negation des Perfekts erfolgt durch Suffigierung der Partikel *-bų*. Ein Subjektspronomen der 3. Pers. wird in der Negation segmental nicht realisiert, scheint aber tonal als T vorhanden zu sein, da auch hochtonige Verben stets NH anlauten.

(15)	*m móndo-bu* °	'ich habe nicht vergessen'	(IIIa)
	ma mondo-bu °	'du ...'	
	mondo-bu °	'er...'.	

(16) *m pára-bų °* 'ich habe nicht ausgegossen'(IIIb)
ma para-bų ° 'du ...'
para-bų ° 'er...'.

(17) *n yárá-bų °* 'ich bin nicht gelandet' (IIIc)
ma yará-bų ° 'du ...'
yará-bų ° 'er ...'.

(18) *n yár-bų̀* 'ich bin nicht gefallen' (IIIe)
ma yar-bų̀ 'du ...'
yar-bų̀ 'er ...'.

-bų ° ist bei (15) - (17) unterliegend mit einem freien H [°] verbunden, der den anlautenden Ton eines folgenden Objektes beeinflußt (vgl. II, 4.2.2).

(19) *mondo-bu láa* 'er hat das Haus nicht vergessen'
para-bų gúndù 'er hat das Wasser nicht ausgegossen'.

6.2.3 Der Subjunktiv

Der Subjunktiv wird mit der def. Form gebildet. Die hierbei verwendeten Subjektspronomen unterscheiden sich in der 1. und 2. Pers. von denen des Perfekts durch ihr konträres Tonmuster (vgl. (10) oben).

(20)				
	n	1. Pers. Sg.	*yį °*	1. Pers. Pl.
	ma °	2. Pers. Sg.	*bų °*	2. Pers. Pl.
	ba	3. Pers. Sg.	*ba*	3. Pers. Pl.

Die 2. Pers. Sg. und die 1. und 2. Pers. Pl. der Subjektspronomen, die im Perfekt einen nachfolgenden H auf NH absenken, zeigen hier einen folgenden H, wie er beim Perfekt in der 1. Pers. Sg. zu beobachten ist. Die Subjektspronomen der 1. Pers. Sg. und der 3. Pers. Sg. und Pl. entsprechen sich tonal und sind, wie die 3. Pers. Sg. und Pl. des Perfekts unterliegend hochtonig (oder tonal nicht markiert ?). Die 3. Personen des Subjunktivs unterscheiden sich durch ein anderes Morphem (*ba*) von der Perfektform. Die Negation erfolgt mit einer Bildung der indef. Form (s. 6.3.3).

(21) *m móndó* 'ich möge vergessen' (IIIa)
ma móndo 'du mögest ...'
ba móndó 'er möge ...; sie mögen ...'.

(22) *m para* 'ich möge giessen' (IIIb)
ma pára 'du mögest ...'
ba para 'er möge ...; sie mögen ...'.

(23)	*n yará*	'ich möge landen'	(IIIc)
	ma yárá	'du mögest ...'	
	ba yará	'er möge ...; sie mögen ...'.	
(24)	*n yár-à*	'ich möge fallen'	(IIIe)
	ma yár-à	'du mögest ...'	
	ba yár-à	'er möge ...; sie mögen ...'.	

6.3 Bildungen mit der indefiniten Verbform

Mit der indef. Form (s. 3.3) werden das Präsens, das Futur, die Negationen des Präsens und des Futurs, sowie die Negationen des Imperativs und Subjunktivs gebildet.

6.3.1 Das Präsens

Das Präsens wird mit der indef. Form ausgedrückt. Die präponierten Subjektspronomen scheinen den Ton der Verbform nicht zu beeinflußen. Das Pronomen der 3. Personen lautet ø.

(25)	*ŋ gẹl-dị̂*	'ich zerbreche'
	ma mónd-i °	'du vergißt'
	jẹ́ẹ́-yị̀	'er ißt'
	yị naa-yị °	'wir trinken'
	bụ ta-rẹ °	'ihr fangt'
	pịyá-nẹ	'sie pflanzen'.

Die Negation des Präsens wird mit der Negationspartikel (dem negativen Seinsverb ?) *yáá* und der indef. Form des Verbs gebildet. Das Subjektspronomen der 3. Pers. Sg. und Pl. lautet ø. Der tonale Einfluß der Subjektspronomen (einschließlich ø der 3. Pers.) auf die Negationspartikel gleicht dem, wie er im Perfekt bei einem KV(K)V- Verb festzustellen ist (vgl. (10)-(11) oben).

(26)	*n yáà gẹl-dị̂*	'ich zerbreche nicht'
	ma yaa mónd-i °	'du vergißt nicht'
	yáá jẹ́ẹ́-yị̀	'er ißt nicht'
	yị yaa naa-yị °	'wir trinken nicht'
	bụ yaa ta-rẹ °	'ihr fangt nicht'
	yáá pịyá-nẹ	'sie pflanzen nicht'.

6.3.2 Das Futur

Bei der Bildung des Futurs wird der indef. Form das Morphem *-wẹ́ị̀* suffigiert, das wahrscheinlich aus *-ọ́ọ̀-* und der Markierung der indef. Form *-ị* zusammengesetzt ist.

(27)	*ŋ gẹldụ́-wẹị̀*	'ich werde zerbrechen'
	ma móndú-weì	'du wirst vergessen'
	jẹ́ẹ́-wẹị̀	'er wird essen'
	yị naa-wẹ́ị̀	'wir werden trinken'
	bụ tarụ́-wẹị̀	'ihr werdet fangen'
	pịyánụ́-wẹị̀	'sie werden pflanzen'.

Die Negation des Futurs wird mit hochtonigen Subjektspronomen und der indef. Form gebildet. Das Pronomen der 3. Pers. lautet hier *ná*.

28)	*ŋ́ gẹldî*	'ich werde nicht zerbrechen'
	má mónd-i °	'du wirst nicht vergessen'
	ná jẹ́ẹ́-yì	'er wird nicht essen'
	yí naa-yị °	'wir werden nicht trinken'
	bụ́ ta-rẹ °	'ihr werdet nicht fangen'
	ná pịyá-nẹ	'sie werden nicht pflanzen'.

6.3.3 Die Negation des Imperativs und Subjunktivs

Die Negation sowohl des Imperativs als auch des Subjunktivs erfolgt durch die Suffigierung von *-yà* an die indef. Form. Das Pronomen *ba* der 3. Pers. des Subjunktivs wird auch in der Negation verwandt. Bei KVV- Verben kontrahiert das Suffix *-yị* der indef. Form mit dem Suffix der Negation.

(29)	*sụkị-yâ*	'stoß nicht!'
	dumi-yà	'beiß nicht!'
	bu dumi-yà	'beißt nicht!'
	ma táárị-yà	'du sollst nicht verbrennen'
	ba náá-yà	'er soll nicht trinken' (*naa-yị* (indef.)).

ANHANG

UNTERSCHIEDE ZWISCHEN DEM EBENEN- UND DEM BERGDIALEKT DES WAJA

1. Ein umfassender Vergleich der Hauptdialekte des Waja, die - hier frei nach ihren jeweiligen Hausanamen - Ebenenwaja ('Wajan Kasa') und Bergwaja ('Wajan Dutse') genannt werden, ist zum gegenwärtigen Forschungsstand noch nicht möglich.[1] Im folgenden werden einige der bislang bekannten Unterschiede und Abweichungen aufgezeigt, die zwischen dem Ebenen- und Bergwaja bestehen. Einige dieser Unterschiede wurden bereits bei der Darstellung verschiedener phonologischer und morphologischer Prozesse innerhalb dieser Arbeit angesprochen.

Aus dem vorliegenden Material geht u.a. hervor, daß innerhalb des Bergwaja die Dialektvariante von Degri und Sikam sich wesentlich stärker vom Ebenenwaja unterscheidet als die von Kulani, obwohl Kulani als deren Tochtersiedlung bezeichnet wird. Auf diese Unterschiede wird hier aber nicht weiter eingegangen.

2. Unterschiede in der Lexik

Beiden Dialekten sind jeweils eine Anzahl von Lexemen eigen, die im jeweils anderen Dialektgebiet vielfach bekannt sind, aber nicht verwendet werden. Beispiele sind:

	Ebenenwaja	Bergwaja	
(1)	*kụụ*	*podou*	'Knochen'
	kụmbə̣rẹ̀	*tụŋanẹ̀*	'Nabel'
	sọrọ	*kutune*	'kleine Kalebasse'
	ciŋu	*cipe*	'Berg'
	kengóú	*tereŋu*	'Flügel'
	bapéro	*jaáŋà*	'Geier'
	barẹkẹ	*gaŋta*	'Krebs'
	badẹŋtà	*weŋerí*	'Skorpion'
	mondo	*tarị*	'vergessen'.

3. Unterschiede in der Phonologie

Phonologisch unterscheiden sich die Lexeme des Berg- und des Ebenenwaja überwiegend im Wortinlaut und -auslaut. Obwohl das Material die Aufstellung regelmäßiger Lautverschiebungen noch nicht zuläßt, können doch die folgenden Tendenzen und Entsprechungen aufgezeigt werden. Sie sind für die Morphologie, insbesondere für die Diskussion der Klassensuffixe von großer Bedeutung. Unterschiedliche tonale Realisierungen bleiben unberücksichtigt.

---

1 Zu den Dialekten des Waja s. die Abschnitte I, 2.1, I, 2.2 und I, 2.7.

3.1 Unterschiede bei den Konsonanten

Die pränasalierten Plosive des Ebenenwaja entsprechen in der Regel im Bergwaja einem einfachen Nasal der gleichen Artikulationsstelle. Man kann davon ausgehen, daß erstere im Bergwaja keine Phoneme sind. Beispiele:

	Ebenenwaja	Bergwaja	
(2)	/mb/	/m/	
	gumbul-gù	*gumul-gù*	'Rollen'(VN)
	cịya-mba	*cịya-ma*	'Geschwister'
	dạmbạrẹ	*dạmrẹ*	'Kraft, Stärke'
	/nd/	/n/	
	gundù	*gunù*	'Wasser'
	bəndóú	*binóú*	'Speicher'
	landị	*lanị*	'Baumwolle'
	/ng/	/ŋ/	
	nungù	*nuŋù*	'Öl'
	tangà	*taŋà*	'Rind'
	nyangụ̀	*nyaŋụ̀*	'Sonne, Tag'.

Einige Beispiele sind aber auch vorhanden bei denen das Ebenenwaja /*mb*/ das Bergwaja dagegen ein /*b*/ aufweist.

	Ebenenwaja	Bergwaja	
(3)	*nambarẹ*	*nabarẹ*	'Mann; männlich'
	laa-mbạ́rụ́	*laa-bạ́rụ́*	'euer Haus'.

Intervokalischem /*g*/ des Ebenenwaja entspricht häufig /*k*/ im Bergwaja.

	Ebenenwaja	Bergwaja	
(4)	*cọọgẹ̀*	*cọọkẹ̀*	'Schlange'
	kaagẹ	*kaakẹ*	'Kalebasse'
	yagáụ̀	*yakáụ̀*	'Grenze'
	rạgaụ	*rịkaụ*	'Bogen'.

Bei den folgenden Beispielen, scheint im Ebenenwaja /*k*/ zu einem Gleitlaut abgeschwächt bzw. nach Abschwächung durch Kontraktion ganz ausgefallen zu sein.

	Ebenenwaja	Bergwaja	
(5)	*cwiyo*	*cuko*	'Huhn'
	yọụ	*yọkụ*	'Fluß'
	kaụ̀	*kakụ̀*	'Gesicht'
	tụụ	*tụkụ*	'Dorn'.

Die letztgenannten Beispiele sind sprachhistorisch interessant, da *-kụ̀* als ein erstarrtes Nominalklassensuffix anzusehen ist (s. 4.4 unten).

Eine Abschwächung bzw. der Verlust des Merkmals [Obstruent] im Ebenenwaja ist auch bei den Beispielen (6) anzunehmen, bei denen ein */w/* im Ebenenwaja einem labialen Verschlußlaut (*/b/* oder */p/*) im Bergwaja entspricht.

	Ebenenwaja	Bergwaja	
(6)	*kuuwà*	*kuubò*	'Diebe'
	rụngụwà	*rụŋbà*	'Gäste'
	tụwẹ̀	*tạpẹ̀*	'Maus, Ratte'
	sowu	*sobu*	'Baum, Holz'.

Ein Unterschied im Anlaut tritt bei vier Belegen auf, bei denen im Bergdialekt jeweils der Glottal */h/* steht, der im Bergwaja vermutlich ein Phonem ist. */h/* kommt im Ebenenwaja nur in Fremdwörtern vor. Bei den Beispielen (7) entspricht Bergwaja */h/* einer Lautfolge im Ebenenwaja, die wie ein lateraler Frikativ [*tl*] realisiert wird und überhaupt nur bei diesen drei Lexemen belegt ist (s. II, 1.4.2). Für 'Schleuder' wird im Bergwaja überwiegend *kwarẹrẹ* und selten *hịlà* gebraucht. Zur Pluralform des zweiten Beispiels des Bergwaja siehe den folgenden Absatz. Die Entsprechung (8) ist nicht noch einmal belegt. Es könnten auch nicht-verwandte Lexeme sein.

	Ebenenwaja	Bergwaja	
(7)	*tlà / tạl-rị*	(*hịlà*) ~ *kwarẹrẹ*	'Schleuder'
	tle / təl-ri	*hile / hil-li*	'Leopard'
	tlá	*hịlan-gụ̀* (VN, Pl.)	'lernen'.
(8)	*ba-pmme* (< *ba-pəme*)	*ba-həme*	'taube Person'.

Im Ebenenwaja tritt bei einer Anzahl Substantive mit stammauslautendem */l/*, durch den Einfluß eines anzunehmenden alten Pluralsuffixes *-rị* bedingt, eine Lautveränderung auf. */l/* assimiliert sich an den Vibranten des Suffixes, der hier einschlägig [ɾ] artikuliert wird. Bei KV*l*- Wortstämmen wird das Ergebnis dieses Prozesses wie eine Dehnung des vorausgehenden Vokals realisiert. (Diese Artikulation wird mit der angenommenen phonematischen Lautfolge */l/*+*/r/* wiedergegeben; vgl. III, 1.5). Im Bergwaja bleibt dagegen in den Pluralen der stammauslautende Lateral erhalten, wird aber geminiert. Hier ist ein anderer Prozeß, eine Assimilierung des */r/* an den Lateral anzunehmen; alternativ wäre von einem weiterem Pluralsuffix *-lị* auszugehen, das aber nur bei diesen Substantiven (nach stammauslautendem */l/*) vorkommt. Die Entsprechung ist jedenfalls regelmäßig (vgl. auch (7)).

	Ebenenwaja	Bergwaja	
(9)	*mạl-à / mạl-rị*	*mịl-à / mịl-lị*	'Jahr'
	kwal-ụ / kwal-rị	*kwal-ụ / kwal-lị*	'Seite'
	kọl-ọ̀ / kọl-rị	*kọ́l-ọ̀ / kọ́l-lị*	'Trommel'.

3.2 Unterschiede bei den Vokalen

Beide Dialekte des Waja weisen Vokalharmonie auf (vgl. II, 2.) Die Anzahl der Vokalphoneme ist nach den bisherigen Erkenntnissen die gleiche. Ein Unterschied ist jedoch bei */a/* zu beobachten, das im Ebenenwaja (zumindest in der Dialektvarianten von Dong und Talasse) in bestimmten Suffixen neutral ist, d.h. mit beiden Vokalklassen auftreten kann. Diese Suffixe sind u.a. die Nominalklassensuffixe der Kl. 2(a) (Plurale der Menschenklasse) und 12 (Massen, Flüssigkeiten usw.). Im Bergdialekt hingegen scheint */a/*, nach dem vorliegenden Material in diesen Nominalsuffixen, nicht neutral zu sein und nur bei engen Stammvokalen auftreten zu können (10). Bei weiten Stammvokalen lautet der Suffixvokal (vokalharmonisch bedingt) immer */o/* (11).

	Ebenenwaja	Bergwaja	
(10)	*cịya-mba*	*cịya-ma*	'Geschwister'
	kaa-mba	*kaa-ma*	'Nebenfrauen'
	nyịị-ma	*nyịị-ma*	'Muttermilch'.

	Ebenenwaja	Bergwaja	
(11)	*kuu-wà*	*kuu-bò*	'Diebe'
	sii-mba	*sii-mo*	'Schwieger-'
	rii-ma	*rii-mo*	'Lachen'.

Eine weitere Besonderheit der Vokalharmonie des Bergwaja ist, daß bei den Substantiven der Kl. 2 und 12 mit Stammvokal */ọ/* die Suffixvariante ebenfalls den Vokal */ọ/* enthält.

	Ebenenwaja	Bergwaja	
(12)	*kọn-ba*	*kọn-bọ*	'Brüder der Mutter'
	sọŋ-mà	*sọm-mọ̀*	'Reise'
	gọ-mà	*gọ́-mọ̀*	'Samen'.

Diese phonologische Gesetzmäßigkeit tritt im Ebenenwaja zwar auch auf, sie ist jedoch auf die Singularklasse 3a beschränkt. In dieser Klasse zeigen die Suffixe beider Dialekte die gleichen vokalharmonischen Gesetzmäßigkeiten.

	Ebenenwaja	Bergwaja	
(13)	*tang-à / tang-ị̀*	*taŋ-à / táŋ-ị̀*	'Rind'
	gun-ò / gun-ì	*gun-ò / gwin-ì*	'Ziege'
	kọl-ọ́ọ̀ / kọl-ị́ị̀	*kọl-ọ́ / kọl-ị́ị̀*	'Hahn'.

Für den Bereich der verbalen Morphologie, für den jedoch noch nicht alle relevanten Formen im Bergwaja vorliegen, ist der gleiche vokalharmonische bzw. assimilatorische Prozeß im Bergwaja auch für das Suffix der definiten Verbform belegt, während im Ebenenwaja hierbei nur *-o* und *-a* als Suffixe auftreten.

	Ebenenwaja	Bergwaja	
(14)	*bọnd-á*	*bọn-ọ́*	'ruhig sein'
	kọmc-a	*kọmc-ọ*	'kauen'
	bụt-á	*bwịt-á*	'verrotten'
	pə̣r-a	*pə̣r-a*	'fragen'
	ji-yò	*ji-yò*	'töten'.

Unterschiedlich wird auch das Subjektspronomen der 2. Pers. Sg. realisiert, das im Bergwaja die vokalharmonisch bedingten Varianten *mo* ~ *mọ* aufweist, während es im Ebenenwaja überwiegend *ma* lautet. Hier sind aber Unterschiede innerhalb des Ebenenwaja gegeben. *mo* ~ *mọ* scheint ebenfalls in Gelengu gebraucht zu werden. Zudem wird *ma* vor weiten Stammvokalen alternativ auch mit [ɐ] einem weiten Allophon von /*a*/ realisiert (s. II. 2.4.2). Im Gegensatz zu /*o*/ und /*ọ*/ ist [ɐ] aber kein Phonem.

	Ebenenwaja	Bergwaja	
(15)	*ma sọma*	*mọ sọmọ*	'du kennst'
	ma pə̣ra	*mọ pə̣ra*	'du hast gefragt'
	ma jiyò ~ *mɐ jiyò*	*mo jiyò*	'du hast getötet'.

Die hohen hinteren Vokale /*u*/ und /*ụ*/ des Ebenenwaja entsprechen im Bergwaja bei einer Anzahl von Lexemen einem labialisierten Konsonanten plus folgendem vorderen Vokal. Mehrere dieser Beispiele des Bergwaja können durch ein suffigiertes -*ị* und einen Labialisierungsprozeß erklärt werden.[2] Unklar sind dagegen Entsprechungen wie sie die beiden letztgenannten Beispiele unter (16) zeigen.

	Ebenenwaja	Bergwaja	
(16)	*nu-ŋè / nu-ndì*	*nu-ŋè / nwi-nì*	'Auge'
	kuné-ì	*kwin-î*	'Oberschenkel'
	gụla-ị̀	*gwịl-ị̀ / gụl-aŋị*	'Busch'
	cụn-a	*cwịn-a*	'Axt'
	bụtá	*bwịtá*	'verrotten'.

Ein Suffix -*ị* kommt in beiden Wajadialekten in mehreren Nominalklassen vor. Während im Ebenenwaja bei vokalischem Stammauslaut Vokalsequenzen auftreten, wird im Bergwaja ein auslautender Vokal häufig durch das Suffix ersetzt.

	Ebenenwaja	Bergwaja	
(17)	*jụwa / jụwa-ị*	*jụw-a / jụw-ị*	'Heupferd'
	gwẹrẹ-ị̀ / gwịya-ndi	*gwẹr-ị̀ / gwẹr-ẹŋị*	'Pferd'
	gụla-ị̀	*gwịl-ị̀ / gụl-aŋị*	'Busch, Wildnis'.

2 Vgl. hierzu den Prozeß der Labialisierung im Ebenenwaja, bei dem bei Lexemen mit der Struktur KV- (V = hinterer gerundeter Vokal) durch ein suffigiertes -*ị* der erste Konsonant labialisiert und der folgende hintere Vokal palatalisiert wird. Im Gegensatz zum Ebenenwaja scheint dieser Prozeß im Bergwaja auch dann erfolgen zu können, wenn zwischen Suffix und erstem Konsonanten ein weiterer Konsonant (Sonorant?) steht.

4. Unterschiede in der Morphologie

Morphologische Unterschiede können auf der Basis des vorliegenden Materials nur für den Bereich der Nominalklassensuffixe dargestellt werden. Für die diachrone Betrachtung des Nominalklassensystems sind die Abweichungen von großer Bedeutung. Einige der Unterschiede sind bereits unter ihren phonologischen Aspekten behandelt worden, so daß in einigen Fällen Wiederholungen gegeben sind.

4.1 Unterschiede in der Kl. 2 und 2a

Die unterschiedlichen Klassensuffixe des Plurals der Menschenklasse sind überwiegend phonologisch zu erklären (s. (6) und (10)-(12) oben).

	Ebenenwaja	Bergwaja	
(18)	*kuu-wà*	*kuu-bò*	'Diebe'
	rụngụ-wà	*rụŋ-bà*	'Gäste'
	sii-mba	*sii-mo*	'Schwieger-'
	nụrụ-mba	*nụrụ-ba*	'Frauen'.

4.2 Unterschiede in der Kl. 4

Das Suffix der Kl. 4 lautet im Ebenenwaja *-ndị*. In den Dialekten von Degri und Sikam weisen die entsprechenden Belege des Bergwaja das Suffix *-nị* auf. Diese Entsprechung ist regelmäßig und wurde bereits dargestellt (vgl. (3) oben)). Beispiele für die Klassenpaare 3/4 (19) und 5/4 (20) sind:

	Ebenenwaja	Bergwaja	
(19)	*nu-ŋè / nu-ndì*	*nu-ŋè / nwi-nì*	'Auge'
	ne-me / ne-ndi	*ne-me / ne-ni*	'Fleisch, Tier'.
(20)	*yụụ / yụụ-ndị*	*yụụ / yụụ-nị*	'Matte'
	kọm-ọụ / kọmdị[3]	*kọm-ọụ / kọm-nị*	'Leichnam'
	nyin-ou / nyin-ndi	*nyin-ou / nyin-ni*	'Weg'.[4]

3 Nach einem Nasal wird häufig die Nasalität von reduziert.

4 Diese Beispiele des Bergwaja stammen aus einer Wortliste des Dialektes von Sikam. Nach einer anderen Liste aus Kulani, kommt auch dort in einigen Fällen *-ndị* als Pluralsuffix vor, so z.B. bei diesem Beispiel, dessen Plural identisch mit dem des Ebenenwaja lautet.

4.3 Unterschiede im Klassenpaar 7/8

Das Suffix *-ndị* kommt im Ebenenwaja auch in der Kl. 8 vor. Entsprechend steht im Bergwaja das Suffix *-nị*, wobei für den Dialekt von Sikam noch die Variante *-nụ* belegt ist.

	Ebenenwaja	Bergwaja	
(21)	*kẹn-ẹ̀ / kẹn-ẹ-ndị*	*kẹn-ẹ̀ / kẹnẹ-nị*	'Eisen, Geld'
	lak-ị̀ / lak-ə̣-ndị	*lakị̀ / lak-ụ-nụ*	'Hacke'.

Ein weiteres Pluralsuffix dieses Klassenpaares lautet im Bergwaja *-wị̀*. Die Variante *-wị̀* ist für das Ebenenwaja in einigen Fällen als 'alte Form' belegt (s. IV, 3.3.4.1.1 (96)).[5]

	Ebenenwaja	Bergwaja	
(22)	*nịị / nịy-aŋị*[6]	*nịị / nịị-wị*	'Mahlstein'
	dwii / dwi-yoŋi ~ du-wi	*dwii / dwi-wi*	'Kopf'.

Unterschiede im Singular stellen die bereits unter (17) zitierten Beispiele dar, bei denen offenbar im Ebenenwaja das Klassensuffix *-ị̀* an den Stammvokal antritt, während im Bergdialekt das Suffix den letzten Vokal ersetzt. Das letztgenannte Beispiel stellt morphologisch in jedem der Dialekte eine Ausnahme dar. Hier weicht auch der Beleg von Sikam deutlich von dem von Kulani ab.

	Ebenenwaja	Bergwaja	
(23)	*gwẹrẹ-ị̀ / gwịya-ndị*	*gwẹr-ị̀/ gwẹr-ẹŋị*	'Pferd'
	gụla-ị̀ / gụla-ŋị	*gwịl-ị̀ / gụl-aŋị*	'Wildnis, Busch'
	swẹlẹị̀ / swaarə̣ŋị	*swịlị̀ / swaalị*	'Stein' (Sikam)
		swẹl-ị̀ / swaalaŋị	(Kulani).

4.4 Unterschiede im Klassenpaar 9/10

Im Ebenenwaja lautet das Suffix der Kl. 9 überwiegend *-ụ̀*. Als Hinweis auf die frühere Form des Suffixes (Velar + /ụ/) können die Suffixe der Verbalnomen (*-gụ̀*) angesehen werden, die ebenfalls in dieser Klasse enthalten sind.

	Ebenenwaja	Bergwaja	
(24)	*jẹ-gụ̀*	*jẹ-kụ̀*	'Essen' (VN)
	gumbul-gù	*gumul-gù*	'Rollen' (VN).

---

5 In den Manuskripten der Missionare, die in den Jahren nach 1923 in Gelengu verfaßt wurden, finden sich ebenfalls mehrere Plurale mit *-wi*.

6 Diese Pluralform ist auch in einer Wortliste aus Kulani enthalten (s. Fußnote 4 oben).

Auf die Entsprechung Ebenenwaja /*g*/ zu Bergwaja /*k*/ in intervokalischer Position wurde bereits unter (4) oben hingewiesen. Unter (5) wurden Substantive zitiert, bei denen intervokalisches /*k*/, das im Bergwaja noch vorhanden ist, im Ebenenwaja vermutlich ausgefallen bzw. abgeschwächt ist. Die Entsprechung:

	Ebenenwaja: KV.*ụ*	Bergwaja: KV.*kụ*	
(25)	*yọụ / yọụ-rị*	*yọkụ / yọkụ-rị*	'Fluß'
	tụ-ụ / tụ-rị	*tụkụ / tụkụ-rị*	'Dorn'

ist nur bei Substantiven der Kl. 9 festzustellen und ist darüber hinaus nur bei Belegen mit dieser Struktur belegt. Es kann davon ausgegangen werden, daß hier ein altes, z.T. 'erstarrtes' Klassensuffix vorliegt, das im Bergwaja in einer älteren Form bewahrt wurde. Das Beispiel (26) zeigt für das Bergwaja noch den angenommenen 'alten' Singular-/Pluralsuffixwechsel.

	Ebenenwaja	Bergwaja	
(26)	*kụ-ụ / kụ-rị*	*kụ-kụ / kụ-rị*	'Haar'.

Von den bereits dargestellten phonologischen Unterschieden abgesehen, entsprechen sich die übrigen Belege dieses Klassenpaars. Lediglich das Pluralsuffix *-rị*, das für beide Dialekte belegt ist, hat in Sikam zusätzlich noch die Variante *-rụ*.

	Ebenenwaja	Bergwaja	
(27)	*bụụ̀ / bụụ-rị*	*bụụ̀ / bụụ-rị ~ bụụ-rụ*	'Pfeil'
	naa-wụ̀ / mwa-rị	*naa-wụ̀ / mwa-rị ~ ma-rụ*	'Bein, Fuß'.

4.5 Unterschiede in der Kl. 12

Die interdialektalen Unterschiede dieser Klasse, die die gleichen Konkordanzzeichen wie die Kl. 2 (Plural der Menschenklasse) aufweist, sind überwiegend phonologischer Natur und sind bereits oben angeführt worden. Das Klassensuffix lautet im Ebenenwaja vokalharmonisch neutral stets *-mà*. Im Bergwaja ist die Form des Suffixes von der Vokalharmonie abhängig und hat die Varianten *-mà ~ -mò ~ -mọ̀*; letztere jedoch nur, wenn auch der Stammvokal /*ọ*/ lautet.

	Ebenenwaja	Bergwaja	
(28)	*nyịị-ma*	*nyịị-ma*	'Muttermilch'
	rii-ma	*rii-mo*	'Lachen'
	gọ-mà	*gọ́-mọ̀*	'Samen'.

LITERATURVERZEICHNIS

Abraham, R. C. [2]1962. *Dictionary of the Hausa Language*. London.

Adwiraah, E. 1989. *Grammatik des Gworok (Kagoro)*. Frankfurt am Main.

Anonymus. 1954. Grammar of the Tula language. (By a Missionary). *Afrika und Übersee* 39: 101-118, 149-168. [Verfaßt von J. Hall vor 1939].

Bendor-Samuel, J. 1986. Niger-Congo today. In: Elson, B. F. (Hrsg.). *Language in Global Perspective*: 587-599.

Bennett, P. R. 1983. Adamawa-Eastern: problems and prospects. In: Dihoff, I. R. (Hrsg.). *Current Approaches to African Linguistics* 1: 23-48.

Boyd, R. 1974. *Etude comparative dans le groupe Adamawa*. Paris.

Boyd, R. 1978. Les langues Adamawa. In: Barreteau, D. (Hrsg.). *Inventaire des études linguistiques sur les pays d'Afrique Noire d'expression française et sur Madagascar*: 178-194. Paris.

Boyeldieu, P. 1983. Vestiges de suffixes de classes nominales du groupe Boua (Tchad - Adamawa-13 de J. H.Greenberg). In: Kaye, J. and H. Koopman, D. Sportiche, A. Dugas (Hrsg.). *Current Approaches to African Linguistics* 2: 3-15.

Clements, G. N. and J. Goldsmith. 1984. Autosegmental studies in Bantu tone: Introduction. In: Clements, G. N. and J. Goldsmith (Hrsg.). *Autosegmental Studies in Bantu Tone*: 1-17.

De Wolf, P. P. 1971. *The Noun Class System of Proto-Benue-Congo.* Den Haag.

Goldsmith, J. 1976. *Autosegmental Phonology*. Indiana University Linguistics Club.

Greenberg, J. H. 1955. *Studies in African Linguistic Classification.* (Reprinted from the Southwestern Journal of Anthropology). Branford.

\- 1963. *The Languages of Africa*. Den Haag.

Guthrie, M. 1967-71. *Comparative Bantu. An Introduction to the Comparative Linguistics and Prehistory of the Bantu Languages.* 4 Bände. Farnborough.

Hall, J. 1944. *From Cannibalism to Christ.* New York - Toronto.

\- ohne Jahr [s. Anonymus. 1954].

Hansford, K. and J. Bendor-Samuel, R. Stanford. 1976. An index of Nigerian languages. *Studies in Nigerian Languages* 5.

Hoffmann, C. 1963. *A Grammar of the Margi Language.* London.

- 1976. The languages of Nigeria compiled by language family. In: Hansford, K. and J. Bendor-Samuel, R. Stanford. An index of Nigerian languages. *Studies in Nigerian Languages* 5. Appendix 1: 169-190.

Isa Manassah Daniel J. 1979. Conception of illness among the Waja people. Unveröffentlichte B.Sc. Thesis. University of Maiduguri.

Jungraithmayr, H. 1968/69. Class Languages of Tangale-Waja District. *Afrika und Übersee* 52: 161-204.

- 1971. The Tangale vowel harmony system reconsidered. *Journal of African Languages* 10: 28-33.

- 1991. *A Dictionary of the Tangale Language. (Kaltungo, Northern Nigeria).* Berlin.

Jungraithmayr, H. und W. J. G. Möhlig (Hrsg.). 1983. *Lexikon der Afrikanistik. Afrikanische Sprachen und ihre Erforschung.* Berlin.

Jungraithmayr, H. and K. Shimizu. 1981. *Chadic Lexical Roots. (A first evaluation of the Marburger Chadic Word Catalogue), vol. II, Tentative Reconstruction, Grading and Distribution.* Berlin

Kenstowicz, M. and M. Kidda. 1987. The obligatory contour principle and Tangale phonology. In: Odden, D. (Hrsg.). *Current Approaches to African Linguistics* 4: 223-238.

Kidda, M. 1985. Tangale phonology: A descriptive analysis. Unveröffentlichte Ph.D. Dissertation. University of Illinois.

Kleinewillinghöfer, U. 1982. Untersuchungen zum Waja, einer Adamawa-Spache Nordostnigerias. Unveröffentlichte Magisterarbeit. Universität Marburg.

- 1990a. Monoradical verbs in Waja. In: Jungraithmayr, H. et H. Tourneux (Hrsg.). *Etudes Tschadiques. Verbes monoradicaux*: 229-241. Paris.

- 1990b. Aspects of Waja vowel harmony and Tangale - Waja common vocabulary. *Frankfurter Afrikanistische Blätter* 2: 93-106.

Klingenheben, A. 1963. *Die Sprache der Ful.* Hamburg.

Köhler, O. 1975. Geschichte und Probleme der Gliederung der Sprachen Afrikas. In: Baumann, H. (Hrsg.). *Die Völker Afrikas und ihre traditionellen Kulturen, Teil I, Allgemeiner Teil und südliches Afrika*: 135-373. Wiesbaden.

Kulturentwicklung und Naturraum in der westafrikanischen Savanne. (Antrag der Universität Frankfurt am Main auf Einrichtung eines Sonderforschungsbereichs). Frankfurt 1987.

Ladefoged, P. 1964. *A Phonetic Study of West African Languages.* London.

- 1975. *A Course in Phonetics*. New York.

Leben, W. R. 1978. The representation of tone. In: Fromkin, V. A. (Hrsg.). *Tone. A Linguistic Survey*: 177-219.

Leger, R. ohne Jahr. Wortliste des Bangwinji. Manuskript.

- 1988. Eine Grammatik der Kwami-Sprache. Unveröffentlichte Dissertation. Universität Frankfurt am Main.

Lindau, M. 1974. The feature advanced tongue root. In: Voeltz, E. (Hrsg.). *Third Annual Conference on African Linguistics. Indiana Univ. Publ. Afr. Ser.* 7: 127-134.

Manessy, G. 1969. *Les langues gurunsi. Essai d'aplication de la méthode comparative à un groupe de langues voltaïques.* 2 Bände. Paris.

- 1975. *Les langues oti-Volta. Classification généalogique d'un groupe de langues voltaïques*. Paris.

- 1979. *Contribution à la classification généalogique des langues voltaïques.* Paris.

Meek, C. K. 1931. *Tribal Studies in Northern Nigeria*. 2 Bände. London.

Meeussen, A. E. 1967. Bantu grammatical reconstructions. *Africana Linguistica* 3: 79-135.

Meinhof, C. 1906. *Grundzüge einer vergleichenden Grammatik der Bantusprachen.* Berlin.

Miehe, G. 1991. *Die Nasalpräfixe im Benue-Congo und Kwa.* Berlin.

Newman, J. and B. Newman. 1978. *Longuda Dialect Survey.* Summer Institute of Linguistics. Dallas.

Newman, P. 1964. A word list of Tera. *Journal of West African Languages* I,2: 33-50.

- 1974. *The Kanakuru Language.* Leeds.

Pasch, H. 1986. *Die Mba-Sprachen.* Hamburg.

Poloma, D. 1987. Syntax of the Waja language. Unveröffentlichte B.A. Thesis. University of Jos.

Pulleyblank, D. 1986. *Tone in Lexical Phonology.* Dordrecht.

Samarin, W. J. 1971. Adamawa Eastern. In: Sebeok, Th. A. (Hrsg.). Linguistics in Sub-Saharan Africa. *Current Trends in Linguistics* 7: 213-244.

Shem Mamman Tula. 1981. The coming of Christian Missions to Tangale-Waja. Their establishment and influence on the local community. Unveröffentlichte B.A. Thesis. University of Maiduguri.

Shimizu, K. 1983. *The Zing Dialect of Mumuye. A Descriptive Grammar.* Hamburg.

Stewart, J. M. 1967. Tongue root position in Akan vowel harmony. *Phonetica* 16: 185-204.

- 1983. The high unadvanced vowels of Proto-Tano-Congo. *Journal of West African Languages* 13: 19-36.

- 1985. Nasality patterns in the Volta-Congo foot. Paper presented to the Colloquium on African Linguistics, Leiden, 2-3 September 1985.

Temple, C. L.(Hrsg.). 1919/22. *Notes on the Tribes, Provinces, Emirates and States of the Northern Provinces of Nigeria. Compiled from Official Reports by O. Temple*. London and Liverpool.

Westermann, D. 1935. Nominalklassen in westafrikanischen Klassensprachen und in Bantusprachen. *Mitteilungen des Seminars für Orientalische Sprachen, Afrikanische Studien* 38: 1-53.

Westermann, D. and M. A. Bryan. 1952/(new edition)1970. *The Languages of West Africa. Handbook of African Languages, Part II.*

Westermann, D. and I. C. Ward. 1933. *Practical Phonetics for Students of African Languages*. London.

Williamson, K. 1983/84. Vowel merger in harmony languages. *Jolan* 2: 61-82.

Woodhouse, C. A. 1923-24. Some account of the inhabitants of the Waja District of Bauchi Province, Nigeria. *Journ. of the Afr. Soc.* 23: 110-121, 194-207.

Zwernemann, J. 1967. Versuch einer Analyse der nominalen Klassifizierung in einigen Gursprachen. In: *La classification nominale dans les langues négro-africaines*: 75-93. Paris.

Für ihre Unterstützung bei der graphischen Gestaltung der nebenstehenden Karte sowie der Darstellung der Klassenpaare S. 110 möchte ich Frau Barbara Voss herzlich danken.

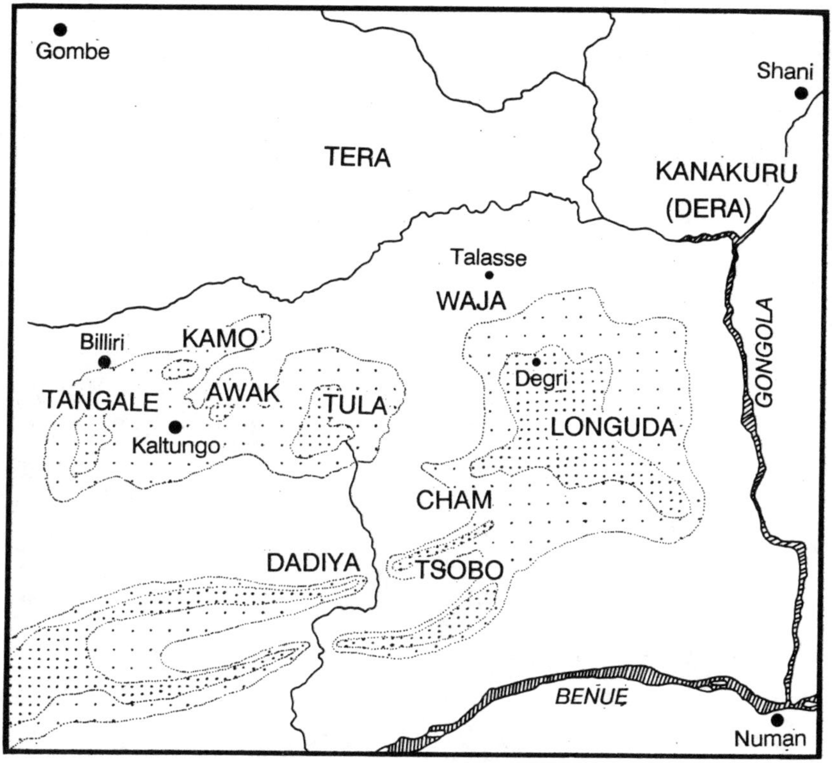

Die Waja und ihre Nachbarn